中國名菜事典

周三金／編著

笛藤出版

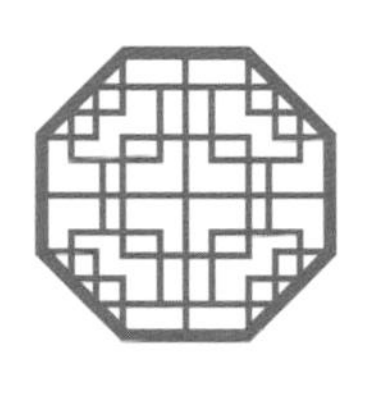

川、浙、湘、閩、京、魯、粵、滬…等
十六大菜系精選名菜之歷史典故與烹製法

拔絲蘋果（魯）

紅燒大蝦（魯）

德州扒雞（魯）

九轉大腸（魯）

水晶肴肉（蘇）

清燉蟹粉獅子頭（蘇）

三套鴨（蘇）

瓜薑魚絲（蘇）

梁溪脆鱔（蘇）

無錫肉骨頭（蘇）

松鼠鱖魚（蘇）

東坡墨魚（川）

宮保雞丁（川）

夫妻肺片（川）

清蒸江團（川）

百果燒雞（川）

烤乳豬（粵）

大良炒鮮奶（粵）

清蒸鰣魚（浙）

龍井蝦仁（浙）

西湖醋魚（浙）

荷葉粉蒸肉（浙）

蛤蜊黃魚羹（浙）

苔菜拖黃魚（浙）

佛跳牆（閩）

東安子雞（湘）

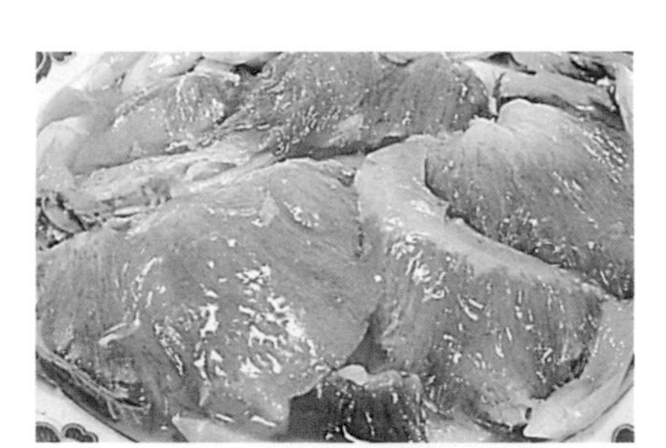

組庵魚翅（湘）

瓤豆腐（徽）

金銀蹄雞（徽）

掌上明珠（徽）

北京烤塡鴨（京）

三不黏（京）

炒豆腐腦（京）

燴烏魚蛋（京）

蛤蟆鮑魚（京）

它似蜜（京）

蝦籽大烏參（滬）

紅燒鮰魚（滬）

青魚禿肺（滬）

青魚下巴甩水（滬）

竹筍鱔糊（滬）

松仁魚米（滬）

紅燒圈子（滬）

蜜汁火方（滬）

羅漢全齋（滬）

全家福（滬）

乾燒鱖魚鑲麵（滬）

鐵鍋蛋（豫）

（以上圖片由作者提供

前言

中國菜已經歷了四五千年的發展歷史。它由歷代宮廷菜、官府菜及各地方菜系所組成，主體是各地方風味菜。其高超的烹飪技藝和豐富的文化內涵，堪稱世界一流。

我國幅員遼闊，各地自然條件、人們生活習慣、經濟文化發展狀況的不同，在飲食烹調和菜餚品類方面，形成了不同的地方風味。南北兩大風味，自春秋戰國時期開始出現，到唐宋時期完全形成。到了清代初期，魯菜（包括京津等北方地區的風味菜）、蘇菜（包括江、浙、皖地區的風味菜）、粵菜（包括閩、台、潮、瓊地區的風味菜）、川菜（包括湘、鄂、黔、滇地區的風味菜），已成爲我國最有影響的地方菜，後稱「四大菜系」。隨著飲食業的進一步發展，有些地方菜愈顯其獨有特色而自成派系，這樣，到了清末時期，加入浙、閩、湘、徽地方菜成爲「八大菜系」，以後再增京、滬便有「十大菜系」之說。儘管菜系繁衍發展，但人們還是習慣以「四大菜系」和「八大菜系」來代表我國多達數萬種的各地風味菜。

各地方風味菜中著名的有數千種，它們選料考究，製作精細，品種繁多，風味各異，講究色、香、味、形、器俱佳的協調統一，在世界上享有很高的聲譽。孫中山先生就曾高度評價我國的烹飪技術，明確指出中國烹飪是寶貴的文化藝術，歷來冠於世界各國。他說：「悅目之畫，悅耳之音，皆爲美術，而悅口之味，何獨不然？是烹調者，亦美術之一道也」。「是烹調之術於文明而生，非深孕乎文明之種族則辨味不精，辨味不精，則烹調技術不妙也。中國烹調技術之妙，亦足以表明進化之深也。……昔日中西未通市以前，西人只知道烹調一道，法國爲世界之冠，及一嘗中國之味，莫不以由或爲冠矣」。他認爲，中國烹調技藝之精妙，是其社會文明進化的一種表現。

多少年來，有多少名菜從民間傳到宮廷官府，成爲帝王將相的珍饈美味；又有多少菜點從宮廷官府流入民間，遍及全國，馳名世界。如北京名菜「北京烤塡鴨」、「涮羊肉」，廣州名菜「烤乳豬」、「龍虎鬥」，四川名菜「宮保雞丁」、「麻婆豆腐」，杭州名菜「東坡肉」、「西湖醋魚」，江蘇名菜「水晶肴肉」、「黄泥煨雞」，上海名菜「松江鱸魚」、「蝦籽大烏參」，湖南名菜「東安子雞」、「臘味合蒸」，湖北名菜「冬瓜鱉裙羹」、「清蒸武昌魚」，安徽名菜「清燉馬蹄鱉」、「無爲熏鴨」，東北名菜「紅扒熊掌」、「飛龍湯」、「溝幫熏雞」、「牛肉鍋鐵」等等，都是享譽世界的著名美味佳餚。這些名菜大都有它各自發展的歷史，不僅體現了精湛的傳統技藝，還有種種優美動人的傳說或典故，成爲我國飲食文化的一個重要部分。

本書編入的238例各地名菜，是十大菜系及其它地方菜中最精華的部分。每例中所介紹的傳說或典故，讀來饒有興味。

我在編寫此書的過程中，曾得到上海和各地飲食業同行的支持，燕雲樓、揚州飯店的名廚爲本書拍攝圖片製作菜點，對此表示衷心感謝。由於筆者掌握的烹飪知識有限，書中難免有不妥之處，敬請讀者批評指正。

周三金

目錄

壹 魯菜

貳 蘇菜

參 川菜

肆 粵菜

伍 浙菜

陸 閩菜

柒 湘菜

捌 徽菜

玖 京菜

拾 滬菜

拾壹 秦菜

鄂菜

豫菜

津菜

拾伍 東北菜

拾陸 滇菜

魯菜

魯菜，是山東菜的簡稱。它是我國最早的地方風味菜，也是全國著名的八大菜系之一。古齊魯爲孔、孟故鄉，是我國古代文化發祥地之一，其飲食文化也較爲發達，而且歷史悠久。

據史書記載，早在春秋時期，當地的烹飪技術就比較發達。被稱爲中國古代廚聖的易牙，當時就是齊桓公的寵臣，他以其烹飪調味技術之精妙而著稱於世。《臨淄縣志・人物志》記載說：「易牙，善調五味，澠淄之水嘗而知之」。可見，當時齊魯烹飪之盛勝於各地。在南北朝時，高陽太守賈思勰所著的《齊民要術》中，就總結了山東等地北方烹飪技術的理論，並記載了當時一些菜點的製法。

到唐宋時期，山東菜已經成爲北方地區菜餚的主要代表，並流傳到全國各地。

明清時期，山東菜已盛行於北方地區，尤其是北京，魯菜館較多，長期以來魯菜已成爲北京菜的組成部分。當時清宮御膳房裡的許多廚師就來自山東地區，故清代宮廷菜的發展與魯菜的關係密切，直到如今北京菜以及仿膳菜中仍保持著魯菜的某些特色。

山東菜系是由濟南和膠東兩種地方風味菜餚所組成。濟南地方菜，擅長爆、燒、炒、炸，菜品以清、鮮、脆、嫩著稱。膠東地方菜，以烹製各種海鮮菜馳名，其烹調技術來自福山菜，擅長爆、炸、扒、蒸，口味以鮮爲主，偏重清淡。

山東菜的主要名菜有「糖醋黃河鯉魚」、「德州扒雞」、「九轉大腸」、「奶湯蒲菜」、「油爆海螺」、「干蒸加吉魚」等。由於山東是孔子的故鄉，是歷代皇帝朝聖之地，故孔府歷來備有龐大的膳食機構，擁有大批孔府名菜，曾聞名天下。本書將孔府的幾款名菜一併收入魯菜之列。

糖醋鯉魚

糖醋鯉魚色澤深紅，外脆裡嫩，香味撲鼻，酸甜可口。

◎簡 介：

「糖醋鯉魚」是山東濟南的傳統名菜。濟南北臨黃河，黃河鯉魚不僅肥嫩鮮美，而且金鱗赤尾，形態可愛，是宴會上的佳餚。《濟南府志》上早有「黃河之鯉，南陽之蟹，且入食譜」的記載。據説「糖醋鯉魚」最早始於黃河重鎮——洛口鎮。當初這裡的飯館用活鯉魚製作此菜，很受食者歡迎，在當地小有名氣，後來傳到濟南。在製法上更加完美，先經油鍋炸熟，再用著名的洛口老醋加糖製成糖醋汁，澆在魚身上，香味撲鼻，外脆裡嫩帶酸，不久它便成為一款名菜，其中以濟南匯泉樓所製的「糖醋鯉魚」為最著名。他們將活的黃河鯉魚養在院內水池裡，讓顧客當場挑選，撈出活殺，馬上製成菜餚上席，頗受顧客歡迎，成為該店最著名的菜餚。

◎材 料：

黃河鯉魚1條（750克左右），醋100克，白糖175克，醬油10克，精鹽3克，清湯300克，薑末、蔥末、蒜末各少許，調水太白粉150克，花生油1750克（約耗150克）。

◎製 法：

①將鯉魚去鱗、去鰓、去內臟，洗淨。在魚身上每隔2.5公分距離，先直剞後斜剞刀紋（約1.5公分深），然後提起刀，使魚身張開，將精鹽撒入魚身內稍醃，並在刀口處及魚的全身均勻地塗上一層調水太白粉糊。

②炒鍋倒油，旺火燒至七成熱，手提魚尾放入油鍋內，其刀口處立即張開。這時需用鏟子將魚托住，以免黏鍋，約炸2分鐘；用鏟子把魚推向鍋邊，使魚身呈弓形，將魚背朝下，炸2分鐘；再翻過來使魚腹朝下，炸2分鐘；然後再把魚身放平，用鏟子將頭按入油內炸2分鐘。以上共炸8分鐘，至魚身全部呈金黃色時，取出放入盤內。

③炒鍋留油少許，燒至六成熱，放入蔥、薑、蒜末、醋、醬油、白糖、清湯，燒濃後即用調水太白粉勾芡，淋上熟油少許，迅速出鍋澆在魚身上即成。

◎ 掌握關鍵

要注意掌握好火候，初次入鍋時鍋內油溫要高一些（燒至八成熱左右），但入鍋後不要再加高油溫。應炸至呈金黃色，但不要炸焦。醋與糖的比例要適當，其味應是甜中帶酸。糖醋滷汁要濃而不厚。

泰山赤鱗魚

魚肉細嫩，湯汁鮮美清口，無魚腥味。

◎簡 介：

「泰山赤鱗魚」是著名的泰山傳統名菜。泰山赤鱗魚又名石鱗魚，是一種珍貴的野生魚類，產於泰山桃花峪、石塢等陰暗深水之中。這種魚體積小，一般僅10公分長、小手指般粗，肉質細嫩，含有較多的蛋白質和脂肪，肥而不腥，滋味極美。我國從秦始皇開始，歷代封建帝王都要到泰山封禪祭山。

據說，清代乾隆皇帝曾多次遊泰山，每次必食此魚。

唐、宋、元、明、清歷代的著名詩人如李白、杜甫等遊泰山時，都品嘗過赤鱗魚的美味。因而，從清朝以來泰山赤鱗魚日益聞名，被列作泰山名菜之首，馳名中外。現在，中外來賓遊泰山時，也非常喜歡品嘗此菜。赤鱗魚可燉、可汆、可炸、可溜，但以清湯汆煮為佳。

◎材　料：

活赤鱗魚750克，精鹽、薑末、花椒、紹酒、醬油各10克，醋100克，味精1克，清湯1000克，胡椒粉0.5克。

◎製　法：

①將魚剖腹去內臟，洗淨，放入開水鍋中汆熟，撈出放在大湯碗內，撒上胡椒粉。

②炒鍋上火，加清湯、鹽、醬油、花椒、紹酒、味精，燒開，撇淨浮沫，倒入魚碗內。醋加薑末拌和入碟上桌佐食。

◎掌握關鍵

赤鱗魚肉質細嫩，烹製時先將開水燒沸，再將魚下鍋汆三、四分鐘，立即取出，以保持鮮嫩特點。

泰安三美豆腐

湯汁乳白而鮮，豆腐軟滑，白菜鮮嫩，清淡爽口。

◎簡 介：

「泰安三美豆腐」是泰安風味名菜。泰安產的白菜、豆腐和泰山泉水，歷來被譽為「泰安三美」。泰安白菜個兒大心實，質細無筋；泰安豆腐，漿細質純，嫩而不老；泰山泉水，清甜爽口，雜質少。當地飯店以善製「泰安三美」風味菜餚而著名。豆腐原是泰安農家的四季菜，後來隨著歷代帝王到泰安祭泰山，先後建起了不少寺廟、庵堂，吃素吃齋者增多，豆腐便成為這裡的重要菜餚，在元朝以前，就已成為泰山和泰安地區一流名菜。乾隆年間修訂的《泰安縣志》曾作這樣的記述：「凌晨街街梆子響，晚間户户豆腐香，泰城家家豆腐坊」，反映了當時泰安城豆腐業興旺的景象。李白於唐開元二十四年(736年)由湖北安陸遷來濟南後，以及杜甫客居山東時，他們都曾多次上泰山，並品嘗「泰安三美」菜餚之風味。「遊山不來品三美，泰山風光沒賞全」，這是當地長期流傳的讚譽三美菜餚的佳話。「三美豆腐」一直流傳至今，馳名中外。

◎材 料：

泰安豆腐150克，白菜心100克，鮮湯500克，精鹽4克，味精、蔥末、薑末各1克，雞油5克，熟豬油20克。

◎製 法：

①將豆腐上籠或放入鍋裡隔水蒸約10分鐘，取出瀝水，切成3.5公分長、2.5公分寬、1.5公分厚的片，白菜心用手撕成5公分長的小條塊，分別放入沸水鍋中燙過。

②炒鍋放豬油，燒至五成熱，下蔥、薑末炸出香味，放入鮮湯、鹽、豆腐、白菜燒滾，撇去浮沫，加味精、淋雞油即成。

◎掌握關鍵

應用雞湯烹製，吃火時間不要過長，湯與豆腐、白菜入鍋燒沸後，移小火略燴一下即成。

罈　子　肉

色澤深紅，肉爛湯濃，肥而不膩，鮮美可口。

◎簡　介：

「罈子肉」是濟南名菜，它始於清代。據傳首先創製該菜的是濟南鳳集樓飯店，大約在一百多年前，該店廚師用豬肋條肉加調味和香料，放入磁罈中慢火煨煮而成，色澤紅潤，湯濃肉爛，肥而不膩，口味清香，人們食後，感到非常適口，該菜由此著名。因肉用磁罈燉成，故名「罈子肉」，山東地區使用磁罈製肉在清代就很盛行。清代袁枚所著《隨園食單》中就有「磁罈裝肉，放礱糠中慢煨，方法與前同（指乾鍋蒸肉），總須封口」的記載。30年代時濟南鳳集樓飯店關閉後，該店廚師轉到文陞園飯店繼續製售此菜並流傳開來，是濟南著名的一款傳統名菜。

◎**材 料：**

豬硬肋肉500克，冰糖15克，肉桂5克，蔥、薑各10克，醬油 100 克。

◎**製 法：**

①將豬肋肉洗淨，切成2公分見方的塊，入開水鍋焯5分鐘撈出，清水洗淨。蔥切成3.5公分長段。薑切成片。

②把肉塊放入磁罈內，加醬油、冰糖、肉桂、蔥、薑、水(以浸沒肉塊為度)，用盤子將罈口蓋好，在中火上燒開後移至微火上煨約3小時，至湯濃肉爛即成。

◎**掌握關鍵**

原料選細皮白豬肉為宜，切勿用皮厚肉老的母豬肉。重用文火加蓋煨爛，保持原汁原味。

拔絲蘋果

色澤金黃，拔絲細長，外脆酥香，裡嫩微酸，熱吃鮮甜。

◎**簡 介：**

「拔絲蘋果」是山東地區著名的甜菜。甜菜在山東盛行較早，歷來作為宴席菜的組成部分。古代宴席上菜就有先鹹後甜之分。拔絲菜最早起源於山東地區，拔絲、玻璃、蜜汁、蜜臘，都是山東濟南傳統甜菜的烹調方法。清初山東著名文學家蒲松齡當時是這樣形容拔絲菜的：「而今北地興揑果，無物不可用糖黏」。這說明，山東在明末清初就已經有「拔絲」的烹調方法了，但當時還不普遍。到清末民初時，「拔絲蘋果」就逐漸聞名並盛行開來，其後又傳到京、津和江浙地區。現在此菜已成為山東、北京、天津、江蘇、上海等地人們普遍喜愛的名菜，是經常被端上宴席的一道甜菜。

◎材　料：

蘋果500克，白糖150克，雞蛋1個，調水太白粉50克，麵粉25克，甜桂花醬3克，花生油1000克（約耗50克）。

◎製　法：

①將蘋果去皮、去核，切成橘瓣塊。雞蛋清加調水太白粉混合攪勻成糊。將蘋果塊滾上一層薄薄的麵粉，再放入糊內攪勻。

②炒鍋置旺火上，倒入花生油，燒至七成熱，把蘋果塊一一放入，炸至呈金黃色時撈出。炒鍋內留油15克，用微火燒至五成熱，放入白糖，攪炒至呈金黃色、起泡時，迅速倒入炸好的蘋果，加入桂花醬，隨即把炒鍋端離火眼，顛翻幾下，使糖汁均勻地掛在蘋果上，盛入盤內即成。

◎掌握關鍵

蘋果塊要炸酥。要特別注意火候，炒糖汁時，油溫掌握在五至七成熱，火力過低糖不成絲，火力過高又容易黏鍋發焦。所以操作時動作要十分敏捷，當糖汁攪炒成絲時，立即放入炸好的蘋果，連續顛翻幾下，使其黏上糖汁即可出鍋。

油爆雙脆

脆嫩滑潤，清鮮爽口。

◎簡 介：

「油爆雙脆」是山東歷史悠久的傳統名菜。相傳此菜始於清代中期，為了滿足當地達官貴人的需要，山東濟南地區的廚師以豬肚尖和雞肫片為原料，經刀工精心操作，沸油爆炒，將原來必須久煮的肚頭和肫片，快速成熟，口感脆嫩滑潤，清鮮爽口。該菜問世不久，就聞名於市，原名「爆雙片」，後來顧客稱讚此菜又脆又嫩，所以改名為「油爆雙脆」。到清代中末期，此菜傳至北京、東北和江蘇等地，成為中外聞名的山東名菜。

◎材 料：

豬肚頭200克，雞肫150克，紹酒5克，精鹽1.4克，蔥末2克，薑末1克，蒜末1.5克，味精1克，熟豬油500克（約耗50克）調水太白粉25克，清湯50克。

◎製 法：

①將肚頭剝去脂皮、硬筋，洗淨，用刀劃上網狀花刀，放入碗內，加鹽、調水太白粉拌和。雞肫洗淨，批去內外筋皮，用刀劃上間隔0.2公分的十字花刀，放入另一只碗內，加鹽、調水太白粉拌和。

②另取一只小碗，加清湯、紹酒、味精、精鹽、調水太白粉，拌勻成芡汁待用。

③炒鍋上旺火，放入豬油，燒至八成熱，放入肚頭、雞

肫，用筷子迅速劃散，倒入漏勺瀝油。炒鍋內留油少許，下蔥、薑、蒜末煸出香味，隨即倒入雞肫和肚頭，並下芡汁，顛翻兩下，即可出鍋裝盤。

◎**掌握關鍵**

一是必須將雞肫和豬肚頭洗刷乾淨，去除異味。二是掌握火候要恰當，要旺火熱油爆炒，一般在八成油溫時下鍋，至雞肫片由紅轉白、肚頭挺起斷生即撈起，吃火過長便老而不脆。

鍋塌豆腐

色澤金黃，味濃鮮嫩。

◎**簡　介**　：

「鍋塌豆腐」是山東最早的傳統名菜之一。「鍋塌」這種烹調方法，最早始於山東。據史料記載，早在明代，山東就有了鍋塌菜。「鍋塌豆腐」首創於濟南，當地廚師將豆腐切成小方塊，鑲上鮮蝦仁，放入鍋中，加油先煎後㸆，把味汁全收入菜中，而且色澤金黃，質嫩味鮮，風味別具，很受食者歡迎。清乾隆年間成為清宮名菜，後來傳遍山東各地及北京、上海等地。如今山東地區用「鍋塌」烹調的菜餚仍然較多，有「鍋塌對蝦」、「鍋塌里脊」、「鍋塌魚肚」等幾十種。

◎**材 料：**

豆腐750克，鮮蝦仁50克，雞蛋2個，精鹽、乾麵粉、調水太白粉各5克，蔥末2克，薑末、味精各1.5克，紹酒、醬油各10克，雞湯、熟豬油各50克。

◎**製 法：**

①將豆腐切成5公分長、2公分寬、0.5公分厚的長方片。蝦仁剁成泥。取雞蛋清倒入碗內，攪至起泡，加入精鹽（1.5克）、調水太白粉、紹酒（5克）、味精與蝦泥，攪勻成餡。

②先在盤內擺上一層豆腐，均勻地抹上蝦餡，將剩餘的豆腐蓋在蝦餡上。然後上籠蒸15分鐘，取出瀝水。將雞蛋黃、紹酒（2克）、味精（0.5克）、精鹽和麵粉放入碗內，攪成蛋黃糊，均勻地抹在豆腐上。

③炒鍋內放豬油，在微火上轉動一下，燒至六成熱，將豆腐推入鍋內，煎至兩面呈淡黃色時，加入蔥薑末、雞湯、醬油、紹酒、味精，用大盤蓋住，燜至汁盡，扣在盤內即成。

◎**掌握關鍵**

應取以純黃豆製成的豆腐為原料。豆腐下鍋油煎時，用小火煎黃，並不斷晃動炒鍋，避免黏鍋煎焦。

紅燒大蝦

色澤紅潤油亮，蝦肉鮮嫩，滋味鮮美。

◎簡　介：

「紅燒大蝦」是山東膠東風味名菜。膠東半島海岸線長，海錯珍饈眾多，對蝦就是其中之一。據郝懿行《海錯》一書中記載，渤海「海中有蝦，長尺許，大如小兒臂，漁者網得之，兩兩而合，日乾或醃漬，貨之謂對蝦」。對蝦每年春秋兩季往返於渤海和黃海之間。對蝦以其肉厚、味鮮、色美、營養豐富而馳名中外。據分析，每百克對蝦，含蛋白質20.6克，脂肪0.7克，鈣35毫克，磷150毫克，還含有維生素A等營養成分。「紅燒大蝦」歷來是魯菜中膾炙人口的名菜佳餚，其色澤之美、口味之佳，久為人們所稱道。

◎材　料：

大對蝦四對（約重1000克），白糖75克，雞湯150克，醋、醬油各5克，精鹽0.5克，味精1克，紹酒15克，蔥2克，薑1.5克，熟豬油500克（約耗50克）。

◎製　法：

①將對蝦頭部的沙包去掉，抽去蝦腸，留皮，用清水洗淨。蔥、薑切成片。

②炒鍋內放豬油，在旺火上燒至八成熱，放入對蝦，炸至五成熟撈出。炒鍋內留50克，下蔥、薑炸出香味，再放入雞湯、白糖、醋、醬油、精鹽、紹酒、味精及大蝦，用微火㸆5分鐘，取出大蝦（撈出蔥、薑不用），整齊地擺入盤內，然後將原汁澆在大蝦上即成。

◎掌握關鍵

要用新鮮對蝦，必須洗刷乾淨，否則會有異味。烹製時滷汁要濃厚，緊包對蝦，以便入味。

奶湯蒲菜

奶湯呈乳白色，味清淡鮮醇，蒲菜絕嫩。

◎簡 介：

「奶湯蒲菜」是濟南最早的一種傳統名菜。濟南「大明湖之蒲菜，其形似茭，其味似筍，為北方數省植物菜類之珍品」。當地菜館廚師先用母雞、肥鴨、豬蹄、豬骨熬成奶湯（濃白湯），再用蒲菜與湯製成此菜，其湯汁乳白，味鮮異常，被人們譽為濟南湯菜之冠。這款菜早在清朝以前就聞名山東全省，至今盛名不衰，為中外顧客所歡迎。

◎材 料：

蒲菜250克，奶湯750克，薹菜花、水發冬菇、蔥油各50克，熟火腿、紹酒各25克，味精1.5克，薑汁1克，精鹽2.5克，花椒3克。

◎製 法：

①蒲菜去皮，切去後梢，薹菜花去皮，均切成3.5公分長、1公分寬、0.2公分厚的象眼片。

②鍋內加清水，燒至八成熱，將蒲菜、薹菜花、冬菇放入

稍燙，撈出瀝水。

③炒鍋上微火，放入蔥油，燒至三成熱，加入奶湯、燒開後下蒲菜、薹菜花、冬菇、精鹽和薑汁，燒滾後加味精、花椒紹酒（將乾淨花椒3克拍碎，研成細末，加紹酒25克拌勻），盛入湯碗內，撒上火腿片即成。

◎掌握關鍵

蒲菜本身無鮮味，烹製時必須用味厚而濃的鮮湯烹製，使蒲菜得味起鮮。蒲菜不能在湯中久煮，以保持鮮嫩特點。

黃燜甲魚

清鮮香醇，營養豐富，既是美味菜餚，又是滋補上品。

◎簡 介：

「黃燜甲魚」是山東濰坊的傳統名菜。相傳此菜始於清代，當時濰坊有個姓陳的鄉紳，為了滋補身體，延年益壽，便用滋補功效強的甲魚和雞燉煮成菜食用，其味鮮美異常。一次他邀請當時在濰縣任知縣的「揚州八怪」之一的大畫家鄭板橋赴家宴，席上山珍海味、水陸諸貨雜陳。鄭板橋食後，唯獨對「甲魚燉雞」最為滿意，連連稱讚此菜味屬上品。後來此菜燒法傳到一家飯店，飯店又配上海參、魚肚、蘑菇之類，先煨後燜，使其味道更佳，並稱之為「黃燜甲魚」。該菜由此逐漸發展成為濰坊地區的名菜，延續至今。外國來賓在山東濰坊賓館品嘗此菜後，亦讚不絕口，稱它為「高壽湯」。

◎**材 料：**

甲魚1隻（重1000克左右），肥母雞1隻（重1250克左右），花椒油100克（花生油加蔥薑絲、花椒配製），紹酒50克，蔥、薑各15克，八角5克，醬油60克，味精、麻油各少許。

◎**製 法：**

①將甲魚、雞分別宰殺洗淨，一起放入鍋內，加水2500克及蔥、薑、八角，旺火燒沸後，改用小火煨熟撈出。拆肉剔骨，將肉切成2公分寬、5公分長的條。

②炒鍋燒熱，下花椒油、薑蔥絲炒呈黃色，放入醬油、原湯（煮甲魚和雞的湯）、紹酒、味精。然後把甲魚肉和雞肉一起放入鍋內，燜燒六、七分鐘，淋上麻油少許即成。

◎**掌握關鍵**

甲魚必須洗刷乾淨，要刮去背殼上黑衣、裙邊白衣、肚內血筋，否則成菜後會有腥味。重用文火煨煮，加調味紅燒時滷汁要濃，原料才入味，入口有回味。

德州扒雞

色澤紅潤，雞皮光亮，肉質肥嫩，香氣撲鼻，味鮮美。

◎**簡 介：**

「德州扒雞」原名「德州五香脫骨扒雞」，是山東德州的傳統風味菜餚。它最初是由德州德順齋創製。在清朝光緒年間，該店用重1000克左右的壯嫩雞，先經油炸至金黃色，然後加蘑菇、上等醬油、丁香、砂仁、草果、白芷、大茴香和飴糖等調料精製而成。成菜色澤紅潤，肉質肥嫩，香氣撲鼻，越嚼越香，味道鮮美，深受廣大顧客歡迎，不久便聞名全國。

「德州扒雞」從創製至今已有近百年的歷史，現在許多南來北往的旅客經過德州，都要慕名購買扒雞品嘗；各國來華參觀旅遊的外賓亦十分喜愛「德州扒雞」。

◎材　料：

雞1隻（重1000克左右），蘑菇、薑各5克，醬油150克，精鹽25克，花生油1500克（約耗100克），五香料5克（由丁香、砂仁、草果、白芷、大茴香組成），飴糖少許。

◎製　法：

①活雞宰殺去毛，除去內臟，清水洗淨。將雞的左翅自脖下刀口插入，使翅尖由嘴內側伸出，別在雞背上；將雞的右翅也別在雞背上。再把腿骨用刀背輕輕砸斷並起交叉，將兩爪塞入腹內，晾乾水分。

②飴糖加清水50克調勻，均勻地抹在雞身上。炒鍋加油燒至八成熱，將雞放入炸至呈金黃色，撈出瀝油。

③鍋上旺火，加清水（以淹沒雞為佳），放入炸好的雞和五香料包、生薑、精鹽、蘑菇、醬油，燒沸後撇去浮沫，移微火上燜煮半小時，至雞酥爛即可。撈雞時注意保持雞皮不破、整雞不碎。

◎掌握關鍵

要注意選用鮮活嫩雞，一般用1000～1250克左右重的雞，過大過小均不適宜。烹製時油炸不要過老。加調味入鍋燜燒時，旺火燒沸後，即用微火燜爛，這樣可使雞更加入味，忌用旺火急煮。

九轉大腸

色紅軟嫩，兼有酸、甜、香、辣、鹹五味，鮮香適口。

◎簡 介：

「九轉大腸」是山東濟南的傳統名菜。在清光緒年間，濟南九華林酒樓店主，把豬大腸（直腸）經洗刷後，加香料用開水煮至硬酥，取出切段，將醬油、糖、香料等調味，首先製成了香肥可口的「紅燒大腸」，贏得顧客的歡迎，逐漸聞名於市。後來在製作方法上又有所改進，即將治淨大腸入開水鍋中煮熟後，先入油鍋中炸，然後再加調料和香料烹製，使「紅燒大腸」的味道更為鮮美。許多著名人士在該店設宴時均備「紅燒大腸」一菜。一些文人雅士食後，感到此菜確實與眾不同，別有滋味，為取悅店家喜「九」之癖，並稱讚廚師製作此菜像道家「九練金丹」一樣精工細作，便將其更名為「九轉大腸」。從此「九轉大腸」一菜便馳名全省，成為山東最著名的菜餚之一。

◎材　料　：

豬大腸3條（重約750克），紹酒10克，醬油25克，白糖100克，醋54克，香菜末1.5克，胡椒粉、肉桂粉、砂仁粉各少許，蔥末、蒜末各5克，薑末2.5克，熟豬油500克（約耗75克），花椒油15克，清湯、精鹽各適量。

◎製　法　：

①將豬大腸洗淨，用50克醋和少許鹽裡外塗抹揉搓，除去黏液污物，漂洗後放入開水鍋中，加蔥、薑、酒燜燒熟，撈出切成3公分長的段，再放入沸水鍋中焯過，撈出瀝水。

②炒鍋上中火，倒入豬油燒至七成熟，下大腸炸至呈紅色時撈出。鍋內留油25克，放入蔥、薑、蒜末炸出香味，烹醋，加醬油、白糖、清湯、精鹽、紹酒，迅速放入腸段炒和，移至微火上，燒至湯汁收緊時，放胡椒粉、肉桂粉、砂仁粉，淋上花椒油，顛翻均勻，盛入盤內，撒上香菜末即成。

◎掌握關鍵

①大腸必須裡外洗刷乾淨，除去黏液、污物，否則成菜必有異味。

②油炸前要先放入開水鍋內煮至硬酥。如肉質不熟，就入鍋油炸，烹製不易入味。

八仙過海鬧羅漢

原料多樣，湯汁濃鮮，色澤美觀，形如八仙與羅漢。

◎簡 介：

「八仙過海鬧羅漢」是孔府喜慶壽宴的第一道名菜。從漢初到清末，歷代許多皇帝都要到曲阜祭祀孔子，其中乾隆皇帝就去過七次，至於一些達官顯貴、文人雅士，前往朝拜者就更多了。因而孔府設宴招待十分頻繁，「孔宴」聞名四海。「八仙過海鬧羅漢」是孔府許多名菜中的一種，它選料齊全，製作精細，口味豐富，盛器別致。該菜用魚翅、海參、鮑魚、魚骨（明骨）、魚肚、蝦、雞、蘆筍、火腿等十幾種主要原料烹製而成，以雞肉作「羅漢」，其它八種主料為「八仙」，故名「八仙過海鬧羅漢」。當年在孔府，此菜一上席，隨即開鑼唱戲，一面品嘗美味，一面聽戲，十分熱鬧。

◎材 料：

雞脯肉300克，水發魚翅、海參、鮑魚、魚骨（明骨）、魚肚、活青蝦、火腿各100克，蘆筍50克，白魚肉250克，紹酒50克，雞湯、精鹽、薑片、味精各適量，青菜葉、熟豬油各少許。

◎作 法：

①取雞脯肉150克斬成雞泥，用其中一部分鑲在碗底上，做成羅漢錢狀。白魚肉切成條，用刀劃開夾入魚骨。其餘雞脯肉切成長條。活青蝦做成蝦環。將魚翅與剩下的雞泥做成菊花魚翅形。海參做成蝴蝶形。鮑魚切成片。魚肚切成片。蘆筍發好後選取八根。

②將上述食物用精鹽、味精、紹酒調好口味，上籠蒸熟取出，分別放入磁罐，擺成八方，中間放羅漢雞，上面撒火腿片、薑片及汆好的青菜葉，將燒開的雞湯和少許熟豬油澆上即成。

◎掌握關鍵

海參、魚翅、鮑魚、魚骨均必須浸透發軟，洗淨沙子。用雞肉製成羅漢錢狀的形象要均勻、完整。宜用雞湯烹製。

詩禮銀杏

色澤潔白，白果鬆軟，鮮甜入味。

◎簡 介：

「詩禮銀杏」是孔府傳統名菜之一。相傳孔府詩禮堂曾是孔子教子孔鯉學詩習禮及其後人學習的地方，到了宋代，此處長出了兩棵銀杏，孔府廚師就用詩禮堂銀杏樹上長出的白果做成菜餚，供學者食用，食後其學習的興味倍增，故將此菜取名為「詩禮銀杏」。

◎材 料：

白果750克，白糖250克，蜂蜜、豬油各50克，桂花醬2.5克。

◎製 法

①將白果去殼，用鹼水稍泡去皮，再放沸水鍋中稍焯，以去苦味，再入鍋煮爛取出。

②炒鍋燒熱，下豬油35克，加白糖，炒至呈銀紅色時，放清水100克、白糖、蜂蜜、桂花醬，倒入白果，㸆至汁濃，淋上白豬油15克，盛入淺湯盤中即成。

◎掌握關鍵

白果必須去除外衣、煮爛。烹製時，用火㸆至滷汁稠濃，勿使黏鍋、發焦。

神仙鴨子

鴨肉酥爛，肥而不膩，滋味鮮美。

◎簡 介：

「神仙鴨子」是孔府的傳統名菜，相傳始於孔子七十四代孫孔繁坡時期。在孔繁坡任山西同州知府時，府內廚師以鴨子出骨，加調料入碗加蓋，上籠蒸製而成。肉質酥爛，香氣濃郁，滋味鮮美。孔繁坡品嘗後，覺得此菜製法與眾不同，上籠蒸製以點香三柱燒盡為度，滋味鮮美勝於它菜，故取名為「神仙鴨子」。據說，清宮御膳的「神仙鴨子」也是仿照孔府製作而成的。

◎材 料：

肥鴨1隻（重約1750克），紹酒10克，火腿、冬菇、玉蘭片各2片，青豆10粒，蔥、薑各10克，精鹽2.5克，清湯1000克，花椒1克。

◎**製 法：**

①將冬菇、玉蘭片、青豆分別用開水汆過，撈出備用。

②將鴨子從脊背挖除五臟，洗淨、去嘴留舌，砸斷腿骨、翅膀根，放入開水鍋中汆3分鐘，撈出洗淨，放湯鍋中煮至八成熟，再撈出剔去大骨，扣在海碗中。把鴨骨放在上面，花椒裝在一根蔥葉裡，碗中加入大蔥、薑、清湯、精鹽、紹酒，海碗加蓋，周邊用毛邊紙糊嚴，放入籠中蒸約1.5小時，鴨子爛熟後出籠，揭紙、去蓋，撿去蔥、薑、花椒。蒸前也可以不加蓋，直接在大海碗上蓋一張毛邊紙糊嚴實，再上籠蒸。

③將海碗中湯汁瀝到湯鍋裏，再加入清湯燒沸，將湯汁燒在鴨子上，放上火腿、冬菇、玉蘭片、青豆即成。

◎**掌握關鍵**

鴨子必須先放入開水鍋中稍焯，再用清水洗淨，除去血水，以保證成菜鮮味純正。

帶子上朝

色澤深紅，肉質鮮香，汁濃味厚，酥爛可口。

◎**簡 介：**

「帶子上朝」始於清代。孔子後人自被封為「衍聖公」後，享受當朝一品官待遇，有攜帶兒女上朝的殊榮。清光緒二十年

(公元1894年),七十六代「衍聖公」孔令貽之母帶其兒媳進京為慈禧太后祝壽返回曲阜。孔府族長特地為其設宴接風。內廚為頌揚孔氏家族的殊榮,用一隻鴨子帶一隻小鴨,經先炸後燒,製成一道汁濃味鮮的菜餚,取名為「帶子上朝」,深受孔府的賞識,故此菜歷代相傳。

◎材 料:

鴨子1隻(重1500克左右),野鴨(或鴿子)1隻,蔥、薑、雞油各10克,精鹽2克,醬油50克,紹酒75克,桂皮0.5克,花椒、太白粉各少許,白糖25克,清湯250克,花生油1500克(約耗100克)。

◎製 法:

①將鴨子、野鴨(或鴿子)分別宰殺,去毛洗淨,從脊背切開,挖去五臟,洗淨,鴨子去嘴留舌,野鴨(或鴿子)去嘴,用醬油、紹酒(兩味共75克)醃漬30分鐘。蔥切成段。薑、花椒、桂皮包成香料包。

②炒鍋上火,加入花生油,燒至八成熱,分別放入鴨子、野鴨(或鴿子),炸呈棗紅色時撈出。

③砂鍋中放入鍋墊,再放上鴨子、野鴨(或鴿子)、香料包、蔥段、精鹽、醬油、紹酒、清湯(150克),用旺火燒開5分鐘,改用慢火煨燉至熟,取出放盤中,鴨子在前,野鴨(或鴿子)在鴨子懷裡。

④炒鍋上火,加花生油(25克)燒熱,放白糖炒汁,烹入清湯(50克),再加煮鴨原湯汁100克,燒開後用調水太白粉勾芡,淋上雞油,澆在鴨鴿上即成。

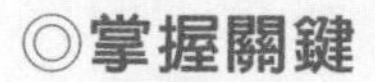

◎掌握關鍵

鴨子要洗淨，否則有異味。炸後用小火煨爛。滷汁要濃而寬。

孔府一品鍋

食物多樣，用料珍貴，湯汁鮮美，白菜清口。

◎簡　介：

「孔府一品鍋」是由皇帝賜名的一款孔府名菜。據說清朝歷代皇帝常到孔府，而孔府也常帶廚師進宮製作孔府佳餚，請皇太后、皇帝和娘娘品嘗。清朝繼承明朝品官等級制，把官銜分為一至九品，一品為最高，九品為最低。清朝將孔府列當朝一品官的官府。因而，皇帝對孔府用雞、豬蹄、鴨、海參、魚肚等各種珍貴原料一起烹製成的湯菜，賜名為「當朝一品鍋」，成為孔府及所有一品官府的名菜。此菜歷代相傳，至全國解放前，山東、江蘇、上海等地一些高級菜館仍有供應，解放以後，長期中斷。現在隨著各幫特色菜餚的恢復和發展，近幾年來該菜又重新出現，但用料與製法已略有不同，餐具也不同了。

◎材　料：

水發海參 50 克，水發魚肚 150 克，白煮肘子 500 克，白煮母雞 1 隻（重約 500 克），白煮鴨 1 隻（重約 750 克），水發魷魚卷 10 個（重約 150 克），水發玉蘭片 25 克，雞蛋荷包

10個，白煮山藥段500克，水發龍鬚粉250克，蒸好的白菜墩150克，豌豆苗3根，精鹽40克，紹酒150克，純雞湯1500克。

◎**製　法：**

①海參片成抹刀片。魚肚片成長5公分、寬2公分、厚0.3公分的片。玉蘭片片成長5公分、寬2公分、厚0.2公分的片。豌豆苗放入開水中燙過撈出，用冷水過涼。魷魚卷用雞湯汆過備用。

②取「一品鍋」一只，將龍鬚粉、白菜墩、白煮山藥放入鍋內墊底，將白煮肘子、白煮雞、白煮鴨分別擺在上面，再將海參、魚肚、魷魚卷、玉蘭片、雞蛋荷包在各料間隔處擺成一定的圖案，加入雞湯、紹酒、精鹽，用旺火蒸2小時左右取出，搭上豌豆苗上席即可。

◎**掌握關鍵**

雞、鴨宰殺後清水洗淨，要放入開水鍋中略焯，去除血水。海參、魚肚、魷魚均必須發透至軟。要用雞湯蒸製，以保持湯汁濃鮮。

一卵孵雙鳳

雞肉酥爛，湯清味鮮，香味濃郁。

◎**簡　介：**

「一卵孵雙鳳」又名「西瓜雞」，為孔府名廚首創。用西瓜製菜始於清宮，如宮廷夏季名菜「西瓜盅」等。孔府此菜是用西瓜和雛雞加干貝、蘑菇等配料烹製而成。其口味清鮮，營養豐富，頗有特色，孔令貽品嘗後極為讚賞，便問廚師此菜何名？廚師答「西瓜雞」。孔令貽認為該菜製法別致，滋味鮮美，但名稱不雅，後來他就將此菜更名為「一卵孵雙鳳」，即以西瓜為「卵」，兩雞為「鳳」。從此，該菜便成為孔府菜中的上品。據說，曾用以宴請帝王，進貢慈禧太后食用。清末該菜傳至江蘇各地，蘇州夏令名菜「西瓜雞」，就是根據孔府製法烹製的，只是用料有所不同。現在，當地每逢夏季，就有此菜供應。

◎材 料：

西瓜1個（重約3500～4000克），雛雞2隻（共重1000克左右），冬菇、鹽筍、蘑菇各25克，干貝50克，精鹽2.5克，紹酒3克。

◎製 法：

①西瓜用清水洗淨，潔布揩乾，切去上蓋（留用），將瓜體表面刮去1/4的瓜皮，挖出3/4的瓜瓤。

②雛雞宰殺治淨，用刀背砸斷剔除大骨和腿骨，剁去嘴、爪，盤好放入瓜殼內。將干貝加酒蒸爛，也放入瓜內。

③將冬菇、鹽筍、蘑菇切成薄片，放入瓜內，加入調好的精鹽和紹酒，蓋上瓜蓋，並用竹籤別上，放在大瓷盆中，上籠蒸約50分鐘，至瓜酥爛取出。把西瓜輕輕放在銀湯盤中，再將蒸過的原湯倒在湯盤內即成。

◎掌握關鍵

①雛雞必須選用培育2個月左右的仔母雞。將雞宰殺後，先入開水鍋中略焯，清水洗淨，去除血水污物。②西瓜要圓而大。③掌握好火候，不要蒸得過爛。也可以先將其它配料煮熟，再倒入西瓜內，這樣只需蒸30分鐘即可。

烤花攬鱖魚

白中泛紅，味道鮮美，佐以薑末、香醋，其味更佳。

◎簡 介：

「烤花攬鱖魚」是孔府「滿漢全席」上的一道特色名菜，孔府為接待皇室成員「朝聖」而舉行的接風宴及接待高級官員而設的「滿漢全席」即有「烤乳豬」、「烤花攬鱖魚」等菜餚。「烤花攬鱖魚」是將鱖魚調味醃漬後，用網油包攬成形，外面又用麵皮包裹，使鮮味不外溢，再用木炭小火燒烤而成。魚肉鮮嫩，鮮味濃厚。

◎材 料：

鱖魚1條（重約1250克），雞里脊肉100克，肥肉膘25克，水發干貝、水發海參各15克，冬筍、冬菇各10克，火腿、豬五花肉、紹酒各50克，雞蛋1個，豬花網油1張，麵粉150克，精鹽5克，蔥段2克，薑片1克，花椒10粒。

◎**製　法：**

①將鱖魚去鱗，剁去脊翅、尾巴，從口內取出內臟，清水洗淨，用手捏住魚嘴在開水中一焯，迅速放進涼水中，刮去黑皮斑痣。用刀把魚下巴劃開，兩面打坡刀，置於盤中，加紹酒、精鹽、蔥段、薑片、花椒，醃漬約15分鐘。

②雞里脊肉剔去筋，和肥肉膘一起剁成細泥，加蛋清、紹酒、精鹽調勻，攪成雞料子備用。豬五花肉切成0.7公分見方的丁，入開水鍋中汆熟撈出。海參、冬筍、冬菇均切成0.7公分見方的丁，和干貝一起入開水鍋中汆過，撈出與肉丁混合，加紹酒、鹽醃漬3分鐘。火腿切成長6公分、寬2公分、厚0.3公分的片。

③豬花網油片去大厚筋，修齊四邊備用。將麵粉(125克)加清水和成麵團，擀成薄片；餘下的麵粉加清水和成糊。

④將醃漬過的鱖魚提起，把拌好的各種配料丁裝入魚腹，用細繩捆好魚嘴，在魚背上每個坡口裡嵌上一片火腿，再抹上雞料子，放在花網油上，四周摺起包好，再用擀好的麵皮包住，放在鐵箅子上，置木炭火烤池上慢火烤製。先烤正面，後烤背面，這樣烤製1小時左右，取出放在盤內（魚背朝底），揭開麵皮、花網油，扣入魚盤內（魚背朝上），去掉麵皮及花網油，解開捆嘴的繩即成。

◎**掌握關鍵**

將鱖魚洗淨，先用調味醃漬，使其吸收調味，再裹包好用小火慢慢烤熟。

蘇菜

蘇菜，就是指江蘇風味菜，是全國八大菜系之一。

江蘇省東濱大海，西擁洪澤湖，南臨太湖，長江橫貫中部，運河縱流南北，氣候寒暖適宜，土壤肥沃，素有「魚米之鄉」之稱。「春有刀鱭，夏有鮰，秋有肥鴨，冬有蔬」，一年四季，水產畜禽菜蔬聯翩上市，爲烹飪技術發展提供了優越的物質條件。

江蘇菜歷史悠久，品種繁多。相傳我國第一位古代廚祖彭鏗就出生於徐州城。據記載當時「彭鏗斟雉帝何饗」，「好和滋味」，作野雞羹供食帝堯，堯很欣賞，封他建立大彭國，即今彭城徐州。春秋時齊國名廚易牙曾在徐州學藝。自古以來江蘇地區的經濟和文化就比較發達，飲食文化也十分發達，烹飪技術水平居於領先地位。據《史記》、《吳越春秋》等史書記載，早在距今2400年前，當地對魚類原料，就已運用炙、蒸、炒等不同的烹飪方法製作菜餚。他們用鴨子做菜，也首創較早，在1400年前，鴨子就是金陵民間愛好的佳餚。隨著社會經濟技術的發展，製鴨技術日益提高，最著名的「金陵鹽水鴨」，就被人們譽爲「清而旨，肥而不膩」的鴨菜上品。

明清時期，江蘇菜又得到了較大的發展，在全國的影響越來越明顯。明代遷都北京，江蘇菜也隨之進入京都。清代乾隆皇帝七下江南，品嘗了江蘇地區的「松江鱸魚」、「松鼠鱖魚」等無數美味佳餚，使江蘇菜的聲譽大增。清代文學家曹雪芹所著《紅樓夢》中列舉的不少菜點，都是江蘇地區的名餚。

江蘇菜是以南京、揚州、蘇州風味爲主體，包括鎮江、淮安、無錫、太湖船菜和徐州菜在內的眾多地方風味菜餚。其主要特點是：選料嚴謹，製作精緻，口味適中，四季分明。在烹調技術上擅長燉、焖、燴、焐、燒、炒，又重視調湯，保持原汁。風味清鮮，適應面廣，濃而不膩，淡而不薄，酥爛脫骨，滑嫩爽脆。

江蘇各地菜餚之間也各有不同特點。揚州、鎮江菜選料考究，刀工精細，清淡適口，製作的雞類和江鮮富有特色，名菜較多。南京菜過去以善製鴨菜著稱，口味和醇，花色菜玲瓏細巧。蘇州菜和無錫菜口味趨甜，配色和諧，時令菜應時迭出，特別擅長製作河鮮、湖蟹、蔬菜。

江蘇名菜眾多，主要有「鎮江肴肉」、「揚州煮干絲」、「文思豆腐」、「金陵鹽水鴨」、「霸王別姬」、「無錫肉骨頭」、「梁溪脆鱔」、「松鼠鱖魚」、「母油船鴨」、「黃泥煨雞」等數百種。

金陵鹽水鴨

皮色玉白油潤，鴨肉微紅鮮嫩，皮肥骨香，異常鮮美。

◎簡 介：

「金陵鹽水鴨」是南京最著名的傳統名菜。南京出產的穀餵之鴨，膘肥色白，肉質鮮嫩，宋時就聞名全省。當時南京城裡盛行以鴨製作菜餚，有「金陵鴨饌甲天下」之說，明朝建都金陵（今南京）後，出現「金陵烤鴨」，接著又出現了「金陵鹽水鴨」。鹽水鴨是以當年八月中秋餵成的「桂花鴨」為原料，用熱鹽、清滷水覆醃，取出掛在陰涼處吹乾，食用時煮熟，成品皮白肉紅，香味足，鮮嫩味美，風味獨特，因而它在明代就聞名中外，同明末才出現的名餚「南京板鴨」一樣暢銷大江南北，清時曾作為向宮廷的貢品。500多年來「金陵鹽水鴨」一直盛名不衰，現已成為江南各地人們普遍喜愛的佐酒佳餚。

◎材 料：

活肥鴨1隻（重約2000克），精鹽225克，香醋5克，蔥結25克，薑塊25克，五香粉、花椒各少許，八角10隻。

◎製 法：

①將鴨宰殺後，褪淨毛，剁去小翅和腳爪，在右翅窩下開約7公分長的小口，取出內臟，挖出氣管、食管，放入清水中浸泡，去掉血水，洗淨瀝乾。

②炒鍋上中火燒熱，放入精鹽100克和花椒、五香粉，炒熱後倒入碗中，將50克熱鹽從翅窩下刀口處填入鴨腹，晃勻。用25克熱鹽擦遍鴨身，再用25克熱鹽從頸的刀口和鴨嘴

塞入鴨頸。然後，將鴨放入缸盆內醃製1.5小時取出，再放入清滷（清水2000克、鹽125克、蔥薑各15克、八角5個，微火燒開，使鹽溶化，撈出蔥、薑、八角，倒入醃鴨的血滷，燒至70℃，用紗布過濾乾淨，冷卻即成）缸內浸漬4小時左右(夏季2小時）。

③炒鍋加清水2000克，旺火燒沸，放入薑塊、蔥結各10克、八角5個和香醋，將鴨腿朝上、頭朝下放入鍋中，蓋上鍋蓋，焖燒20分鐘，待四周起水泡時揭起鍋蓋，提起鴨腿，將鴨腹中的湯汁瀝出。接著再把鴨子放入湯中，使腹中灌滿湯汁。如此反覆三、四次後，再將鴨子放入鍋中，蓋上鍋蓋，焖約20分鐘，取出瀝去湯汁，冷卻即成，食用時改刀裝盤。

◎掌握關鍵：

必須選用肥瘦適中、肉嫩味鮮的湖鴨為原料，過大過肥者不宜烹製。醃製時必須用炒熱的花椒鹽，擦遍全身醃透，使其肉質韌硬、味道鮮香、回味深厚。

水晶肴肉

肉色鮮紅，皮白光滑晶瑩，滷凍透明，狀如水晶，肉質清香而醇爛，油潤不膩，味道鮮美。

◎簡　介：

「風光無限數金焦，更愛京江肉食饒；不膩微酥香味溢，嫣紅嫩凍水晶肴。」這是近代詩人對鎮江肴肉的一首讚美詩。「水晶肴肉」，又名「鎮江肴肉」，是馳名中外的鎮江名菜。

相傳數百年前，鎮江酒海街有一家小酒店的店主，一天買回四隻豬蹄，準備過幾天再食用，因天熱怕變質，便用鹽醃製。但他當時誤把妻子為父親做鞭炮所買的一包硝，當作鹽醃了豬蹄，直到第二天妻子找硝時才發覺，連忙揭開醃缸一看，不但肉質未變，反而醃得蹄肉硬結而香，色澤紅潤，蹄皮色白。為了去除硝的味道，一連用清水浸泡了多次，再經開水鍋中焯水，清水過清。接著，他又把豬蹄放入鍋中，加蔥、薑、花椒、茴香和水燜煮半個時辰後，卻出現了一股異常的香味，入口一嘗，滋味鮮美，毫無異味。從此以後，該店主就用此法製作「硝肉」，前來品嘗的顧客越來越多，不久就聞名全市，來改稱「鎮江肴肉」，從古至今，聞名遐邇。

◎材　料：

豬前蹄1隻（重1000克左右），粗鹽75克，紹酒10克，蔥結1個，薑2片，花椒、八角、硝各少許。

◎製　法：

①將豬蹄刮洗乾淨，用刀平剖去骨，皮朝下平放在案板

上，用竹籤在瘦肉上戳幾個小孔，均勻地洒上25克硝水（以50克水放0.5克硝搗成水），用粗鹽75克揉勻擦透，平放入醃缸，夏天醃製8小時、冬天醃兩三天取出，放冷水內浸泡1小時，去掉澀味，取出刮除皮上污物，再用溫水漂淨。

②豬蹄皮朝上入鍋，加花椒、八角、蔥結、薑片、紹酒、水1000克，加蓋燒開，小火燜煮1.5小時，將蹄肉翻個兒，再繼續用小火燜煮1小時，至肉爛取出，去除蔥薑、香料。

③取平盆一個，將煮熟的豬蹄放入（皮朝下），蓋上空盤壓平後去掉，將鍋內湯滷燒沸，撇去浮油，倒入盛豬蹄的平盆內凝凍（天熱放入冰箱凝凍），即成水晶肴蹄。食用時，將肴肉切成大小一致、厚薄均勻的片裝盤，以薑絲、鎮江香醋蘸食。

◎掌握關鍵：

必須選用細皮白肉豬、重750～1000克的前蹄，超過1000克者勿用，以保持肴肉細嫩。要用小火燜煮，勿用急火。

清燉蟹粉獅子頭

肉圓肥而不膩，青菜酥爛清口，蟹粉鮮香，肥嫩異常。

◎簡 介：

「清燉蟹粉獅子頭」是久負盛名的鎮揚傳統名菜。相傳，此菜始於隋朝。隋煬帝楊廣到揚州觀瓊花以後，對揚州萬松山、金錢墩、象牙林、葵花崗四大名景十分留戀，回到行宮吩咐御廚以上述四景為題，製作四種菜餚。經御廚努力，做出了「金錢蝦餅」、「松鼠鱖魚」、「象牙雞條」和「葵花獻肉」四菜。隋煬帝品嘗後，讚賞不已，於是賜宴群臣。這樣，這幾種菜餚便傳遍江南，成為鎮揚佳餚。到了唐代，郇國公設宴，府中名廚參照「葵花獻肉」的製法，用巨大的肉圓子做成葵花，形如雄獅之頭，郇國公便將「葵花獻肉」稱為「獅子頭」。此菜由此流傳鎮江、揚州地區，成為著名的鎮揚風味名菜。「獅子頭」可紅燒，亦可清蒸。因清燉者鮮嫩肥糯，比紅燒的口味更醇厚適口，故現在鎮揚地區盛行「清燉蟹粉獅子頭」。

◎材 料：

豬肋條肉500克，青菜心12棵，蟹粉100克，紹酒10克，精鹽20克，味精1.5克，蔥薑汁15克，乾太白粉50克。

◎製 法：

①豬肉刮淨、出骨、去皮。將肥肉和瘦肉先分別細切粗斬成細粒，用酒、鹽、蔥薑汁、乾太白粉、蟹粉75克拌勻，做成6個大肉圓，將剩餘蟹粉分別黏在肉圓上，放在湯碗裡，上籠蒸50分，使肉圓中的油脂溢出。

②將切好的青菜心用熱油鍋煸至呈翠綠色取出。取砂鍋一個，鍋底安放一塊熟肉皮（皮朝上），將煸好的青菜心倒入，再放入蒸好的獅子頭和蒸出的湯汁，上面用青菜葉子蓋好，蓋上鍋蓋，上火燒滾後，移小火上燉20分鐘即成。食用時將青菜葉去掉，放味精，連砂鍋上桌。

◎**掌握關鍵：**

①豬肉必須肥瘦搭配，不要剁得過細。②蒸或燉時，必須吃足火候，讓肉圓中的油脂自然溢出，溶化在滷汁中，使之肥而不膩。

文思豆腐

色澤美觀，豆腐白嫩，湯味鮮美。

◎**簡　介：**

「文思豆腐」是淮揚地區一款傳統名菜，它始於清代，至今已有300多年的歷史。傳說在清乾隆年間，揚州梅花嶺右側天寧寺有一位名叫文思的和尚，善製各式豆腐菜餚，特別是用嫩豆腐、金針菜、木耳等原料製做的豆腐湯，滋味異常鮮美，前往燒香拜佛的佛門居士都喜歡品嘗此湯，在揚州地區很有名氣。這在《揚州畫舫錄》中曾有記載。據說當年乾隆皇帝曾品嘗過此菜，還一度成為清宮名菜。因該菜為文思和尚所創，人們便稱它為「文思豆腐」，一直流傳至今。從民國初期到30年代時，此菜在江南地區也很有名，不過其製法與清代已有所不同，廚師們對用料和製法作了改進，使其烹調更加考究，滋味更鮮美。

◎**材　料：**

嫩豆腐300克，熟火腿絲40克，冬菇絲25克，冬筍絲、綠葉菜絲各50克，雞湯600克，清湯200克，精鹽5克，味精1.5克，雞油少許。

◎**製　法：**

①將豆腐切成4公分長、1公分寬的豆腐絲，入開水中略焯，去除豆腥味，使豆腐絲條不易弄碎。

②炒鍋上火，加入雞湯和清湯，下豆腐絲、筍絲、冬菇絲，燒沸後撇去浮沫，加鹽、味精，放火腿絲和菜絲稍燴一下，即可出鍋倒入湯碗內，淋入雞油即成。

◎**掌握關鍵：**

①必須用純黃豆製作的嫩豆腐烹製。②要用雞湯燴煮，並掌握好火候。待湯燒滾以後再下豆腐，燴燒至開即出鍋，不可久煮，不能使豆腐出現蜂窩點。

揚州煮干絲

色澤美觀，干絲潔白，質地綿軟，湯汁濃厚，味鮮可口。

◎**簡　介：**

「揚州煮干絲」同「鎮江肴肉」一樣著名，凡是到鎮江、揚州去的人，大都要品嘗此菜。據說此菜的來歷與清乾隆皇帝有關。一次乾隆到揚州，當地官員聘請許多名廚為乾隆製菜，其中有款菜叫「九絲湯」，是用豆腐干絲和火腿絲等加雞湯燴製而成，其味異常鮮美，尤其是干絲切得細，經過雞湯燴煮後吸進了各種鮮味，吃口特別鮮美。於是「揚州煮干絲」就聞名全國，後來就不再稱「九絲湯」而概以「煮干絲」代替了；用雞絲、火腿絲加干絲製作的稱為「雞火干絲」，用開洋（即蝦米）加干絲製作的稱「開洋干絲」，用蝦仁製作的稱「蝦仁干絲」等。許多國外來賓品嘗後，都讚不絕口，稱它為「東亞名肴」。

下面介紹一款現在當地常見的「雞火干絲」的製法。

◎材 料：

黃豆製成的白色豆腐干400克，熟雞絲、熟豬油各50克，熟火腿絲、開洋、豌豆苗各25克，精鹽2.5克，紹酒10克，味精1克，雞湯、肉湯（或肉骨湯）各250克。

◎製 法：

①將豆腐干先批成厚約0.15公分的薄片，再切成細絲，放入盛器，加沸水和少量鹽浸泡兩次，清水過清，撈出瀝乾，以除去豆腥味，使干絲軟韌色白。開洋洗淨，放在小碗內加酒，上籠或入鍋隔水蒸透。

②炒鍋燒熱，放熟豬油40克，加雞湯和肉湯，下干絲、開洋，旺火燒沸，加精鹽、紹酒，移小火上燴煮10分鐘，使干絲漲胖，吸足鮮味。出鍋前再用旺火燒開，下豆苗，放味精，淋熟豬油10克，將干絲連湯倒在湯盆裡，撒上雞絲和火腿絲，豆苗放四周即成。

◎掌握關鍵：

①干絲要切得薄而細，用淡鹽開水浸泡，除去豆腥味。

②燴煮必須用雞湯和肉骨湯相配，因雞湯只有鮮味，沒有肥汁；而肉骨湯雖肥濃，但鮮味不足，兩者相配燴煮，干絲口味既鮮又肥濃。許多菜館只用一種湯，有的甚至用清水燴煮，成菜必味差色失。

三套鴨

製作精細，形狀飽滿完整，家鴨肥美，野鴨爛香，

鴿子鮮嫩，三味溶合，滋味極佳。

◎簡　介：

「三套鴨」是揚州地區久負盛名的一款傳統名菜。揚州和高郵一帶盛產湖鴨，是金陵製作「南京板鴨」、「鹽水鴨」的優質原料。揚州廚師早在古代就利用鴨子製成各種菜餚，如「鴨羹」、「叉燒鴨」以及明代的「清湯文武鴨」等。

到了清代，又用鮮鴨和板鴨製成「套鴨」。清代《調鼎集》上曾記有套鴨的製法：「肥家鴨去骨，板鴨亦去骨，填入家鴨肚內，蒸極爛，整供」。當時揚州菜館廚師又利用湖鴨、野鴨、菜鴿三禽相配，用宜興產的紫砂鍋，文火寬湯燉燜而成，家鴨肥美，野鴨香爛，菜鴿鮮嫩，風味獨特，滋味極佳，是揚州各種鴨菜中最著名的一種，全國僅揚州獨有。

◎材 料：

活嫩母鴨1隻（重2000克左右），光野鴨1隻（重750克左右），光鴿子1隻（重250克左右），熟火腿片250克，水發冬菇50克，冬筍片、紹酒各100克，精鹽6克，蔥結35克，薑塊25克。

◎製 法：

①活鴨宰殺治淨，切斷頸骨，在近背部的頸處劃破鴨皮，抽出頸骨，將鴨皮肉用力向下翻剝，割斷翅骨、骱骨和筋，抽去翅骨，繼續向下翻剝，露出腿骨，割斷骨骱和筋，敲斷腿膝骨，抽去腿骨，再向下翻剝至肛門，割斷腸，使鴨肉與骨架分離，挖去內臟，放入沸水鍋中燙去血污，清水洗淨，再把鴨翻回成原狀。野鴨和鴿用上述同樣方法出骨，入開水鍋中焯後洗淨。

②將鴿子從野鴨刀口處塞入野鴨腹中，同時放入冬菇10克、火腿片100克，再將野鴨從家鴨刀口處塞入家鴨腹中，並將冬菇15克、火腿片100克、冬筍片50克塞入鴨腹內，成三套鴨生坯。

③把三套鴨放入沸水中略燙取出，放入有竹箅墊底的砂鍋中，再放入肫肝、蔥結、薑塊、紹酒、清水（淹沒鴨身），置中火上燒沸，撇去浮沫，蓋上鍋蓋，移小火上燜煮3小時至酥爛，端離火口，撈出蔥、薑、竹墊，將鴨翻身（胸脯朝上），撈出肫肝切成片，連同冬菇25克、火腿片50克、筍片50克排放在鴨上，再蓋上鍋蓋，置小火上燜30分鐘，加入精鹽，略沸即成。

◎掌握關鍵：

選料要新鮮，最好取用活鴨。三禽出骨後要保持形狀完整。重用文火煨爛。

瓜薑魚絲

色澤潔白，魚絲細嫩，瓜薑香脆，鮮鹹適口。

◎簡　介：

「瓜薑魚絲」是江蘇地區的一種傳統名菜，它同「瓜薑肉絲」一樣是夏令季節的名菜。它以青魚或鱖魚作主料，配以醬瓜、醬薑等輔料製成，鮮鹹入味。清代的一些文人雅士對其十分推崇。清代名人袁枚在《隨園食單》中，曾介紹了當時一些官府吃鱘魚重用瓜、薑的烹調方法。他說：「尹文端公自誇治鱘鰉最佳，然煨之太熟，頗嫌重濁。惟在蘇州唐氏吃炒鰉魚片甚佳。其法，切片油炮，加紹酒、秋油(秋油，又名母油。以黃豆為原料，略加麵粉，在大伏天中經水煮熟，發酵。然後加燒開的鹽水，一起放在缸裡，置露天，經日曬三伏，晴則夜露，至深秋釀成的優質醬油)，滾三十次，下水再滾，起鍋加作料，重用瓜薑、蔥花。」到清末民初，江蘇各地也盛行製作「瓜薑魚絲」、「瓜薑子雞」等菜餚。

◎**材 料：**

青魚或鱖魚1條（重約600克），醬薑、醬瓜各25克，紹酒15克，蔥段、味精各1克，精鹽2克，熟豬油400克（約耗75克），乾太白粉、調水太白粉各5克，麻油5克，雞蛋1個，鮮湯50克。

◎**製 法：**

①將魚宰殺，去鱗、去鰓、去內臟，洗淨，剁去頭、尾，去皮、去骨，切成魚絲。醬瓜、醬薑切成絲。

②將魚絲放入碗內，加雞蛋清、鹽、味精少許，乾太白粉拌和上漿。

③炒鍋上火，用油滑鍋，下油燒至五成熱，將魚下鍋滑熟取出。鍋內留油少許，下蔥段稍煸，加鮮湯50克、紹酒、鹽、味精燒開，用調水太白粉少許勾芡，放入魚絲和瓜薑絲炒和，顛翻幾下，淋麻油，出鍋裝盤即成。

◎**掌握關鍵：**

①必須用新鮮魚，最好是青魚製作，成菜後肉質鮮嫩味香。②魚絲必須切均勻。③要掌握好火候。滑魚絲油溫不能太高，掌握在五成熱左右，至魚絲滑散、挺起成形，取出瀝油，再加調味烹製，以保持魚絲潔白、鮮嫩的特色。

熗虎尾

肉質細嫩，清香爽滑，口味鮮鹹。

◎簡　介：

「熗虎尾」是揚州、淮陰地區的一款傳統名菜。它是用鱔魚尾背一段淨肉，經開水稍氽加濃汁調味拌製而成，因其形似虎尾，故名。鱔魚通稱黃鱔，我國自古以來一直將它列為魚中上品，因其含有豐富的營養，具有補五臟、療虛損的功效，歷代一些著名中醫常用以治病補身。在夏季食用功效更顯著，曾有「小暑黃鱔賽人參」之說。用黃鱔製作菜餚，據說始於漢朝，到唐宋以後，較為盛行。江蘇淮揚地區較早開始製作鱔魚菜肴，烹調經驗豐富，許多中外顧客在當地品嘗這道歷史名菜後，對其滋味之鮮美，均讚不絕口。

◎材　料：

中等條子的黃鱔5000克，薑末1.5克，蒜泥1克，醬油25克，麻油15克，紹酒5克，味精1.5克，熟豬油25克，胡椒粉少許。

◎製　法：

①將黃鱔放入開水鍋中焯熟，撈出劃成鱔絲，各取尾背一段共400克為原料（每500克黃鱔只能取尾背50克左右），其餘鱔背及鱔肚另作它用。

②將鱔尾洗淨後，隨冷水入鍋燒沸，加紹酒，移小火上燴一、二分鐘即用漏勺撈出，瀝乾水分，放入碗內，加熬熟的醬油、味精、薑末、麻油、胡椒粉少許拌和。

③炒鍋洗淨上火，放豬油25克，下蒜泥煸炒至顏色變黃，將蒜泥連油一起，澆在拌好的鱔尾上即成。

◎**掌握關鍵**：

①選用中等條子的鱔魚，其肉肥嫩。開水焯熟時勿過爛，以保持其不碎不斷。②加調味前，必須先將鱔尾瀝乾水，否則會影響菜餚的口味。

拆凍鯽魚

形態美觀、魚肉鮮嫩，清涼適口，夏令佳餚。

◎**簡　介**：

「拆凍鯽魚」是揚州地區的傳統名菜。

鯽魚在我國歷來是席上佳餚，早在宋代，它已經成為酒店、菜館的一種名菜，而且品種繁多。據南宋《夢粱錄》、《西湖老人繁勝錄》記載，當時臨安（杭州）酒店、菜館經營的鯽魚菜餚有「鯽魚燴」、「兩熟鯽魚」、「蒸鯽魚」等。元朝倪瓚撰《雲林堂飲食制度集》中記有「鯽魚肚兒羹」。明清時期出現的鯽魚菜餚品種就更多了，有史料可查的如《易牙遺意》中的「酥骨魚」，《養小錄》中的「鯽魚羹」、「酒發魚」、「酸魚」等。

清代李漁說：「食魚者重在鮮，次則及肥，肥而且鮮，魚之本能事矣。然二美雖兼，又有重在一者，如鱘、如鯽、如鯉，皆以鮮勝者也，鮮宜清煮作湯。」對於如何選擇鯽魚及吃法，歷代古籍中都有記載，但以清代袁枚在《隨園食單》中所述為最詳細。袁枚說：「鯽魚先要善買。善買，擇其扁身而帶白色者，其肉嫩而鬆，熟後一提，肉即卸骨而下。黑脊深身者，崛強槎枒，魚中之喇子也，斷不可食。照邊魚蒸法最佳，其次煎吃亦妙。拆肉下可以作羹。通州人能煨之，骨尾俱酥，號酥魚，利小兒食，然總不如蒸食之得真味也。六合龍池出者，愈大愈嫩，亦奇。蒸時，用酒不用水，稍稍用糖，以其起鮮。以魚之大小酌量菜油、酒之多寡。」揚州自清代以來就盛行製作鯽魚菜餚，「拆凍鯽魚」即為當地夏令季節的一款名菜。

◎**材 料：**

河鯽魚2條（重約600克），紹酒15克，蔥結1克，薑片1克，醬油60克，白糖25克，味精2克，精鹽5克，菜油75克。

◎**製 法：**

①鯽魚去鱗、去鰓、去內臟，洗淨瀝乾，用紹酒少許、醬油10克浸漬20分鐘取出。

②炒鍋上旺火，用油滑鍋後，放入菜油燒熱，下鯽魚煎至兩面呈黃色，放蔥、薑爆香，烹紹酒，加精鹽、醬油、白糖、味精和清水200克左右，蓋上鍋蓋，先在旺火上燒開，再端到小火上燒六、七分鐘，至魚肉成熟。

③用鍋鏟將鯽魚盛出，魚湯倒入碗裡待用，用刀將魚頭切下移開，再將魚尾（長約5公分左右）切下移開，再用刀尖伸入魚肚內將魚剖開，把上面一片魚肉翻開，先拆去脊背大骨，再抽去肋骨，並將脊背小骨揀淨，然後再將上面一片魚肉合攏呈原狀，仍將魚頭魚尾拼裝上，從外表看仍是兩條整魚，將魚

脫入深魚盤裡，倒入烹魚的湯汁，晾涼後放入冰箱凝凍，再取出食用。

◎掌握關鍵：

①要掌握好火候。在魚肉斷生時即取出拆骨，以保持魚體原狀，燒得過熟，魚肉酥爛，不易整條出骨。②原湯滷汁要澆勻，使魚肉都澆到，以便入味。

荷包鯽魚

色澤深紅，魚肉鮮嫩，非常入味。

◎簡 介：

「荷包鯽魚」又名「荷包魚」，是揚州地區名菜之一。相傳清代大文學家曹雪芹曾在其好友于叔度家燒了一道菜叫「老蚌懷珠」，其外形像河蚌，腹中藏明珠，滋味極佳，食者讚不絕口。到乾隆時期，揚州地區製作的「荷包鯽魚」(又名「懷胎鯽魚」)，與「老蚌懷珠」相似。所以許多人誤以為它就是當年曹雪芹烹製的那種「老蚌懷珠」，故食者眾多，其聲譽與日俱增。其實它們只是形狀相似，用料與製法都不相同。揚州的「荷包鯽魚」是用鯽魚與肉末製作，將肉末加調味拌和成肉餅狀，塞入魚腹中，因其形似荷包，故稱「荷包鯽魚」。

◎**材　料：**

大活鯽魚1條（重約350克），淨豬五花肉200克，紹酒25克，醬油35克，白糖20克，精鹽2克，味精1克，熟豬油75克，蔥段2克，薑2片，蔥結1個，蔥薑汁(由蔥花、薑末、清水調成)15克，調水太白粉10克。

◎**製　法：**

①鯽魚去鱗、去鰓，從背脊上剖開，取出內臟，洗乾淨。

②豬五花肉斬成肉末，放入碗中，加鹽、味精、蔥薑汁拌和成餡，塞入魚腹中。蔥、薑各在魚身上略剞幾刀，然後抹上醬油稍醃。

③炒鍋上火，下豬油50克，燒至七八成熱，將鯽魚放入鍋內，兩面煎至發黃時，下蔥結、薑片，煎出香味，再下紹酒、醬油、白糖、鹽、清水250克，用旺火燒開，蓋上鍋蓋，改用小火燜燒20分鐘左右，再用旺火將滷汁收濃，用調水太白粉少許勾芡，澆上熟豬油25克，撒上蔥段，起鍋裝盤即成。

◎**掌握關鍵：**

①肉餡必須用豬五花肉製作，既有瘦肉又有脂油，同鯽魚相配，鮮肥入味。②鯽魚煎後的加水量必須吃準。只能一次加水至熟，使汁濃入味，如中途添水，必使汁淡味失。

清蒸刀魚

色澤潔白，魚肉細嫩，湯汁微紅，滋味鮮美。

◎簡 介：

刀魚學名鮆魚。據陶朱公《養魚經》中說：「鮆魚身狹長薄而首大，長者盈尺，其形如刀，俗呼刀鱭。」它盛產於長江中下游，福建、浙江也有，但以揚州「瓜洲深港出鮆魚」為最美，體型狹長，色澤銀白，頗似一把尖刀。宋代詩人蘇東坡曾有「看收網出銀刀」的讚美詩句。清代李漁稱其為「春饌妙物」，他說：「食鱘魚及鱘鰉魚有厭時，鱭則愈嚼愈甘，至果腹而不能釋乎。」揚州以刀魚製作菜餚，早在清代就很著名，當時主要菜餚有「清蒸刀魚」、「白汁雙皮刀魚」及「刀魚魚圓湯」等。近百年來，此類名菜多數仍保持其原有特色，每逢陽春三月刀魚上市之際，像「清蒸刀魚」之類的菜餚，在揚州、蘇州、無錫、上海均可見到。

◎材 料：

刀魚2條(共重400克左右)，熟火腿片5克，筍片25克，水發冬菇4隻，生豬板油丁50克，紹酒20克，精鹽5克，醬油、蔥結、薑片各1克，雞湯50克。

◎製 法：

①將刀魚刮去魚鱗，用兩支竹筷從魚鰓處插入魚肚裡，卷出內臟和鰓，用清水洗乾淨，放入八成熱的水鍋裡燙一下撈出，用刀輕輕刮去魚身上黏液(不要刮破魚皮)，再用清水洗淨，用刀在魚身的2/3處切下魚尾待用。

②將刀魚整齊地擺放在湯盆裡，魚上先放筍片鋪平，火腿片放在筍片上，再放上冬菇、豬板油丁、蔥結、薑片，加鹽、醬油、紹酒，上籠用旺火蒸10分鐘左右，魚熟立即出籠，揀去蔥結、薑片，將滷汁瀝入鍋內，加雞湯50克，燒滾後倒入魚盆裡即成。

◎掌握關鍵：

①必須用鮮活的刀魚，切勿用不新鮮或冰凍多時的魚。因為此菜應是肉嫩清鮮之美味，原料鮮活才能做到，陳魚或久凍之魚色澤灰暗，鮮味不足，並有異味。②火候要恰當。一般上籠旺火蒸10分鐘即可，如係清明前剛上市的刀魚，其肉質極嫩，只需蒸8分鐘即熟，應視魚的大小、質地恰當用火，不要蒸得過熟，失去其鮮嫩特點。

拆燴鰱魚頭

滷汁乳白稠濃，肉質肥嫩，滋味鮮美。

◎簡 介：

「拆燴鰱魚頭」是鎮江和揚州地區的一道傳統名菜。相傳在清末年間，鎮江城裡有一個財主，雇用民工為其建造樓房，喝令限期完工，但一天三餐質量極差，民工憤然。一天正逢其妻生日，他請來名廚辦酒，買了一條十餘斤重的鰱魚，要廚師將魚肉段做菜上席，將魚頭煮給民工吃。廚師按照財主的吩咐，將魚頭剁下一劈兩爿，先放入清水鍋裡煮至斷生取出，拆去魚骨，加鮮湯烹製成菜。民工吃後感到魚肉肥嫩，湯味極為鮮美，連連稱讚廚師手藝高超。後來廚師回到店裡，繼續用鰱魚頭做菜，在選料和製法上加以改進，在店裡掛牌供應「拆燴鰱魚頭」這道菜。顧客品嘗後都覺得此菜鮮美異常。不久各家菜館紛紛模仿製作，該菜由此名揚江蘇，成為鎮揚地區最著名的一款菜餚。

◎材 料：

花鰱魚頭1個（重約2250克），菜心24棵，蔥、薑各10克，紹酒50克，精鹽5克，熟豬油500克（約耗150克），肉骨湯750克，味精、胡椒粉、調水太白粉、青蒜葉絲各少許。

◎製 法：

①將鰱魚頭去鱗、去鰓，清水洗淨，用刀在下顎進刀劈成兩爿，再用清水洗淨污血，放入鍋內，加清水淹沒魚頭，放入蔥結、薑片各5克、紹酒25克，用旺火燒開，移小火上焐10分鐘，用漏勺撈入冷水中稍浸一下，在水面上，用左手托住，魚面朝下，右手將魚骨一塊塊拆去，將拆骨的魚頭魚面朝下放在竹墊上。

②將菜心洗淨，菜頭削成橄欖形。炒鍋上火，舀入熟豬油，燒至五成熱，放入菜心汆熟，將鍋內的油倒出，加少量肉骨湯、鹽、味精，燒幾分鐘後，將菜心取出，放在湯盤中襯底。

③炒鍋上旺火，加豬油75克，燒至五成熱，下蔥、薑煸出香味，將魚頭肉放入，加紹酒、肉骨頭湯，燒開後加味精，移小火上燴10分鐘，用大火收濃滷汁，調好口味，放少量胡

椒粉，用調水太白粉著膩，澆熟豬油50克，出鍋倒在菜心上，加青蒜葉絲即成。

◎**掌握關鍵：**

①要選用大鰱魚，最好是活魚，其味更鮮美。②拆骨時盡量保持魚面不碎。③用濃鮮湯烹製，雞湯更佳，可使湯汁濃而入味。

冰糖排馬面

色澤深紅，滷汁濃厚，肉質酥爛，甜中帶鹹，形似馬面。

◎**簡　介：**

「冰糖排馬面」是由揚州名菜「扒燒整豬頭」發展而來的。「扒燒整豬頭」、「揚州獅子頭」、「拆燴魚頭」，簡稱「揚州三頭」，都是揚州的傳統名菜。揚州「三頭宴」也曾盛行淮揚地區。

「扒燒整豬頭」在揚州地區已有四五百年的歷史，清時已非常出名，在江蘇地區頗受歡迎。清代詩人曾在《望江南》一首詞中寫道：「揚州好，法海寺間遊，湖上虛堂開對岸，水邊團塔映中流，留客爛豬頭」。清代《調鼎集》上也記載了「煨豬頭」、「蒸豬頭」、「鍋燒豬頭」、「醉豬頭」、「紅燒豬頭」等十種豬頭菜餚的製法。

「冰糖排馬面」是由揚州名廚莫德峻首先烹製的，後來傳遍揚州。該菜與「扒燒整豬頭」的區別在於前者出骨烹製，後者為帶骨的整豬頭做成。

◎**材 料**：

豬頭1個（重4000克左右），冰糖、醋各300克，紹酒75克，醬油175克，桂皮25克，蔥結4克，薑20克，綠葉蔬菜少許。

◎**製 法**：

①將豬頭放入盛器，加溫開水泡一下，用刀刮淨毛根和皮上污物，在下額處順長劈開成兩爿，放入開水鍋裡出水，除去血沫，撈出用清水洗淨。

②取大鐵鍋一隻，鍋裡放竹墊，將豬頭皮朝下放在竹墊上，加水（以淹沒豬頭為度），下蔥結、薑片、紹酒，燒開後改用小火，燜1.5小時左右，至豬頭七、八成爛時撈出，拆去頭骨，改刀切成大塊，仍按兩爿豬頭形狀放在竹墊上，放入砂鍋裡，加醋、紹酒、冰糖、醬油、桂皮、蔥結、薑片，加煮豬頭的湯，在旺火上燒開後，移至微火上，燜1.5小時左右，至豬頭肉像豆腐一樣酥嫩，即可出鍋，揀去蔥、薑、桂皮，將竹墊提起連豬頭肉一起放回鍋裡，倒入滷汁收濃，再將竹墊提起把豬頭肉放在盆裡，另用一只大盆扣在上面，連同底盆翻身將豬頭肉翻入大盆裡，取去底盆和竹墊，再將鍋裡的滷汁澆上，用綠葉蔬菜圍邊即成。

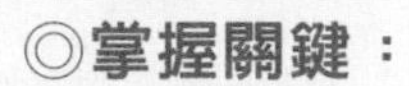

◎**掌握關鍵：**

①豬頭必須刮淨毛根，洗刷乾淨，隨冷水入鍋，燒開取出，清水洗淨，去除血污，使成菜香鮮無異味。②豬頭煮至七八成熟就取出出骨，可保持形狀完整。③要吃準火候。豬頭拆骨加調味入鍋燒開後，必須用小火窩焖至爛，如用旺火，必致外爛裡僵。

火腿酥腰

火腿鹹鮮，腰子酥爛，湯味鮮美。尤宜老年人食用。

◎**簡　介：**

「火腿酥腰」是揚州傳統名菜。金華火腿是我國著名的特產，是各種醃臘肉食品中的上品。它香氣濃郁，風味獨特，味道鮮美，故自古至今，聞名中外。在宋、明、清時期，它是宮廷席上的珍貴佳餚，在清代著名的「滿漢全席」中也有「金華火腿拼龍鬚菜」和「火腿筍絲」。在製作各種山珍海味菜餚時，也需要用火腿搭配，其味才佳。揚州名菜中最受人歡迎的是「蜜汁火方」和「火腿酥腰」。

◎**材　料：**

熟火腿200克，豬腰3只（重約300克），蘿蔔（夏天用冬瓜）100克，蔥、薑、調水太白粉各10克，味精、精鹽各1

克，紹酒15克，熟豬油35克，雞湯（或鮮湯）300克。

◎**製 法**：

①將豬腰洗淨，逐只剖開，下清水鍋內燒開，取出洗淨，再入鍋加清水、蔥、薑、紹酒，燒滾後移小火上燒30分鐘取出。將蘿蔔（或冬瓜）切削成若干小球狀，經開水焯後取出，用清水洗淨，去除蘿蔔辣味。

②火腿切成薄片，放在湯碗中，豬腰去臊切成斜片，放在火腿兩邊，蘿蔔球放在上面，加蔥結、紹酒、少量雞湯(或鮮湯)，上籠蒸1小時，取出倒去湯汁，將火腿與腰子反扣在盆中。

③炒鍋上火，下豬油25克燒熱，放蔥結、薑片稍煸，另加雞湯150克，放鹽和味精，燒滾後用調水太白粉少許勾薄芡，淋入少量熟豬油，出鍋澆在火腿上即成。

◎**掌握關鍵**：

①腰子要洗淨，去除異味，蒸爛。②要將火腿與腰子合蒸的原汁瀝出，因火腿味鹹，腰子有臊味，故其汁須棄，要重新用雞湯烹製，這樣即可保證成菜鮮味濃純而無異味。

燉菜核

色呈黃綠，棵形完整，菜心酥爛，入口即化，清香鮮鹹。

◎簡　介：

「燉菜核」是江蘇南京地區的歷史名菜。南京著名的萬竹園內種有一種青菜，叫「矮腳黃」(因其棵矮葉肥、梗白心黃而得名)。萬竹園座落在南京城西鳳凰台附近，鳳凰台是古時的觀景台。唐朝詩人李白曾經到此遊過，並留有「鳳凰台上鳳凰台遊，鳳去台空江自流」的詩句。萬竹園的青菜原來並無此美名，據說明代明太祖朱元璋的夫人馬娘娘，一次在鳳凰台上看到一隻鳳凰由「來鳳街」經「鳳遊寺」落在附近的萬竹園中，這樣萬竹園就成了風水寶地，於是萬竹園的青菜也名聲大振，「矮腳黃」便聞名全市。當時官府及菜館廚師用「矮腳黃」做出了許多美味佳餚，其中最著名的是「燉菜核」。本世紀30年代上海《新聞報》副刊「快活林」專欄中曾以《雋味淡菜核》為題，載文稱讚此菜「清新典雅，其味無窮」。百多年來南京仍然保留著這款傳統名菜。

◎材　料：

「矮腳黃」青菜心600克，雞脯肉60克，蝦仁25克，冬筍片、熟火腿片各30克，水發冬菇、熟雞油各15克，雞蛋1個，紹酒10克，精鹽、乾太白粉各3克，味精1.5克，雞清湯500克，熟豬油750克（約耗100克）。

◎製　法：

①將青菜洗淨（不能弄散），菜頭削成橄欖形，剖十字形

刀紋，切去菜葉，取7公分長的菜心。

②把雞脯肉片成約長5公分、寬1公分的柳葉片，放入碗中，加雞蛋黃、乾太白粉拌勻。

③炒鍋上火，下熟豬油，燒至四成熱，放入菜心，用鐵勺翻動，至翠綠色時撈出瀝油。接著將雞脯肉下鍋過油後，取出瀝油。

④取炒鍋一只，先用部分菜心墊底，再將其餘菜心頭朝外，沿炒鍋底邊排成圓形，放在墊底的菜心上面（露出菜頭），中心綴以蝦仁、雞脯肉、冬筍片、火腿片、冬菇片，加精鹽、紹酒、味精、雞清湯，置旺火上燒沸後，移至微火上燉約15分鐘，淋入雞油即成。

◎掌握關鍵：

烹製時先將洗淨的菜心用溫油汆至色澤碧綠取出，再與其它配料一起入鍋燉煮，這樣既可保持菜心的嫩度，又容易入味。

霸王別姬

湯汁清醇，肉質酥爛，味道鮮美。

◎簡　介：

「霸王別姬」是江蘇徐州地區的傳統名菜。相傳當年楚漢之戰，項羽被劉邦圍困在垓下(古地名，今安徽省靈壁縣南，沱河北岸)，處於四面楚歌之中，美人虞姬為項王消憂解愁，用甲魚和雛雞烹製了這道美菜，項羽食後很高興，精神振作，此事及此菜製法後來流傳至民間。因用甲魚與雛雞製菜，具有較強的滋補作用，加之經菜館廚師烹製後其味更佳，故人們都喜歡食用，此菜便逐漸出名。因該菜首創於霸王別姬之時，故人們稱其為「霸王別姬」。此菜不僅在徐州著名，而且在山東、湖南及北京湘菜館中也有經營。

◎材 料：

活甲魚一隻（重1000克左右），仔光母雞1隻（重600克左右），雞脯肉餡150克，熟火腿15克，水發冬菇、熟冬筍各25克，熟青菜心10棵，蔥結1隻，薑2片，紹酒50克，鮮湯適量，乾太白粉、精鹽、味精各少許。

◎製 法：

①將甲魚宰殺，掀起殼蓋，取出內臟（甲魚蛋留用），洗淨，入開水鍋中焯水，去除血污，撈出洗淨，用潔布揩乾，撒上乾太白粉，釀入雞餡，上放甲魚蛋，蓋上殼蓋。光仔母雞去內臟，洗淨，斬去爪子，雞翅膀交叉塞在雞嘴裡，放入開水鍋中略焯，去除血水洗淨。

②將甲魚和雞放入搪瓷鍋中，加鮮湯、紹酒、精鹽、蔥、薑、火腿、冬菇、冬筍，加蓋上籠，蒸至湯濃、雞魚肉爛時，撈去蔥、薑，加味精、青菜心，稍蒸即成。

◎掌握關鍵：

①甲魚必須裡外洗淨，放入開水鍋中焯後再用清水洗淨。雞必須除盡血水。②上籠蒸時，必須加蓋，以保持原汁原味。

梁溪脆鱔

色澤協調，鬆脆酥香，甜中帶鹹，鮮美可口，佐酒佳品。

◎簡　介：

梁溪是江蘇無錫的別稱，在無錫城西一條流經市區的河叫梁溪。相傳它因南朝梁武帝時曾對其加以修浚而得名。也有的說是因為東漢名人梁鴻曾居於此地故得其名。無錫南濱太湖，西倚惠山，是一座山清水秀、風景優美的城市。這裡水產豐富，所產青魚、鯽魚、塘鯉魚都鮮活肉嫩，特別是鱔魚鮮肥細嫩，更受人們喜愛。據說在明末清初，無錫廚師就用活鱔，經開水煮熟去骨劃絲，入油鍋炸脆再用酒、醬油、糖、味精、五香料製成濃滷燴煮，鱔絲甜鮮鬆脆，是佐酒的上等佳餚。後來，此菜便聞名全城，馳名江蘇各地，成為無錫著名的傳統風味菜，現在上海許多蘇錫風味菜館都經營此菜。

◎材　料：

活大鱔魚1500克，紹酒50克，鹽150克，醬油40克，白糖100克，蔥末、薑絲、麻油各25克，豆油1500克（約耗150克）。

◎製　法：

①鍋中放入清水2500克，加鹽燒沸。同時另取一只冷鍋，放入鱔魚，蓋上鍋蓋（防止鱔魚竄出），將開水慢慢倒入，將鍋端至火上，煮至魚嘴張開，撈入清水中稍漂。將鱔魚撈出，劃成鱔絲，洗淨瀝水。

②炒鍋上旺火，放豆油燒至八成熱，放入鱔絲，用漏勺撥散，炸約3分鐘撈出，待油溫再升至八成熱時，再放入鱔絲復

炸4分鐘，再移小火炸脆撈出。

③另取炒鍋上火，放油25克燒熱，下蔥末炸香，加紹酒、薑末、醬油、白糖，燒沸成滷汁，放入炸脆的鱔絲略炒，顛翻幾下，淋入麻油，起鍋倒入盤中，放上薑絲即成。

◎掌握關鍵：

鱔絲必須炸脆，但不能炸焦。滷汁要多而濃才鮮美入味。

無錫肉骨頭

濃油赤醬，酥爛脫骨，汁濃味鮮，鹹中帶甜，香氣濃郁。

◎簡　介：

「無錫肉骨頭」又稱「醬排骨」，是無錫歷史悠久的著名地方風味菜餚。它肉質酥爛，味香濃郁，肥而不膩，甜鹹適口，色澤紫紅，香氣撲鼻。相傳此菜始於宋朝，由無錫城裡一家熟肉店在被其接濟過的「濟公活佛」的幫助下創製而成，「無錫肉骨頭」便由此出名，歷代相傳。到了清朝，無錫南門的「莫興盛」經營的醬肉排骨亦很出名。後來無錫三鳳橋附近的余慎肉食店，高薪聘請燒肉師傅，吸取別店的經驗，在選料、調味、操作等方面加以改進，專門選無錫出產的細皮白肉豬的大排和方肉為原料，用純黃豆製的醬油、上品老酒、糖等烹製，將方肉與排骨同煮，使湯汁更加濃醇和鮮美。這樣烹製出來的排骨，不僅汁濃味鮮，肉鬆骨爛，而且香味濃郁，異常入味。在清末時，三鳳橋肉骨頭便和無錫清水油麵筋、惠山泥阿福並列為無錫三大名產而馳名中外。

◎材　料：

豬肋條排骨2000克，精肥方肉500克，醬油300克，白糖175克，紹酒100克，蔥、薑、桂皮各25克，茴香15克，硝末5克，食鹽適量，紅米少許。

◎製　法：

①將排骨斬成小塊，用硝末、紅米、食鹽拌勻，入缸醃10小時左右。取出放入鍋內，加清水燒沸，撈出洗淨。

②將鍋洗淨，用竹箅墊底，放入排骨和方肉，加紹酒、蔥、薑、茴香、桂皮，加清水1750克，蓋上鍋蓋，用旺火燒沸，加醬油、白糖，再蓋好鍋蓋，用中小火燜燒1小時，至排骨酥爛、湯汁濃香即可。食用時取出，改刀裝盤，澆上滷汁。

◎掌握關鍵：

烹製前必須將排骨醃透，使其吸入鹹味，烹製時重用小火燜燒、窩爛，使汁濃入味。

太湖銀魚

色澤金黃，肥鮮香嫩。

◎簡介：

「冰盡溪浪綠，銀魚上急湍；鮮浮白玉盤，未須探內穴。」這是明朝詩人王叔承對銀魚的一首讚詠詩。

銀魚與鱭魚、白蝦並稱「太湖三寶」，它歷來是席上珍饈。據史書記載，早在春秋戰國時太湖就盛產銀魚。清康熙年間，銀魚與白蝦、梅鱭並列為貢品。近百年來，無錫和蘇州地區烹製的「銀魚炒蛋」、「銀魚丸子」、「太湖銀魚」等菜餚，一直受到中外顧客的歡迎。下面介紹「銀魚炒蛋」的製法。

◎材　料：

銀魚100克，雞蛋3個，筍絲、韭芽、醬油各25克，水發木耳、紹酒各10克，精鹽2克，豬油、白湯各100克，白糖、味精各少許。

◎製　法：

①將銀魚摘去頭尾，用清水洗淨瀝水。雞蛋磕入碗中，加鹽1克調散。筍絲入開水鍋中焯一下撈出。木耳清水洗淨，用開水泡發瀝乾。

②炒鍋上火，用油滑鍋，放豬油25克燒熱，下銀魚先煸炒幾下，倒入蛋液中攪和。炒鍋內再加豬油60克燒沸，倒入銀魚和蛋液，待蛋液漲發、一面煎黃後，端起炒鍋翻身，再煎另一面。煎熟後，用鐵勺將蛋塊拉成4大塊，加入紹酒、醬油、精鹽、白糖、味精、白湯，倒入筍絲、木耳，加蓋用小火

燜燒二三分鐘，再旺火收汁，放韭菜，再加豬油15克，出鍋裝盤即成。

◎掌握關鍵：

銀魚肉質細嫩，烹製時必須注意火候。第一次入鍋只需略炒一下立即取出，倒入蛋液中拌勻，再入熱油鍋煎製，以保持其質嫩味美。

母油船鴨

原汁原湯，香味濃厚，鴨肉酥爛肥嫩，湯鮮味醇。

◎簡 介：

「母油船鴨」是秋冬季節的蘇錫名菜。其肉質肥美鮮嫩，酥爛不碎，香味濃郁，風味獨特，歷來深受人們的歡迎。

「母油船鴨」始於無錫地區，是著名的太湖船菜。在百多年前，無錫地區遊船較多，船家都在船上煮飯做菜，以供遊客食用。江南水鄉，河鴨居多，船家將整隻鴨子放在陶罐中烹製，原汁原湯，香味濃厚，肉質酥爛肥嫩，受到遊客歡迎，人們便稱它為「船鴨」。後來蘇州地區的廚師又改進製法，將帶骨鴨改為出骨鴨，在鴨肚內又填入川冬菜、香蔥、肉絲等配料，調料改用蘇州著名的母油(從三伏天曬製到秋天的優質醬油，古名「秋油」)，這樣其滋味更佳，同時取名為「母油船鴨」。這款菜近百年來已為太湖菜中最著名的傳統名菜，如今，在蘇州、無錫和上海的許多蘇錫風味菜館中都經營此菜。

◎**材　料：**

肥嫩光母鴨1隻（重1750克左右），豬板油、川冬菜、母油各150克，香蔥段200克，麻油、紹酒、白糖各50克，薑片2克。

◎**製　法：**

①將鴨從頸部開刀，脫出前半身胸骨和背部大骨，在鴨腰處斬斷胸骨和大骨，割斷肛門處直腸，將前半身骨架連同內臟一起拉出，用水洗淨，放入沸水鍋中稍燙即撈起，使鴨板緊縮，再用清水洗淨。

②將川冬菜、香蔥、豬板油絲下鍋炒，加紹酒、母油、白糖，炒熱收乾湯汁成餡料，從鴨頸處塞入鴨肚裡，將鴨頭頸打成一個結，不使餡料流出。

③取大砂鍋一只，將鴨子放入，鴨背朝下，加母油、白糖、紹酒、麻油和水，淹沒鴨子，放入蔥段、薑片，蓋緊鍋蓋，用旺火燒開後，移小火上燜煨3小時左右，至鴨酥爛即成。

◎**掌握關鍵：**

①刀工要精細，將整鴨出骨，但要保持皮肉不破。②用小火燜煨至爛，以保持原汁原味。

松鼠鱖魚

色澤金黃，形似松鼠，外脆裡鬆，甜中帶酸，鮮香可口。

◎簡　介：

「松鼠鱖魚」是蘇州地區的傳統名菜，在江南各地一直將其列作宴席上的上品佳餚。用鱖魚製菜各地早有，一般以清蒸或紅燒為主，而製做形似松鼠的鱖魚菜餚則首先是蘇州地區。相傳清代乾隆皇帝下江南時，曾微服至蘇州松鶴樓菜館用膳，廚師用鯉魚出骨，在魚肉上剞花紋，加調味稍醃後，拖上蛋黃糊，入熱油鍋嫩炸成熟後，澆上熬熱的糖醋滷汁，形狀似鼠，外脆裡嫩，酸甜可口，乾隆皇帝吃後很滿意。後來蘇州官府傳出乾隆在松鶴樓吃魚的事，此菜便名揚蘇州。

其後，經營者又用鱖魚製作，故稱「松鼠鱖魚」，不久此菜便流傳江南各地。清代《調鼎集》記載：「松鼠魚，取鯚魚肚皮，去骨，拖蛋黃，炸黃，炸成松鼠式，油、醬燒」。此菜從創製至今已有二百多年的歷史，現在它已聞名中外，成為中國最著名的菜餚之一。

◎材　料：

鮮活鱖魚1條（重750克左右），熟蝦仁30克，熟筍丁、水發香菇丁各20克，青豌豆15粒，紹酒25克，精鹽、蔥白段各11克，綿白糖200克，白醋、番茄醬、鮮湯各100克，蒜末2.5克，乾太白粉60克，調水太白粉35克，麻油15克，熟豬油1500克（約耗200克）。

◎製　法：

①將鱖魚去鱗去鰓，剖腹去內臟，洗淨。齊胸鰭斜切下魚頭，從魚頭下巴處順長剖開，用刀面輕輕拍平，並沿脊骨兩側平片至尾部（魚尾勿斷），斬去脊骨，片去胸刺。然後在魚肉上先直剞（刀距約1公分）、後斜剞（刀距3公分），深至魚皮（勿破皮），成菱形刀紋。接著用紹酒15克、精鹽1克放碗內調勻，抹在魚頭和魚肉上，再滾上乾太白粉，用手拎起魚尾抖去餘粉。

②番茄醬放入碗內，加鮮湯、糖、醋、酒10克、鹽10克、調水太白粉，攪拌成調味汁。

③炒鍋上旺火，下豬油燒至八成熱，將兩片魚肉翻卷，翹起魚尾成松鼠形，然後一手拎起魚頸部，一手用筷子夾住另一頭，放入油鍋中稍炸成形，然後全身放入炸至呈淡黃色撈起，待油溫升至八成熱時再放入復炸至呈金黃色，撈出放在盤中，裝上魚頭拼成松鼠形。鍋內留油少許，下蔥段煸香撈出，再加蒜末、筍丁、香菇丁，豌豆炒熟，倒入調味汁，旺火燒濃後，加熟豬油75克和熟蝦仁炒勻，淋入麻油，起鍋澆在魚身上即成。

◎掌握關鍵：

①要用鮮活鱖魚烹製，才能做到肉嫩味鮮。②刀工要精巧，使成菜形似松鼠。③調味汁既要酸甜適口，又要薄而稠濃，使魚入味。

鮍肺湯

魚肝肥嫩，浮於湯面，魚肉細膩，湯清味美，夏秋時菜。

◎簡介：

「鮍肺湯」原名「斑肺湯」。用斑魚肺製作各種菜餚，早在清代蘇州地區就很盛行。清代袁枚在其所著的《隨園食單》中就有關於斑魚菜餚的記載：「斑魚最嫩。剝皮去穢，分肝肉二種，以雞湯煨之，下酒三份、水二份、秋油一份。起鍋時加薑汁一大碗、蔥數莖以去腥氣。」但那時此菜並不出名，只是將其作為一種時令菜來品嘗。1927年，國民黨元老于右任先生遊太湖，觀賞桂花之後途經蘇州木瀆，曾在石家飯店品嘗了該店製作的「斑肺湯」，稱讚此菜十分鮮美，隨即揮筆題詩一首：「老桂花開天下香，看花走遍太湖彎，歸舟木瀆猶堪記，多謝石家鮍肺湯。」因為于右任是陝西人，當時該店的蘇州服務人員講「斑肺」，他聽了便據諧音寫作了「鮍肺」。從此「鮍肺湯」便代替了「斑肺湯」並聞名全國。現在當地已用生長在太湖木瀆一帶的鮍魚製作此菜。

◎材　料：

活鮍魚500克，熟火腿片、熟豬油各15克，水發香菇片、熟春筍片各10克，豌豆苗5克，紹酒25克，精鹽7克，味精、白胡椒粉各1克，蔥末5克，雞清湯750克。

◎製　法：

①將鮍魚脊背向外，放在砧板上，左手捏住魚腹的邊皮，用刀把魚皮劃破，向外平推除去魚皮，取出魚肝（俗稱魚

肺），摘去膽洗淨。再挖去魚的內臟，去骨取下兩爿魚肉，放清水中撕去黏膜，洗淨血污。將魚肉、魚肝分別片成兩片，放入碗中，加精鹽2克、蔥末、紹酒5克拌勻稍醃。

②炒鍋置旺火上，加雞湯燒沸，將魚片、魚肝放入，加紹酒20克、精鹽5克燒沸，撇去浮沫，放火腿片、筍片、香菇片、豌豆苗，加味精，燒沸後倒入湯碗，淋熟豬油少許，撒上胡椒粉即成。

◎掌握關鍵：

烹製時，必須先將雞湯燒沸，再放魚肉、魚肝，以保持其質地鮮嫩。

黃泥煨雞

皮色黃亮，雞肉酥嫩，上筷骨肉即離，香氣撲鼻，原汁原味，滋味異常鮮美。

◎簡 介：

「黃泥煨雞」又名「叫化雞」，是江蘇常熟地區的著名傳統佳餚，已有三百多年的歷史。相傳清朝年間，在常熟虞山腳下，有一個叫花子，一天得到了一隻雞，因無鍋灶，就把活雞宰殺，取出內臟，用幾張荷葉包起來，外面塗上一層黃泥，放在石塊壘成的灶上烘烤，熟後去泥，食用時香氣撲鼻，異常鮮美。行人聞其香而視之，覺得這種烹調方法獨特，雞肉鮮嫩味美，從此這種燒法便流傳開來，人們稱之為「叫化雞」。

距今七十多年前，常熟山景園酒家最先獨家經營「叫化雞」，他們在民間燒法的基礎上，使之更臻完美，並改名為「黃泥煨雞」，成為中國名菜之一。現在此菜在國內外都享有很高的聲譽，曾被當作中國名菜介紹到日本等國，用於宴會酒席上。

◎材 料：

活新嫩三黃（黃嘴、黃腳、黃毛）母雞1隻（重約1250克），蝦仁、京冬菜、白糖各50克，豬肉丁150克，火腿丁、香菇丁、蔥、薑各25克，雞肫、紹酒、醬油各100克，大蝦米15克，味精1克，鹽200克，豬網油250克，鮮荷葉4張，熟豬油80克，芝麻油、芝麻醬、蔥白段各少許。

◎製 法：

①將活雞宰殺，淨毛，在翅膀腋下開一個長約3公分的小口，挖去內臟，切除肛門，洗淨晾乾，再用刀背拍斷雞腳、翅膀、腿骨、頸骨，放入缽裡，加醬油50克、紹酒25克、精鹽5克、蔥末和薑汁各少許，醃30分鐘。

②將雞肫肝切成片。炒鍋上火，放豬油50克，燒至五成熱，先下蔥段、薑片炒香，再將肫片、蝦仁、冬菜末、豬肉丁、火腿丁、香菇丁、大蝦米等配料倒入炒和，加酒、醬油各25克，放味精1克、白糖適量，至配料剛熟時起鍋倒入碗內。將配料從雞翅下刀口放入腹內，然後將雞頭塞進開口處。再將蔥切成細茸，拌上少許豬油，塗遍雞身，並用豬網油將雞包好，再用荷葉包嚴，用繩子紮成橢圓形。

③將封酒罈的黃泥敲碎，加食鹽、紹酒和水拌和成厚糊，

放在濕布上（黃泥厚約3.4公分），在黃泥中間放上捆好的雞，將濕布四角拎起，把雞身包緊，然後將濕布揭去，改用廢紙包裹。用竹籤在泥面上戳一小孔，以供烘烤時排出熱氣，防止泥層破裂。最後將包好的雞放進烘箱，用旺火烘烤40分鐘，使黃泥烘乾取出，用濕泥將小孔塗沒，再入烘箱烘烤30分鐘後，改用文火煨烤（每隔20分鐘翻一次身）
，共烘煨四五小時即熟。食前先敲掉泥殼，除去小繩和荷葉，將雞裝盤，淋麻油少許，帶芝麻醬、蔥白段供蘸食。

◎掌握關鍵：

①必須用鮮活嫩草雞烹製，忌用老母雞與肉雞。②配料必須先加調味炒熟，再裝入雞腹內，並用網油、荷葉包好，再用酒罈黃泥裹嚴。③重用火功煨製。要先後用旺火、中火和小火慢慢煨熟，其味才佳。

炒　血　糯

色澤鮮艷，血糯韌硬，白糯軟潤，甜美細膩，香味濃郁。

◎簡　介：

「炒血糯」是江蘇常熟地區的著名菜餚。常熟鴨血糯米俗稱「血糯」，米粒細長，色澤殷紅，油潤透明，含有多種氨基酸、豐富的蛋白質和生物吡咯色素，有養血滋陰、強身補血的功效。據文獻記載，鴨血糯在常熟種植已有近二百年的歷史，清代曾被列為貢品。1922年全國稻米評選獲大獎，馳名中外。在常熟及蘇州一帶，鴨血糯一直被作為饋贈親友的禮品和製作待客菜點的原料。

常熟血糯最初專門用於製作點心，如「血糯八寶飯」、「血糯米酒釀」、「紅米酥」等。後來，普遍用它製作「炒血糯」，成為酒席和高級宴會上的一款甜味佳餚。近十多年來，許多前來我國旅遊的外賓都是很喜歡品嘗此菜，稱讚它是「世界獨一無二的美味珍饈」。

◎材 料：

血糯100克，白糯米、綿白糖各150克，青梅乾、紅綠瓜絲各10克，蜜棗、桂圓肉、調水太白粉各15克，熟豬油100克，甜桂花少許。

◎製 法：

①將血糯和白糯米淘洗乾淨，放入清水中浸泡一、二小時，撈入容器中，加水50克左右，上籠蒸30分鐘至熟，取出冷卻。也可以入鍋加水適量，燒成硬飯(飯粒要鬆而硬結，切勿糊爛），取出冷卻。

②炒鍋洗淨上火，放熟豬油75克，倒入開水50克左右，加白糖溶化，下調水太白粉勾薄芡，將血糯米飯倒入炒透，最後放入青梅、紅綠瓜絲、蜜棗、桂圓肉、甜桂花，炒和均勻，澆上熟豬油25克，起鍋倒入湯盤內即成。

◎掌握關鍵：

①常熟血糯屬籼型稻，糯性不足，必須與白糯米相配烹製，使之軟糯適中。②在下鍋烹製前，先將糖油汁燒濃，再下糯米炒透，加配料出鍋。③注意切勿黏鍋炒焦。

長壽菜

香軟熟可口，滋味鮮美清香。

◎簡 介：

「長壽菜」又名「燒香菇」，原是明代宮廷名菜，後流傳於民間。香菇是食用菌中的上品，素有「蘑菇皇后」之稱。它含有30多種酶和18種氨基酸。人體所需的8種氨基酸，香菇中含有7種。每100克乾香菇中含有蛋白質13克，還含有其它各種營養成分。它作為菜中美味，早在戰國時期就有「味之美者，越駱之菌」的記載(《呂氏春秋》)。到了明朝，香菇便成為宮廷中著名「長壽菜」。相傳明代建都金陵（今南京）時，正遇天下大旱，災情嚴重。明太祖朱元璋祈神求雨，帶頭吃素數月，胃口不佳。這時軍師劉伯溫正好從浙江龍泉縣回到南京城，特地將從他家鄉帶來的著名特產香菇，浸泡以後加調味製成一道「燒香菇」的美味菜餚給朱元璋品嘗。朱元璋未及下筷，就聞到一陣陣香味，吃後感到此菜香味濃郁，軟熟適口，滋味異常鮮美，連連稱讚它是一道少見的好菜。隨即他又問劉伯溫：「此菜滋味為何這樣鮮美，此物生在何處？」劉伯溫便向其講述了龍泉香菇的特點以及古時浙江慶元流傳香姑女逃難食香菇遇救的故事。傳說一位名叫香姑的姑娘，為躲避財主迫害逃至荒山，餓昏在地，醒來後吃了這裡生長的香菇，不僅恢復了健康，後來還活到百歲以上。從此朱元璋在宮中經常食用此菜，而且還稱它為「長壽菜」。在清代，宮廷御膳房也將它作為席上珍饈。乾隆年間的「滿漢全席」中就有「香蕈鴨」、「炒冬菇」等菜餚，但製作方法與配料已有所不同，是將它與冬筍或雞鴨等葷素食物一起烹製食用。

◎材 料：

水發香菇500克，淨冬筍50克，醬油20克，白糖5克，味精1克，花生油30克，麻油15克，調水太白粉3克，鮮湯150克。

◎製 法：

①香菇去蒂，用清水反覆洗乾淨。冬筍切成4公分長的薄片。

②炒鍋上火，下油燒至六七成熱，放入冬筍片煸炒，然後下香菇，加醬油、白糖、味精、鮮湯150克，旺火燒開，移小火上燜煮15分鐘左右，至香菇軟熟吸入滷汁發胖時，移旺火上收汁，用調水太白粉勾芡，顛炒幾下，淋上麻油，出鍋裝盤即成。

◎掌握關鍵：

香菇選中等肉厚的為佳，要浸軟發透。烹製要用小火燜煮，使其吸足滷汁，食時鮮香可口。

參

川
菜

四川菜是我國八大菜系之一，歷來享有「一菜一格，百菜百味」之美譽。

川菜歷史悠久，源遠流長。據史書記載，川菜起源於古代的巴國和蜀國。從秦朝到三國時期，成都逐漸成爲四川政治、經濟、文化的中心，使川菜得到不斷發展。早在一千多年前，西晉文學家左思所著《蜀都賦》中便有「金壘中坐，肴槅四陳，觴以清醥，鮮以紫鱗」的描述。唐宋時期，川菜早已膾炙人口。詩人陸游曾以「玉食峨眉木耳，金齏丙穴魚」的詩句，讚美川菜。元、明、清先後建都北京，入川官吏增多，大批北京廚師前往成都落戶，經營飲食業，使川菜得以進一步發展，逐漸成爲我國的一個主要地方菜系。當今川菜全國聞名，蜚聲海外，美國、日本、法國、加拿大以及東南亞各國和台灣、港澳地區，都開設有許多川菜館，受到中外顧客的好評。

川菜的烹調方法，有炒、煎、乾燒、炸、熏、泡、燉、燜、燴、貼、爆等38種之多。其菜餚特別講究色、香、味、形，兼有南北之長，以味的多、廣、厚著稱，歷來有「七味」（甜、酸、麻、辣、苦、香、鹹）、「八滋」（乾燒、酸、辣、魚香、乾煸、怪味、椒麻、紅油）之說。它的主要名菜有「宮保雞丁」、「麻婆豆腐」、「燈影牛肉」、「樟茶鴨子」、「毛肚火鍋」、「魚香肉絲」等300多種。

太白鴨

色白肉爛，湯味鮮醇，具有滋補功效。

◎簡　介：

「太白鴨」相傳始於唐朝，與詩人李白相關。李白祖籍隴西成紀（甘肅秦安），幼年時隨父遷居四川綿州昌隆（今四川江油青蓮鄉），直至25歲時才離川。李白在四川近20年生活中，非常愛吃當地製做的燜蒸鴨子。這種菜是將鴨宰殺治淨後，加酒、鹽等各種調味，放在蒸器內，用皮紙封口，蒸製而成，保持原汁，鮮香可口。

唐天寶元年（公元742年），李白奉唐玄宗之詔入京供職翰林，文武百官都敬重他。當時李白雖然想為朝廷出力，但在政治上並未受到重用，相反由於楊貴妃、楊國忠、高力士等人，在唐皇面前對其進行讒言攻陷，而逐漸被疏遠。李白為了實現自己的抱負，曾設法接近唐玄宗，他竟然想起了年輕時在四川曾經常吃過的美味鴨子，就用肥鴨，加上百年陳釀花雕、枸杞子、三七和調味料等蒸製後，獻給玄宗。玄宗食後，覺得此菜味道極佳，回味無窮，大加稱讚，詢問李白：「卿所獻之菜乃何物烹製？」李白回答：「臣慮陛下龍體勞累，特加補劑耳。」玄宗非常高興地說：「此菜世上少有，可稱太白鴨。」後來李白雖然仍被玄宗疏遠，但李白獻菜一事卻成為烹飪史上的一段佳話。「太白鴨」便由此歷代相傳，成為四川的一款名菜。

◎材　料：

光肥鴨1隻（重1500克左右），枸杞子25克，三七片15

克，瘦豬肉100克，陳年紹酒200克，蔥結1個（約50克），薑片15克，精鹽5克，胡椒粉1克，鮮湯少量。

◎製 法：

①將鴨子開膛，洗淨，入開水鍋中略焯取出，洗淨血水，擠乾水分，斬去腳爪。用紹酒、精鹽、胡椒粉將鴨身內外抹勻，置盛器內，加蔥結、薑片、紹酒、鮮湯少量，放入豬肉、枸杞子、三七片，用皮紙封嚴。

②將鴨放入籠屜，用旺火蒸約3小時，至肉質酥爛取出，揭去皮紙，揀去蔥結、薑片，將鴨連湯盛入湯盤內即成。

◎掌握關鍵：

鴨子必須內外洗淨，去除肚內血粕污物，否則會有異味。在放入盛器蒸製前必須用皮紙封嚴或加蓋，以保持原汁原味。

東坡墨魚

色澤紅亮，皮爛肉嫩，甜酸中略帶香辣。

◎簡 介：

「東坡墨魚」是四川名揚中外的傳統名菜。四川樂山的東坡墨魚，相傳始於宋代，與蘇東坡有關。東坡墨魚原名墨頭魚，產於四川樂山凌雲山和烏龍山腳下的岷江之中，是一種嘴小、身長、肉多的黑皮魚。原先當地也用它製做菜餚，但並無名氣。神話說，後來宋代詩人蘇東坡在凌雲寺讀書時，常去凌雲岩下洗硯，江中之魚食其墨汁，皮色濃黑如墨，人們便稱它為東坡墨魚，從此聞名全省，並與江團、肥坨共稱川江三大名魚，成為樂山著名的特色菜餚，聞名國內外。現在到四川樂山的中外遊客，都以品嘗此菜為樂事。

◎**材 料：**

鮮墨頭魚1條（重約750克），麻油、香油豆瓣、調水太白粉、熟豬油各50克，蔥花15克，蔥白1根，薑末和蒜末各10克，醋40克，紹酒15克，乾太白粉7克，精鹽1.5克，醬油25克，熟菜油1500克（約耗150克），肉湯、白糖各適量。

◎**製 法：**

①墨頭魚治淨，順剖為兩片，頭相連，兩邊各留尾巴一半，剔去脊骨，在魚身的兩面直刀下、平刀進剞六七道刀紋（以深入魚肉2/3為度），然後用精鹽、紹酒抹遍全身。將蔥白先切成7公分長的段，再切成絲，漂入清水中。香油豆瓣切細。

②炒鍋上火，下熟菜油燒至八成熱，將魚全身沾滿乾太白粉，提起魚尾，用炒勺舀油淋於刀口處，待刀口翻起定形後，將魚腹貼鍋放入油裡，炸至呈金黃色時，撈出裝盤。

③炒鍋留油50克，加豬油50克，下蔥、薑、蒜、香油豆瓣炒熟後，下肉湯、白糖、醬油，用調水太白粉勾薄芡，撒上蔥花，烹醋，放麻油，快速起鍋，將滷汁淋在魚上，撒上蔥絲即成。

◎**掌握關鍵：**

魚必須裡外洗淨，去除魚內血筋，成菜後便無腥味。油炸時火要旺，但不能過大，至色呈金黃，魚身挺起即好。

宮保雞丁

肉質細嫩，花生酥香，口味鮮美，油而不膩，辣而不燥。

◎**簡　介：**

「宮保雞丁」是一款歷史悠久的四川名菜，於清代光緒年間由四川總督丁寶楨府中首創。丁寶楨原籍貴州，清咸豐進士，曾任山東巡撫，後任四川總督。他一直很喜歡食用辣子與豬肉、雞肉爆炒的菜餚，據說在山東任職時，他就命家廚製做「醬爆雞丁」等菜，很適合胃口，但那時此菜還未出名。調任四川總督後，每遇宴客，他都讓廚師用花生仁和嫩雞肉製做炒雞丁，肉嫩味美，很受客人歡迎。後來由於他戍邊禦敵有功被朝廷封為「太子少保」，人稱「丁宮保」，其家廚烹製的炒雞丁，也被稱為「宮保雞丁」，聞名省內，並逐漸流傳到全國各地。至清末民初，隨著川菜走向全國各大城市，「宮保雞丁」也聞名全國及海外，成為四川菜中最著名的一款特色菜餚。

◎**材　料：**

雞脯肉（或雞里脊肉）250克，花生仁100克，乾辣椒、白糖、甜麵醬各10克，熟豬油500克（約耗75克），醬油15

克，精鹽2.5克，薑、蒜、酒各5克，雞蛋清、醋、味精、鮮湯、辣椒粉各少許，太白粉40克。

◎製　法：

①將雞脯肉洗淨，用刀背拍鬆，切成1.5公分見方的丁，放入碗內，加蛋清、精鹽少許和適量乾太白粉拌勻上漿。乾辣椒切成小塊。花生仁經溫油汆熟。

②將適量醬油、醋、糖、鮮湯、調水太白粉、味精調和成汁。

③炒鍋上火，用油滑鍋後下油，燒至五成熱，放入雞丁，滑至斷生，倒入漏勺瀝油。鍋內留油50克，下乾辣椒炒出香味，放入蒜片、薑片、甜麵醬略炒，然後放入雞丁、花生仁和辣椒粉炒幾下，即將調好的芡汁倒入，翻炒均勻，淋熟油少許，起鍋裝盤即成。

◎掌握關鍵：

雞丁入油鍋滑至斷生立即取出，以嫩為上。滷汁要濃，緊包雞丁與花生，使之入味。

麻婆豆腐

色澤淡黃，豆腐軟嫩而有光澤，其味麻、辣、酥、香。

◎簡　介：

「麻婆豆腐」是四川著名的特色菜。相傳清代同治年間，四川成都北門外萬福橋邊有一家小飯店，女店主陳某善於烹製菜餚，她用嫩豆腐、牛肉末、辣椒、花椒、豆瓣醬等調料燒製的豆腐，麻辣鮮香，味美可口，十分受人歡迎。當時此菜並沒有正式名稱，因陳婆臉上有麻子，人們便稱它為「麻婆豆腐」，從此名揚全國。一百多年來，隨著川菜的發展，全國各地的川菜館，乃至海外一些華僑開設的中國餐館，都經營此菜，前不久日本商人還模仿四川的「麻婆豆腐」製成「麻婆豆腐」罐頭食品，銷往世界各地。

◎材　料：

黃豆嫩豆腐300克，黃牛肉、菜油、蒜苗各100克，辣椒粉、花椒粉各15克，豆豉、醬油、調水太白粉各20克，精鹽10克，鮮湯200克。

◎製　法：

①將豆腐切成1公分見方的小丁，放入溫開水鍋中略焯，取出瀝水。牛肉剁成末。蒜苗切成1公分長的小段。

②炒鍋加油燒熱，下牛肉末炒散，至顏色發黃時，加豆豉茸、精鹽、醬油同炒，再放辣椒粉炒勻，加鮮湯，下豆腐塊同燒一會兒，最後放入蒜苗，用調水太白粉勾芡，澆少許熟油，出鍋裝盤，撒上花椒粉即成。

◎**掌握關鍵**：

要掌握好火候。在煸炒牛肉末、加辣椒粉等調味時，可用旺火，當豆腐入鍋燒沸後，即用小火燴製，使豆腐鮮嫩並更為入味。

燈影牛肉

片薄透明，色澤紅亮，麻辣乾香，味鮮可口，佐酒最佳。

◎**簡　介**：

「燈影牛肉」是四川的一種製作方法與眾不同、風味獨特的特色名菜。它肉薄如紙，色澤紅亮呈半透明狀態，透過燈光可將其淡紅色影子映在紙上或牆上，好似演燈影戲一樣，故此得名。它在四川各地十分著名。如今，全國各地的一些著名川菜館都經營此菜，四川（達縣）還大量生產「燈影牛肉」罐頭，遠銷各地，受到人們歡迎。

◎**材　料**：

黃牛後腿肉500克，白糖25克，花椒粉、薑各15克，辣椒粉25克，紹酒100克，精鹽、麻油各10克，五香粉、味精各1克，熟菜油500克（約耗150克）。

◎**製　法**：

①選用黃牛後腿上的腱子肉，去除浮皮，保持潔淨(勿用清水洗)，切去邊角，片成大薄片，放在案板上鋪平理直，均

勻地撒上炒乾水分的鹽，裹成圓筒形，晾至呈鮮紅色(夏季約14小時左右，冬季約三四天）。

②將晾乾的牛肉片放在烘爐內，平鋪在鋼絲架上，用木炭火烘約15分鐘，至牛肉片乾結，然後上籠蒸約30分鐘取出，切成4公分長、2公分寬的小片，再上籠蒸約1.5小時取出。

③炒鍋上火，下菜油燒至七成熱，放薑片炸出香味撈出，待油溫降至三成熱時，將鍋移至小火上，放入牛肉片慢慢炸透，瀝去約1/3的油，烹入紹酒拌勻，再加辣椒粉和花椒粉、白糖、味精、五香粉、顛翻均勻，起鍋晾涼，淋上麻油即成。

◎掌握關鍵：

牛肉片一定要片薄，越薄越好，但勿破損。醃、晾、烘、蒸、炸、炒各道工序都要精工細作，才能使之具有色香味形俱佳的特色。

夫妻肺片

製作精細，色澤美觀，質嫩味鮮，麻辣濃香，非常適口。

◎簡　介：

「夫妻肺片」是成都地區人人皆知的一款風味名菜。相傳在30年代，成都少城附近，有一男子名郭朝華，與其妻一道以製售涼拌牛肺片為業，他們夫妻倆親自操作，並走街串巷，提籃叫賣。由於他們經營的涼拌肺片製作精細，風味獨特，深受人們喜愛，為使之區別於其他一般肺片攤店，人們稱他們經營的為「夫妻肺片」。他們設店經營後，在用料上更為講究，以牛肉、心、舌、肚、頭皮等取代最初單一的肺，質量日益提高。為了保持此菜的原有風味，「夫妻肺片」之名一直沿用至今，成為四川省的著名菜餚之一。

◎材　料：

鮮牛肉、牛雜（肚、心、舌、頭皮等）、老滷水各2500克，辣椒油、油酥花生末、醬油各150克，芝麻粉100克，花椒粉25克，八角4克，味精、花椒、肉桂各5克，精鹽125克，白酒50克。

◎製　法：

①將牛肉、牛雜洗淨。牛肉切成重約500克的大塊，與牛雜一起放入鍋內，加入清水（淹過牛肉），用旺火燒沸，並不斷撇去浮沫，見肉呈白紅色，瀝去湯水，牛肉、牛雜仍放鍋內，倒入老滷水，放入香料包（將花椒、肉桂、八角用布包紮好）、白酒和精鹽，再加清水400克左右，旺火燒沸約30分鐘後，改用小火繼續燒1.5小時，煮至牛肉、牛雜酥而不爛，撈出晾涼。

②滷汁用旺火燒沸，約10分鐘後，取碗一只，舀入滷水250克，加入味精、辣椒油、醬油、花椒粉調成味汁。

③將晾涼的牛肉、牛雜分別切成4公分長、2公分寬、0.2公分厚的片，混合在一起，淋入滷汁拌勻，分盛若干盤，撒上油酥花生末和芝麻粉即成。

◎掌握關鍵：

牛肉、牛雜必須反覆洗淨，去除異味。用於拌製牛肉和牛雜的滷汁要濃，使其得味起鮮。

水煮牛肉

麻辣味厚，肉質鮮嫩，非常適口。

◎簡 介：

「水煮牛肉」是四川的一道傳統名菜。其它地方一般稱此類菜餚為「紅燒牛肉」、「燒牛肉絲」和「五香牛肉」等，而四川卻叫「水煮牛肉」。相傳南宋時期，四川自貢地區盛產井鹽，當時採滷是以牛作為牽車動力，故當地時有役牛淘汰，當地用鹽又極為方便，於是鹽工們將牛宰殺，取肉切片，放入鹽水中烹食，其肉嫩味鮮，此菜廣泛流傳開來，成為民間的一種傳統名菜。後來，菜館廚師對「水煮牛肉」的用料和製法又作了改進，這樣「水煮牛肉」便由民間轉而成為菜館經營的具有濃厚地方風味並流傳全省各地的名菜。隨著烹調技術的發展與提高，如今「水煮牛肉」的用料與操作方法與原來民間「水煮牛肉」已大不相同，但為了保持這道傳統名菜的固有風味，卻一直沿用「水煮牛肉」之名。

◎材 料：

瘦黃牛肉300克，萵筍100克，醬油2.5克，郫縣豆瓣醬50克，辣椒油5克，醪糟汁、調水太白粉各25克，精鹽2克，乾辣椒5克，花椒20粒，蔥、熟菜油各100克，肉湯500克。

◎製 法：

①黃牛肉洗淨，切成約5公分長、2.5公分寬、0.3公分厚的片。萵筍切成骨牌片。蔥切成6公分長的段。乾辣椒切段。

②將牛肉放入碗內，加鹽、醬油、郫縣豆瓣末、醪糟汁、調水太白粉拌勻稍醃。

③炒鍋上火，下菜油燒至五成熱，放入乾辣椒炸至呈棕紅色，下花椒粒炒幾下，再放蔥段、萵筍片炒勻，加肉湯，煮至將要開鍋時，下肉片滑散，煮至牛肉片伸展發亮，盛入碗內，淋上辣椒油即成。

◎**掌握關鍵：**

牛肉片要切得厚薄均勻，下熱湯鍋滑至顏色轉白斷生即起鍋，受熱時間過長肉質變老。

樟茶鴨子

色澤金紅，外酥裡嫩，帶有樟木和茶葉的特殊香氣。

◎**簡　介：**

「樟茶鴨子」是川菜宴席的一款名菜。此菜是選用成都南路鴨，以白糖、酒、蔥、薑、桂皮、茶葉、八角等十幾種調味料調製，用樟木屑及茶葉熏烤而成，故名「樟茶鴨子」。其皮酥肉嫩，色澤紅潤，味道鮮美，具有特殊的樟茶香味。許多中外顧客品嘗後，稱讚不已，說它可與北京烤鴨相媲美。前幾年四川名廚訪問香港時，不少顧客食用此菜後大加讚揚，說它是「一款融色、香、味、形四絕於一體的四川名菜」，引起各界人士極大的轟動，其名聲逐漸傳揚海外，現在許多到四川旅遊的華僑及國際友好人士，都要品嘗「樟茶鴨子」。

◎**材 料：**

肥雄鴨1隻（重1500克左右），花椒52克，味精1克，胡椒粉1.5克，紹酒、精鹽、醪糟汁各50克，芝麻油15克，熟菜油1000克（約耗100克左右），鋸木屑500克，柏樹葉750克，樟樹葉50克，茶葉、樟木屑各適量，開花蔥1.5克，甜麵醬少許。

◎**製 法：**

①將鴨宰殺毛除淨，在背尾部橫割7公分長的口，取出內臟，割去肛門，洗淨。盆內放入清水2000克左右，加花椒20粒和精鹽，將鴨放入浸漬4小時左右撈出，再放入沸水鍋中稍燙，緊皮取出，晾乾水氣。

②取用花椒50克、鋸木屑500克、柏樹葉750克、樟樹葉50克拌勻，放入熏爐內點燃起煙，以竹製熏籠罩上，把鴨子放入籠中，熏10分鐘後翻個兒，熏料中再加茶葉和樟木屑，再熏10分鐘，至鴨皮呈黃色時取出。

③將紹酒、醪糟汁、胡椒粉、味精調成汁，均勻抹在鴨皮上及鴨腹中，將鴨子放入大蒸籠內，蒸2小時，取出晾涼。

④炒鍋上旺火，下菜油燒至八成熱，將鴨子放入炸至鴨皮酥香撈出，刷上芝麻油。最後，將鴨子切成3公分長、1.5公分寬的小條裝盤，鴨皮朝上蓋在鴨頸上，擺成鴨形。上桌時將麻油5克與甜麵醬少許調勻，分盛兩碟，開花蔥也分別擺入兩小碟中，圍在鴨子的四邊佐食。

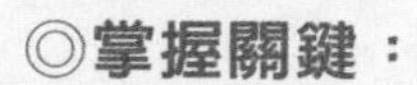

鴨子製作前要洗乾淨，並用清水加鹽、花椒浸漬，以去除異味，吸入鹹味。鴨要熏好，使其吸入熏香味。入油鍋炸至皮脆即可取出，不要炸焦，否則會有苦味。

棒棒雞

雞肉細嫩，麻辣鮮香。

◎簡 介：

「棒棒雞」是四川的著名菜餚。如今，在北京、上海等許多大城市的川菜館中都有該菜，而且極受食者歡迎。此菜起源於明清以前四川青神縣岷江邊的漢陽小鎮，廚師用漢陽雞為原料，將雞煮熟冷卻後，用木棒輕輕將雞肉敲爛，拉成雞絲，加麻辣調味料拌和食用，其味麻辣香鮮，肉質細嫩肥美，極受人們的歡迎，成為四川名菜。因此菜烹製時用木棒敲鬆，故稱為「棒棒雞」，亦稱「簸簸雞」。近幾年許多華僑和來華旅遊的外賓品嘗此菜後，紛紛讚揚它是製法別致、富有特色的風味菜餚。

◎材 料：

嫩公雞脯肉、腿肉共250克，芝麻醬、蔥白各5克，紅油辣椒10克，白糖2.5克，蘑菇醬油15克，味精、花椒粉各0.5克，芝麻油1.5克。

◎**製　法：**

①將雞脯肉、腿肉放入湯鍋內，煮約10分鐘，至肉熟撈起晾涼，用小木棒輕輕捶敲，使肉鬆軟。然後將雞肉撕成絲，放在盤內，蔥白絲放在上面。

②碗內放入醬油、芝麻醬、紅油辣椒、白糖、味精、花椒粉、芝麻油，調成味汁，淋在雞絲和蔥白絲上即成。

◎**掌握關鍵：**

雞肉煮至斷生即取出，不要煮爛，調味汁要拌濃一些，使雞肉得味起鮮。

清蒸江團

形狀美觀、肉質細嫩肥美，湯清味鮮，營養豐富。

◎**簡　介：**

「清蒸江團」人稱「嘉陵美味」，近百年來被譽為原料難得、質地鮮美的上等佳餚。

江團屬鮠科魚類，肉鼻在前，嘴開頭下，肩高眼小，齒利身肥，肉無硬刺，無鱗色艷，白裡透紅，其形如鯰。這種魚終年棲身於嶙峋險峻、蒼翠深幽的岷江山峽十多公尺深的水底，最大的體長約一公尺，重達八九公斤，為稀有珍貴魚類。

在抗日戰爭時期，岷江之濱澄江鎮的「韻流餐廳」高級名廚鄭祖華、張世界烹製的「叉燒江團」、「清蒸江團」等菜餚，名聞遐邇。據說，馮玉祥將軍赴美考察水利之前曾到「韻流餐廳」品嘗「清蒸江團」，稱讚「四川江團，果然名不虛傳」。

長期以來，江團在四川是節日盛宴和高級飯店的美味佳餚，深受中外賓客的喜愛，有時它也被空運至北京，給盛大國宴菜點增添美味。

◎材　料：

岷江江團1條（重約1250克），水發香菇5個，火腿10片，薑片25克，水發蝦米10克，豬網油1張，蔥段15克，精鹽4克，胡椒粉、味精各1克，紹酒30克，清湯1500克，薑汁二碟。

◎製　法：

①將魚宰殺治淨，在魚身兩側斜剞6～7刀（刀深0.3公分左右），用精鹽2克、紹酒15克醃漬入味。香菇片成薄片。

②將醃漬好的魚瀝去血水，放在蒸盤內，把火腿片、香菇片逐一嵌入剞刀處，放上蝦米，加精鹽2克、紹酒15克、蔥、薑、清湯250克、蓋上網油，上籠用旺火蒸30分鐘，取出撿去蔥、薑、網油，將魚輕輕地滑入湯盤內。

③炒鍋加清湯1250克，再瀝入蒸盤內的原汁，旺火燒開，加味精、胡椒粉，澆入魚盤內，與薑汁味碟一起上桌。

◎掌握關鍵：

魚必須收拾乾淨。蒸煮前先用鹽、酒醃入味，使成菜後味道更加鮮美。

魚香肉絲

色澤橘紅，肉質較嫩，酸甜微辣，鮮香可口。

◎簡 介：

「魚香肉絲」是川菜中的傳統名菜。在四川，烹製許多風味菜餚時，都離不開泡辣椒，這種泡辣椒在四川的醬菜店裡都有出售，在當地又稱「魚辣子」，俗稱「魚香」。凡是製作「魚香」菜餚的調味料一般都與做川菜「豆瓣魚」的調味料相同，都具有鹹、甜、酸、辣、香、鮮等味，異常適口。「魚香肉絲」就是用「魚香」調味料並採取與民間烹魚相類似的做法烹製而成的。該菜製法別致，用料與眾不同，具有獨特的滋味，因而深受人們的歡迎，成為川菜中最著名的菜餚之一，並流傳到全國各大城市和香港、澳門地區，在美國、日本、英國、法國、西德、新加坡等許多國家的中餐館裡都有此菜供應。

◎材 料：

豬腿肉（三成肥、七成瘦）200克，水發玉蘭片50克，蔥花、水發木耳、泡紅辣椒、調水太白粉各25克，蒜末、醬油各15克，薑末、醋各10克，精鹽1克，白糖12克，肉湯50克，熟豬油100克。

◎製 法：

①將豬肉切成約7公分長、0.5公分粗的絲。玉蘭片、木耳均切成絲，與肉絲一同盛入碗內，加精鹽、調水太白粉(15克）拌勻。

②碗內放白糖、醋、醬油、蔥花、調水太白粉（10克）和肉湯，調成芡汁。

③炒鍋上旺火，下豬油燒至六成熱，下肉絲炒散，加薑、蒜和剁碎的泡紅辣椒炒出香味，再加入玉蘭片、木耳炒幾下，然後烹入芡汁，顛翻幾下即成。

◎掌握關鍵：

肉絲必須切均勻。酸辣味要適度，以突出香味。

毛肚火鍋

味鮮麻辣，湯汁濃醇，食者可自燙自食，別有風味。

◎簡　介：

「毛肚火鍋」是四川獨有的風味名菜。火鍋在我國已有1400多年的歷史。南方各地的「菊花火鍋」、「什錦火鍋」、「魚生鍋」都冬令佳餚，唯獨四川的「毛肚火鍋」與眾不同，四季皆宜，盛夏不衰，深受人們的歡迎。「毛肚火鍋」據說早在清末民初就有，最初是在食攤上經營，攤主用大銅鍋放在爐子上，裡面煮滿腸肚之類的食物，邊煮、邊售、邊吃，獨具風味。因為它是以牛肚(俗稱毛肚)為主料，故稱「毛肚火鍋」。其所用調料考究，滷汁麻辣鮮香，食物多樣而嫩脆，可煮可燙，冬天邊煮邊吃，津津有味，渾身發熱；三伏天搖扇吃毛肚，滿頭大汗亦舒服。由於「毛肚火鍋」具有這些優點，所以很快馳名全省，一直流傳至今，成為四川菜中的一款著名特色佳餚。

◎材　料：

牛毛肚250克、牛肝、牛脊髓、牛腰各100克，黃牛背柳肉150克，味精1.5克，蔥25克，青蒜苗250克，鮮菜（芹菜、卷心菜均可）1000克，麻油250克，辣椒粉40克，紹酒15克，薑末50克，花椒5克，精鹽10克，豆豉40克，醪糟汁100克，郫縣豆瓣醬125克，牛肉湯1250克，熟牛油200克。

◎製　法：

①將毛肚上的雜物抖盡，攤在案板上，把肚葉層層理伸，再用清水反覆清洗至無黑膜和草味，切去肚門的邊沿，撕去底部無肚葉一面的油皮，以一張大葉和一張小葉為一聯，順紋路切斷，再將每聯葉子理順攤平，切成約1.5公分寬的片，用涼水漂起。肝、腰、肉均分別片成又薄又大的片。蔥和蒜苗均切成7公分長的段。鮮菜清水洗淨，撕成長片。

②炒鍋上火，下牛油50克燒至六成熱，放入豆瓣醬炒酥，加入薑末、辣椒粉、花椒炒香，加入部分牛肉湯燒沸，盛入火鍋內，放旺火上，加精鹽、紹酒、豆豉、醪糟汁，燒沸出味，撇去浮沫。

③食用時，先將牛脊髓放入火鍋內，燒沸湯汁，上桌。將其它葷素生菜片分別盛入盤內，與精鹽、牛油150克、麻油和味精同時上桌，隨吃隨燙，可隨時加湯加調味。

◎掌握關鍵：

牛肚牛腰等內臟必須反覆洗淨，否則熟後會有異味。調味料要配齊，湯汁要濃鮮。

豆瓣鯽魚

顏色紅亮，肉質細嫩，滋味鮮濃，微帶甜酸。

◎簡 介：

「豆瓣鯽魚」是四川最著名的菜餚之一。四川郫縣豆瓣醬是全國著名的土特產。它具有味辣、粒酥、醇香、油潤、鮮紅等特點，，是川菜烹調中常用的調味佳品，「豆瓣鯽魚」就是以郫縣豆瓣醬烹製而得名，近百年來一直盛名不衰。如今，在各地川菜館中都烹製供應此菜，受到人們的青睞。近幾年北京、上海等地的一些川菜館，在烹製「豆瓣鯽魚」的同時，又另外創製了「豆瓣鱖魚」，其滋味亦佳，同樣頗受中外顧客歡迎。

◎材 料：

活鯽魚2條或鱖魚1條（重約600克），蒜末30克，蔥花50克，薑末、醬油、糖、醋各10克，紹酒25克，調水太白粉15克，細鹽2克，郫縣豆瓣醬40克，肉湯300克，熟菜油500克（約耗150克）。

◎製 法：

①將魚治淨，在魚身兩面各剞兩刀（深度接近魚骨），抹上紹酒、細鹽稍醃。

②炒鍋上旺火，下油燒至七成熱，下魚稍炸撈起。鍋內留油75克，放郫縣豆瓣醬末、薑、蒜炒至油呈紅色，放魚、肉湯，移至小火上，再加醬油、糖、細鹽，將魚燒熟，盛入盤中。

③原鍋置旺火上，用調水太白粉勾芡，淋醋，撒上蔥花，澆在魚身上即成。

◎**掌握關鍵**：

必須用新鮮鯽魚或鱖魚為原料。烹製時滷汁要濃厚，使魚沾勻滷汁而入味。

椒麻雞

雞肉細嫩，椒麻味濃，鮮香可口。

◎**簡 介**：

「椒麻雞」是四川的一道傳統名菜，至今已有100多年的歷史。川菜特別注重酸、辣、麻、香的風味。「椒麻」既是川菜中主要的一種烹調方法，也是一種味型。它是用花椒粉、細鹽、麻油、醬油、香醋、糖、蔥、薑等調料烹製菜餚，成菜香味濃厚，麻辣可口。「椒麻雞」在四川各地十分盛行，如今，北京、上海、香港等許多地方的飯店、餐館都供應此菜。

◎**材 料**：

嫩公雞1隻（重約1250克），花椒40粒，醬油75克，細鹽2.5克，蔥葉75克，味精1克，雞湯50克，麻油25克。

◎**製 法**：

①將雞宰殺治淨，放入湯鍋內煮至剛熟撈起，放入涼開水

中漂涼後取出，搌乾水，剁成4公分長、1.5公分寬的塊，盛入盤中。

②將花椒、蔥葉、細鹽鍘細，盛入碗內，加醬油、味精、麻油、雞湯調成椒麻味汁，淋在雞塊上即成。

◎**掌握關鍵：**

必須選用活的嫩草雞為原料。入鍋煮至斷生即撈起，以保持雞肉細嫩的特點。

白果燒雞

色澤淡黃，湯汁濃白，雞肉鮮嫩，白果微甜，軟熟適口。

◎**簡 介：**

「白果燒雞」是成都青城山地區的傳統名菜。青城山風景優美，以幽靜著稱。這裡飲食美味與眾不同，並有「四絕」之稱，即一絕「洞天貢茶」，茶質優良，汁色清澈，茶香味醇；二絕「白果燒雞」，湯汁濃白，雞肉異常鮮美；三絕「青城泡菜」，脆嫩清鮮，深有回味；四絕「洞天乳酒」，酒味濃而不烈，甜而不膩。相傳「白果燒雞」為青城山天師洞的道士創製。據説，在二、三百年以前，青城山一位年高的道長久病不癒，日益消瘦。青城山上有一棵銀杏樹已有500多年的歷史，所結白果大而結實。天師洞的一位道士曾多次取用該樹所結的白果，同嫩母雞燒湯，文火燉濃後，給道長食用，使道長病情好轉，不久便恢復了健康，精神煥發。從此，「白果燒雞」便聞名蓉城和整個四川地區，成為一款特色名菜。

◎材　料：

新嫩母雞1隻（重約1250克），白果（銀杏）250克，紹酒30克，薑片15克，鹽10克。

◎製　法：

①將雞宰殺，去毛、去內臟，清水洗淨。用刀沿雞背脊處剖開（腹部不要剖開），隨冷水入鍋燒至將沸時取出，用清水洗淨，去除血粕待用。

②將白果殼敲開，連殼入開水鍋略焯取出，剝去殼洗淨。

③將整隻嫩母雞入鍋，加水（以淹沒雞為佳），放薑片、紹酒，加蓋燜燒30分鐘左右，至雞半熟、湯汁趨濃後，再倒入大砂鍋內，放入白果、鹽，加蓋用文火燒15分鐘左右，至雞肉酥爛、湯濃出鍋，倒入一只大的圓湯盤內，雞肚朝上、背脊朝下，白果圍在四周即成。

◎掌握關鍵：

必須取用肥壯的嫩母雞，去除污血洗淨。烹製時，先用旺火將雞燒爛、湯燒濃，再入砂鍋以文火煨至雞更爛，湯更濃，味才佳。

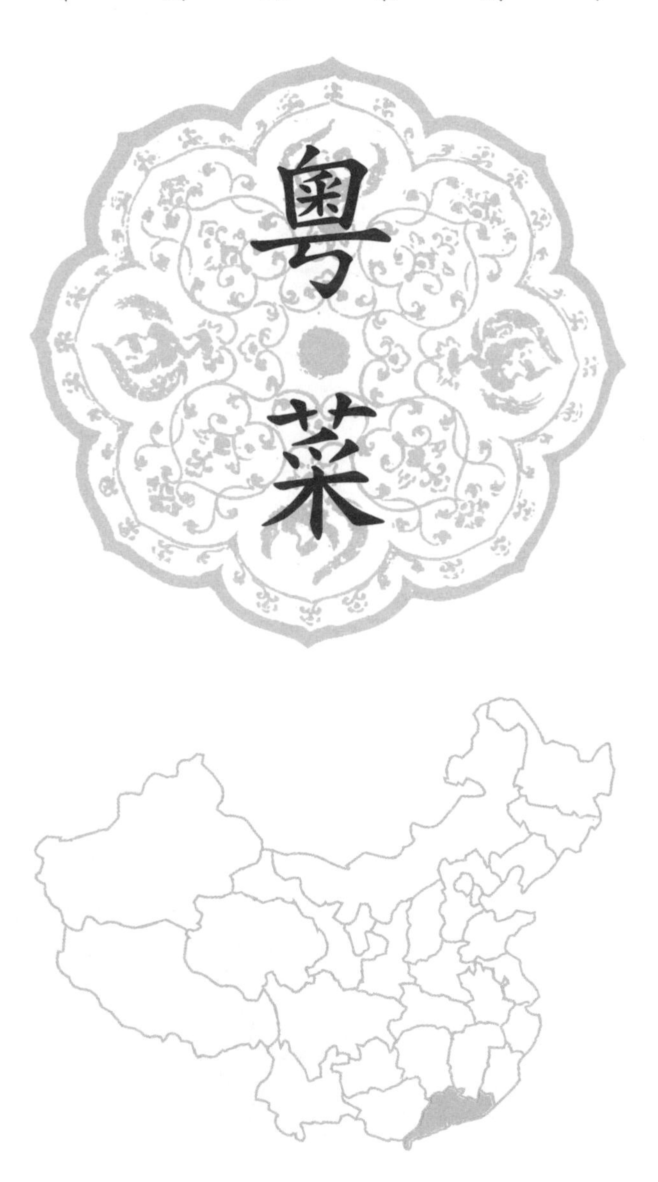

粵菜

廣東菜的形成和發展有著悠久的歷史。據唐代《通歷》記載，廣州最早叫「楚庭」。秦始皇統一全國後，在嶺南設立南海郡就在廣州（當時稱番禺），直到三國時，才正式稱爲廣州。由於它地處珠江三角洲，水陸交通四通八達，所以很早便是嶺南政治、經濟、文化中心。唐代廣州已成爲世界著名的港口之一，飲食文化比較發達。早在西漢《淮南子》中就有「粵人得蚺蛇以爲上肴」的記載。南宋《嶺外代答》中也有此類較詳細的記載：粵人「深廣及溪峒人，不問鳥獸蟲蛇，無不食之。其間異味有好有醜。山有鱉名蟄，竹有鼠名鼬，鴿鸛之足，獵而煮之，鱘魚之唇，活而臠之，謂之魚魂，此其珍者也。至於遇蛇必捕，不問長短，遇鼠必執，不問大小。蝙蝠之可惡，蛤蚧之可畏，蝗蟲之微生，悉取而燎食之。蜂房之毒，麻蟲之穢，悉炒而食之。蝗蟲之卵，天蝦之翼，悉鮓而食之。」可見，在千年以前，廣東烹飪技術已有較高水平，並善於烹製野味。南宋少帝南遷，許多御廚隨往廣州。明清以後，海運發展，對外開放，羊城商市繁榮，酒樓林立，廣州菜日益興起。由於廣東是我國最早對外通商的口岸之一，在長期與西方國家經濟往來和文化交流中，吸收了一些西菜的烹調方法，加之外地菜館在廣州大批出現，因而促進了粵菜的形成和發展。廣東地處東南沿海，珠江三角洲氣候溫和，物產豐富，可供食用的動植物品種繁多，是粵菜發展的物質基礎。廣東菜歷來以選料廣博、菜餚新穎奇異而聞名全國。

粵菜菜系由廣州菜、潮州菜、東江菜等三個不同風味菜種組成，而以廣州菜爲代表。廣州菜包括珠江三角洲和肇慶、韶關、湛江等地的著名菜餚，其所覆蓋的地域最廣，用料廣泛，選料精細，技藝精良，善於變化，品種多樣。廣東菜的主要特點是：製法以炒、燴、煎、烤、焗見長，講究鮮、嫩、爽、滑，口味以生、脆、鮮、淡爲主，清而不淡，鮮而不俗，嫩而不生，油而不膩，曾有「五滋」（香、鬆、臭、肥、濃）、六味（酸、甜、苦、鹹、辣、鮮）之說。其主要名菜有「脆皮烤乳豬」、「龍虎鬥」、「太爺雞」、「東江鹽焗雞」、「潮州燒鷹鵝」、「猴腦湯」等上百種。

明爐烤乳豬

色澤大紅，油光明亮，皮脆酥香，肉嫩鮮美，風味獨特。

◎簡 介：

「烤乳豬」是廣州最著名的特色菜餚。它早在西周時代就被列作「八珍」之一，那時稱為「炮豚」。北魏賈思勰在《齊民要術》中也記有「烤乳豬」的製作方法，說它「色同琥珀，又類真金，入口則消，狀若凌雪，含漿膏潤，特異凡常也」。康熙時代，曾被選作宮廷名菜，成為「滿漢全席」中的一道主要菜餚，直到民國初期山東還經營此菜，後來在廣州和上海盛行，從30年代到解放以後，此菜極為興盛，成為聞名中外的廣東名菜。現在「烤乳豬」已成為廣州和港澳地區許多著名菜館的美味珍饈，深受中外顧客的歡迎。

◎材 料：

淨乳豬1隻（重約5000克），五香鹽52克（由五香粉1克、八角末1克、精鹽35克、白糖15克拌成），烤乳豬糖醋150克（用飴糖55克、白醋80克、糯米酒15克調勻，加熱燒濃即成），白糖65克，豆醬100克，紅腐乳25克，千層餅125克，酸甜菜、蔥球各150克，蒜泥5克，芝麻醬、花生油各25克，甜麵醬100克，汾酒7.5克，木炭7500克左右。

◎製 法：

①將乳豬仰放在砧板上，從嘴巴開始經頸部至脊背骨和尾部，沿胸骨中線劈開（表皮勿破），挖出內臟，內外洗淨瀝

乾，使豬殼呈平板形。挖出豬腦，把兩邊牙關節各劈一刀，使上下分離。剔除第三條肋骨，劃開扇骨關節，取出扇骨，並將扇骨部位的厚肉和臀肉輕輕劃上幾刀。

②將五香鹽均勻地塗在豬腔內，用鐵鉤掛起，醃約30分鐘，晾乾水分。把豆醬、腐乳、芝麻醬、汾酒、蒜泥、白糖25克拌勻，塗在豬腔內，醃20分鐘。用特製的燒叉從臀部插入，跨穿到扇骨關節，最後穿至腮部。上叉後將豬頭向上斜放，用清水沖洗皮上的油污，再用沸水淋遍豬皮，最後塗上糖醋。

③將木炭置烤爐內點燃，放入乳豬用小火烤約15分鐘，至五成熟時取出，在腔內用4公分寬的木條從臀部直撐到頸部，在前後腿部位分別用木條橫撐呈工字形，使豬身向四邊伸展。將烤屈的前後蹄用濕草繩捆紮，用鐵絲將前後腿分別對稱勾住。把烤爐中木炭分成前後兩堆，把頭和臀部繼續烤10分鐘左右，至色紅時，用花生油均勻地塗遍豬皮。將木炭撥成直線形，烤豬身約30分鐘，至豬皮呈大紅色便成。烤製時燒叉轉動要勤，火候要均勻。如發現豬皮起細泡，要用小鐵針插入排氣，但不可插到肉裡。

④將烤好的乳豬連烤叉一道斜放在砧板旁，去掉前後蹄的捆紮物，在耳朵下邊脊背部和尾部脊背處各橫切一刀，然後在橫切口兩端從上到下各直切一刀，使呈長方形。再沿脊中線直切一刀，分成兩片，在每片中線又各直切一刀，成四條。用刀分別將皮片去（不要帶肉），每條切成8塊，共32塊。將乳豬放在盆中，把豬皮覆蓋在豬身上，同千層餅、酸甜菜、蔥球、甜麵醬和白糖各分盛兩碟，一起上桌食用。食完豬皮後，將乳豬取回再改刀裝盤上桌。

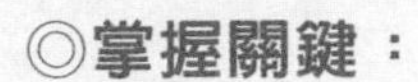

◎**掌握關鍵：**

①用3500～4000克的乳豬爲宜，至多不超過5000克，這樣的豬烤製後肉嫩味香。②乳豬內外必須治淨，並用各種調味醃好，使之烘烤後更入味。③烘烤時要掌握好火候，使豬身四周均勻受熱，至皮脆金黃，但不能烤焦。

白雲豬手

製作精細，肉質軟嫩，清香可口，肥而不膩。

◎**簡 介：**

「白雲豬手」是廣東的一道歷史名菜。

相傳古時，白雲山上有一座寺院。一天，主持該寺的長老下山化緣去了，寺中的一個小和尚乘機弄來一隻豬手，想嘗嘗它的滋味。在山門外，他找了一個瓦罈子，便就地壘灶燒煮，豬手剛熟，不巧長老已化緣歸來。小和尚怕被長老看見，觸犯佛戒，就慌忙將豬手扔在山坡下的溪水中。第二天，有個樵夫上山打柴，路過山溪，發現了這隻豬手，就將其揀回家中，用糖、鹽、醋等調味後食用，其皮脆肉爽，甜酸適口。不久，泡製豬手之法，便在當地流傳開來，因它起源於白雲山麓，所以後人稱它為「白雲豬手」。

現在廣州的「白雲豬手」，製作較精細，已將原來的土法烹製改為燒刮、斬小、水煮、泡浸、醃漬等五道工序製作。最考究的「白雲豬手」是用白雲山上的九龍泉水泡浸的。據《番禺縣志》記載：「九龍泉，………泉極甘，烹之有金石氣。」宋代詩人蘇東坡在遊白雲山時，也發現這座名山的泉水甘美，曾提出鑿通大竹將泉水導入城中為百姓飲用。九龍泉水含豐富的礦物質，晶瑩澄澈，清醇甘滑，用它泡浸肥膩豬手，能解油膩，據說廣州市郊沙河飯店出售的「白雲豬手」，仍用白雲泉水泡浸，其色、香、味、形俱佳。

◎**材 料**：

豬前後腳各1隻（重約1250克），精鹽45克，白醋1500克，白糖500克，五柳料（由瓜英、錦菜、紅薑、白酸薑、酸芥頭製成）60克。

◎**製 法**：

①豬腳用刀刮去殘毛污垢，去蹄甲，洗淨，放入沸水鍋中煮約30分鐘撈出，用清水浸漂1.5小時取出，剖開切塊（每塊約25克），再用清水洗淨。另換沸水鍋，放入豬腳塊煮約20分鐘撈起，再用清水漂1.5小時取出。再換沸水煮約20分鐘，至六成軟爛撈起，冷卻待用。

②炒鍋上火，下白醋，燒至微沸，加白糖、精鹽，溶解後盛入盆中，用潔布過濾，冷卻後將豬腳塊放入浸約6小時，撈起裝盤，撒上五柳料即成。

◎**掌握關鍵**：

豬腳必須刮淨豬毛污物，並經多次焯水泡浸，再入鍋煮熟，去湯冷卻，以去除異味及油膩，再加調味烹製。

龍虎鬥

配料多樣，肉嫩香滑，味鮮異常，用薄脆、檸檬葉絲和菊花瓣佐食，風味特殊，秋冬食之最宜。蛇肉味鮮美、營養豐富且具有祛風活血、除疾去濕、補中益氣、明目滋陰等功效。

◎簡 介：

「龍虎鬥」又名「豹狸燴三蛇」、「龍虎鳳大燴」、「菊花龍虎鳳」，是聞名中外的廣東傳統名菜。

以蛇製作菜餚，在廣東已有2000多年歷史，當地曾有「秋風起矣，獨它肥矣，滋補其時矣」之諺。古代蛇饌曾被作為宮廷佳餚。

「龍虎鬥」一菜，相傳始於清同治年間。廣東韶關有個名叫江孔殷的人，在京為官，曾品嘗過各種名菜佳餚，珍饈異味。他晚年辭官回鄉，經常研究烹飪技術，想創製新名菜。有一年他做70歲大壽，為了拿出一道新名菜給親友賞鮮，便想出了用蛇和貓製成菜餚，蛇為龍，貓為虎，二者相遇必鬥，故名「龍虎鬥」。親友們品嘗後都覺不錯，但感到貓肉鮮味不足，建議再加雞共煮，其味會更佳。江根據大家建議在此菜中又加了雞，其味果然更加鮮美，這樣此菜便一舉成名。

後來此菜改稱為「龍虎鳳大燴」，但人們仍稱它為「龍虎鬥」。不久它就成為廣東菜館的一道主要特色名菜，並聞名中外。現在廣東一些老的菜館仍稱「豹狸燴三蛇」，而蛇餐館則稱其為「菊花龍虎鳳大燴」。許多中外來賓到廣東，都要品嘗此菜，稱它是中國的稀有名菜。

◎**材 料：**

三蛇肉（眼鏡蛇、金環蛇、過樹榕蛇）250克，貓或豹狸肉150克，雞絲100克，水發魚肚50克，冬菇、木耳絲各75克，薑絲50克，蔥20克，熟豬油250克（約耗25克），薑塊適量，麻油、陳皮、精鹽、紹酒、白酒、蛋清各少許，乾太白粉15克，雞湯750克，原蛇湯250克，檸檬葉絲15克，白菊花30克，薄脆100克。

◎**製 法：**

①將活蛇宰殺，去頭、尾、皮和內臟，洗淨後放入砂鍋內，加水煮熟，撈出拆取蛇肉。貓或豹狸肉入沸水鍋中氽1分鐘撈起，用火燎去殘毛，放入清水盆中刮去污物，取出瀝水，放入另一砂鍋內，加清水、薑汁、白酒、蔥，煮熟取出拆肉。

②將拆出的蛇肉、貓或豹狸肉撕成細絲，用薑、蔥、精鹽、紹酒餵好。雞絲用蛋清、乾太白粉少許拌勻上漿。炒鍋上火，下熟豬油，燒至四五成熱，放入雞絲過油，至斷生取出瀝油。薑絲放入沸水鍋中，煮約5分鐘撈起，放入清水中漂清，去辣味。

③將蛇肉、貓或豹狸肉、雞絲、魚肚、冬菇、木耳、陳皮放入炒鍋，加雞湯、蛇湯、紹酒、精鹽，燒滾後小火稍燴，然後旺火燒開，用調水太白粉少許勾薄芡，加熟豬油、麻油各少許，出鍋倒入大湯碗內上桌。白菊花、檸檬葉絲和薄脆(用麵粉加水拌和，油炸而成）分別裝成兩碟隨菜上桌。

◎掌握關鍵：

貓或豹狸肉必須洗淨，去除血污和膻味，否則成菜後會有異味。加湯旺火燒沸後，即移小火燴製，不要連續用旺火，以保持蛇肉鮮嫩的特點。

太爺雞

色澤棗紅，肉嫩味鮮，茶香濃郁。

◎簡 介：

「太爺雞」是馳名港澳的廣州傳統名菜。清朝末年，廣東人周桂山曾經擔任過縣官，辛亥革命後丟官在廣州賣熏雞，是用肉嫩味鮮的廣東信豐雞製作，深受顧客歡迎，經營不久，便聞名全市。當時其名稱為「廣東熏雞」，當後來人們知其烹製者原來是一位縣太爺時，便稱之為「太爺雞」。隨後廣東、香港、澳門地區的菜館和食攤都經營此菜，70年代曾中斷供應。1981年周桂山的外曾孫高德良，在廣州開了「周生記」食攤，又重新經營「太爺雞」，使這一傳統名菜重新問世，受到廣州及港澳地區食客的歡迎，現在廣東一些名菜館中也有供應。

◎材 料：

信豐母雞1隻（重約1500克），香片茶葉50克，廣東土製片糖屑、米飯各100克，麻油15克，精滷水2000克（將八角75克、桂皮、甘草各100克、草果、丁香、沙薑、陳皮各25克、羅漢果1個放入布袋，用繩子紮緊袋口，加醬油500克、冰糖、紹酒、生油各100克、精鹽7克、味精1.5克、清水1500克煮成），菜远、紅椒絲各少許。

◎製 法：

①活雞宰殺，開膛，洗淨，放入開水鍋中略焯，取出洗淨，再放入微沸的精滷水鍋中，旺火煮約30分鐘左右，至八成熟時取出。

②鐵鑊置爐上，鑊內舖錫紙，將香片茶葉、片糖屑100克、米飯100克放入鑊內，將雞架於鑊架上，蓋鑊密封，用大火燒至冒黃煙片刻，取出熏成的「太爺雞」，斬成條塊，裝盤時配以菜远、紅椒絲，再淋上麻油，冷熱均可上桌食用。

◎掌握關鍵：

必須選用當地鮮活嫩母雞製作，才能使其肉嫩味鮮。煙熏時要恰當掌握火候，宜用旺火，但當煙霧濃重、熏味四溢時即可取出；煙熏時間一般二、三分鐘，不宜過長。

杏元雞腳燉海狗

湯味鮮美，膏脂濃醇，肉爛不膩，營養豐富，滋陰補腎，是冬令進補佳品。

◎簡　介：

「海狗」又名娃娃魚。用娃娃魚製作的菜餚，是廣東地區特有的一種名菜。娃娃魚是世界上僅存的遠古動物之一，是一種稀有的珍貴魚類，只有中國和日本才有，在日本又稱「山椒魚」。這種魚生活在山溝溪中，也能爬上山椒樹咬食其果子，它的皮色與山椒樹皮極為相似，長有四足，形似壁虎，無鰓，無鱗，並有一條長尾巴，其壽命可達八年至十年，長時間不吃不喝也能活著。用它製成菜餚，不僅口味鮮美，而且具有強身的功效，所以極受人們歡迎。日本人認為該魚穴居參課，是一種長生不老的補藥。它具有滋陰、補腎等功效，是冬令的一種理想的營養滋補菜品。因而，此菜從19世紀末問世以來，一直被列作我國的一種珍饈並馳名中外。「杏元雞腳燉海狗」是此類菜餚中的一款名菜，其它還有「淮杞燉狗魚」、「海狗魚燉雞」等十幾個品種，也都較為有名。

◎材　料：

海狗1隻（重約2500克），嫩雞腳6對，熟火腿25克，瘦豬肉100克，南杏仁25克，桂圓肉10克，蔥、薑各15克，精鹽5克，味精2克，薑汁酒、紹酒各25克，雞湯750克，淡鮮湯250克，白開水750克，花生油30克，胡椒粉少許。

◎**製　法：**

①將海狗放在砧板上，迅速在頭部橫砍一刀（不要砍斷）放血，用90℃熱水浸燙，刮洗表皮黏液，從肚部剖開，除去內臟，洗淨，取肉750克切塊（每塊重約25克），其餘另作它用。

②火腿切成5塊。豬肉切成6塊。雞腳用沸水略燙後，剝去外皮，砍去趾甲，敲斷腳骨洗淨。將杏仁放入碗內洗淨。

③將豬肉、雞腳放入開水鍋內煮熟，下火腿稍汆，然後一起撈出，放入燉盅內。海狗放入開水鍋中略焯，取出洗淨。炒鍋上中火，下油15克燒熱，加薑、蔥各10克，放入海狗肉爆炒一下，烹薑汁酒，下淡鮮湯，煨1分鐘，倒入漏勺瀝去水，去薑、蔥，放入燉盅內。然後加入杏仁、桂圓肉、薑、蔥各5克、紹酒、精鹽、味精，最後放白開水，加蓋入蒸籠，先旺火後中火，燉約90分鐘，至肉軟爛取出，撇去湯面浮沫，去掉薑、蔥，加入雞湯，再燉30分鐘後，用潔淨毛巾將湯過濾，倒回燉盅內，加蓋入籠用中火再燉20分鐘取出，撒上胡椒粉即成。

◎**掌握關鍵：**

狗魚必須反覆洗淨，入開水鍋中焯後，用清水洗淨，使魚潔淨無黏液，再入鍋略炒去腥，使成菜滋味純正。重用小火慢慢燉爛，味道才濃厚。

夜香冬瓜盅

形態美觀，色澤碧綠，湯香味醇，冬瓜軟爛，肉鮮爽滑，清淡解暑，是傳統夏令菜品。

◎簡 介：

「冬瓜盅」是廣東傳統的夏令名菜。每到夏季，廣州地區各菜館都供應「夜香冬瓜盅」，它色澤青綠，味道鮮美，頗受中外顧客歡迎。

「冬瓜盅」據傳始於清朝。當時，皇室每到夏季，都要食用既有營養又有清涼解渴作用的菜餚。清宮御廚便將大西瓜去瓤，放入雞湯、雞丁、干貝、開洋、肫肝丁、精肉丁、火腿丁、冬菇丁等高檔原料，蒸製成「西瓜盅」，成菜湯清味美。後來其製法流傳各地。

廣東地區首先用冬瓜加雞湯、雞肉、干貝和山珍等原料製作「冬瓜盅」，並用夜來香花插在冬瓜的圓口上，吃時陣陣香味撲鼻，「夜香冬瓜盅」便很快揚名各地，在上海，許多文人雅士，曾稱它為「白肉藏珍」。如今，此菜不僅國內各大城市的名菜館烹製，國外的一些中國菜館也有供應。

◎材 料：

冬瓜1個（重約3500～4000克），鴨肉150克，烤鴨肉75克，瘦豬肉、田雞肉各100克，蝦仁、鴨肫丁各75克，熟火腿丁25克，雞骨、田雞骨、豬骨共400克，鮮蓮子、鮮草菇各100克，夜來香花25克，薑片、調水太白粉各5克，精鹽、紹酒各10克，味精6克，花生油25克，淡鮮湯1250克，雞湯 1000 克。

◎**製 法：**

①冬瓜從蒂部以下 25 公分處切開成瓜盅坯。將盅口的瓜皮刨成斜邊，把盅口四周改成鋸齒形，挖去瓜瓤，在皮上雕刻圖案，放入開水鍋內煮約 10 分鐘取出，清水洗淨，放入大燉盅內。將雞骨、田雞骨和豬骨用開水略焯後，放入燉盅內。炒鍋上旺火燒熱，放入淡鮮湯、精鹽6.5克、味精5克、紹酒10克，燒開後倒入冬瓜盅內，入籠用中火蒸約1小時，至軟爛取出。

②炒鍋放開水500克、精鹽2.5克燒沸，下鮮菇丁和去皮去心的鮮蓮子，焯約1分鐘，取出瀝水。田雞肉加調水太白粉5克拌勻。炒鍋內另加開水500克燒沸，依次放入田雞肉、蝦仁、肫丁，各煮約半分鐘撈起。

③取出冬瓜盅內的雞骨、田雞骨、豬骨及湯不用。用花生油抹勻瓜盅外皮。炒鍋上火，放入雞湯、味精1克、精鹽1克燒滾，將上述所有生熟原料放入，燒開撇去浮沫，一起倒入冬瓜盅內，把夜來香花圍插在盅口上便成。

◎**掌握關鍵：**

瓜皮上雕刻的花紋圖案要清晰、精美。所用配料刀工要精細。所有食物無皮無骨。純用雞湯蒸製。

鼎湖上素

用料精細，色調淡雅，層次分明，鮮嫩滑爽，清香可口。

◎簡　介：

「鼎湖上素」是廣州「菜根香」素菜館的拿手名菜，原是鼎湖山慶雲寺的首席素齋菜。

鼎湖山，因湖得名。相傳原來山巔有湖叫做「頂湖」，後人根據黃帝鑄鼎的神話易名為「鼎湖」，多少年來一直享有鼎鼎盛名。歷代文人騷客稱之為「風景集錦」，誇說鼎湖山兼有桂林的山，杭州的湖，黃山的霧，廬山的瀑。早在1300百年前的唐代儀鳳年間，禪宗創始人六祖慧能的弟子智常就在那裡開建了白雲寺，明崇禎年間修復了蓮花庵，後又擴建了慶雲寺。在明清時期，慶雲寺裡有一位老和尚，為了滿足一些遊山貴客的需要，特用「三菇」(北菇、鮮菇、蘑菇)「六耳」(雪耳、黃耳、石耳、木耳、榆耳、桂耳)及髮菜、竹蓀、鮮筍、銀針、欖仁、白果、蓮子、生筋等珍貴原料，用芝麻油、紹酒、醬料等調味，逐樣煨熟，再排列成12層，呈山包形上碟。其層次分明，鮮嫩爽滑，營養豐富，色香味俱佳，被列作「素齋中最高上素」。

本世紀30年代時，廣州六榕寺的「榕蔭園」曾經營過此菜。開設在六榕寺附近的西園酒家老板，曾往鼎湖山慶雲寺尋找善烹素菜的老和尚，並派人拜他為師，便把「鼎湖上素」一類的名菜移植菜館經營，經廣為宣傳，吸引了不少食客，從此其聲譽大振。後來，「菜根香」素菜館依法烹製的「鼎湖上素」，用料與製法更加考究，四十年來，一直名揚天下，特別是在東南亞國家享有盛譽。日本銀座公司大酒家和澳門素菜館的同行，都先後前往切磋技藝，中外佛教人士抵穗，多必光顧此店，西歐、北美、日本等20多個國家和地區的賓客也曾慕名前往品嘗。

◎**材 料：**

浸發雪耳（白木耳）80克，桂花耳75克，乾榆耳25克，乾黃耳10克，乾香菇、乾蘑菇各50克，鮮草菇蕾150克，浸發竹蓀125克，鮮蓮子、罐頭白菌、銀針、熟筍花、菜遠各100克，精鹽13克，味精14克，白糖9克，芝麻油2.5克，深醬油10克，淡醬油10克，紹酒40克，花生油200克，調水太白粉10克，素上湯1400克，食鹼少許。

◎**製 法：**

①榆耳、黃耳用冷水浸約8小時，使內外發透，刮去榆耳細毛，涮去附於黃耳上的泥沙，分別漂洗乾淨，然後切成片，放入沸水鍋中焯約1分鐘撈起，和雪耳、桂花耳一起分別用清水浸泡待用。香菇、蘑菇用冷水浸約20分鐘，去蒂洗淨，用油25克拌勻，加清水100克、精鹽1.5克，上籠蒸約10分鐘取出。

②鮮草菇蕾削去蒂部泥沙和污物，用小刀在蒂部一端垂直拉十字刀紋，用水反覆洗淨，放入開水鍋中焯約半分鐘，撈入涼水中冷卻。鮮蓮子去殼入鍋，加開水500克、鹼水2.5克，用中火煮約一、二分鐘撈起，擦去外皮洗淨，再入鍋煮約1分鐘撈起，用小竹籤捅去蓮心，用清水浸泡。筍花切成厚約1公分的薄片，入開水鍋中略焯，撈起浸入涼水中。

③把黃耳、榆耳、鮮菇蕾、筍花、鮮蓮心、竹蓀、白菌均瀝去水，一併放入開水鍋中略焯，撈出瀝乾。炒鍋燒熱，下油

25克、酒15克，加素上湯750克、味精5克、精鹽5克，倒入上述菌、筍等材料，煨煮一兩分鐘，倒入漏勺，用潔淨毛巾吸乾水分。

④雪耳、桂花耳分別放入開水鍋內略焯，撈起瀝乾水。炒鍋燒熱，下油15克、酒5克，加素上湯250克、味精1克、精鹽1.5克，將雪耳、桂花耳分別下鍋各煨約1分鐘，撈起瀝乾水。

⑤炒鍋燒熱，下油10克，下菜遠，加精鹽1克、素上湯50克，炒熟倒入漏勺瀝水。炒鍋洗淨燒熱，再下油15克，放入銀針，加開水100克，炒至七成熟，取出瀝水。

⑥炒鍋燒熱，下油15克、酒10克，放入香菇、蘑菇（連湯），加素上湯100克、精鹽2克、味精1克、淡醬油10克、白糖8克、芝麻油1.5克，倒入黃耳、榆耳、鮮菇蕾、筍花、鮮蓮子、竹蓀、白菌，燜約3分鐘，再加油30克拌勻，倒入漏勺瀝水。

⑦取大湯碗一個，按白菌、香菇、竹蓀、鮮菇蕾、黃耳、鮮蓮子、蘑菇、筍花、榆耳的先後順序，各取一部分，從碗底部上，依次分層（每一層一種原料，擺一圓圈）排好，將剩餘各料分別放入各層填滿，把湯碗反扣在大湯盆上，呈層次分明的山包形。

⑧炒鍋燒熱，下油20克、酒10克，加素上湯250克、味精5克、精鹽2克、糖1克和深色醬油10克，燒滾後用調水太白粉10克調稀勾芡，加芝麻油1克、花生油35克炒勻，取200克澆在盆菜上，取35克拌雪耳，15克拌桂花耳，將雪耳、菜遠、銀針依次由裡至外鑲邊，桂花耳放在最上面即成。

◎**掌握關鍵：**

原料要精細。各料要分別烹製。要排列整齊成形。清鮮少油。

滿罈香

此菜用料廣泛，湯汁濃郁，揭蓋時香氣四溢，味道異常鮮美，在隆冬季節，圍罈邊煮邊吃，爐熱身暖，饒有風味。

◎**簡 介：**

「滿罈香」是廣州最著名的秋冬名菜，它同福建名菜「佛跳牆」一樣，聞名中外。

據説該菜始於清末，由廣州的一些食攤大排檔首創。在秋冬季節，這些食攤將狗肉、雞肉、豬肉、魚肚、雞湯放入食罈，加酒、蔥、薑、鹽等調味，放在爐灶上煨煮而成，食用時，狗肉、雞肉香味撲鼻，湯汁濃醇，肉質鮮美，人們非常喜愛。不久一些名菜館也經營此菜，很快就聞名全市。因該菜用食罈密封，小火煨煮，食用時滿罈噴香，故當時許多文人雅士撰文，盛讚此菜風味異常，極為鮮美，並雅稱其為「滿罈香」。此菜一直流傳至今，盛名不衰，但在用料與製法上都經過多次改進，各有特色，深受中外顧客的歡迎。

◎**材 料：**

帶骨狗肉、帶骨雞肉、帶骨鴨肉各500克，瘦豬肉片、浸發魚肚、乾魚唇各150克，生菜500克，浸發香菇150克，熟陳皮粒2.5克，青蒜100克，蔥5克，薑塊50克，薑片5克，精鹽15克，味精2.5克，豆醬50克，豆腐乳、白糖各25克，蠔油100克，芝麻油5克，深色醬油20克，紹酒100克，薑汁酒10克，調水太白粉25克，淡鮮湯2250克，熟豬油950克(約耗100克)。

◎製 法：

①狗肉、雞肉和鴨肉分別切成小塊。魚肚、魚唇(均浸發後)切成約長3.5公分、寬2公分的條塊。青蒜切成4公分長的段。生菜洗淨，分兩盤盛好。炒鍋燒熱，下狗肉炒乾水分取出。薑塊放入開水鍋中焯3分鐘取出。

②炒鍋燒熱，下豬油50克，放入薑塊、青蒜段，爆1分鐘後取出。再下油25克，放入豆醬、豆腐乳略炒後，下狗肉、薑塊、青蒜段，爆約1分鐘，加紹酒25克、淡鮮湯1000克、白糖10克、精鹽5克和陳皮，燒開後倒入砂鍋，加蓋，放在木炭爐上，中火煲約90分鐘至軟爛。

③炒鍋上火，下油750克，燒至五成熱，放入用調水太白粉拌勻的雞、鴨肉汆至八成熟，撈出瀝油。鍋內留油少許，下瘦豬肉片和雞肉、鴨肉爆炒，加紹酒50克、鮮湯750克、味精1.5克、精鹽5克、白糖10克、醬油20克和蠔油，燒開後倒入另外一個砂鍋內，用中火煲約30分鐘，加香菇後離火。

④魚肚、魚唇分別放入開水鍋中汆半分鐘，撈起瀝水。炒鍋上火，下油25克燒熱，放入薑片、蔥條、紹酒，加鮮湯500克、精鹽5克，下魚肚煨約2分鐘撈起，用潔淨毛巾吸乾水分，再放入魚唇煨約1分鐘，取出瀝水，去掉薑片、蔥條。然後將魚肚、魚唇、雞肉、鴨肉、瘦豬肉片、香菇等料與狗肉和勻，全部倒入罐鐔裡，放薑汁酒、芝麻油、味精，加蓋上桌。

桌中間置一炭爐，將罈放在爐上燒滾，另上生菜二盤、熟豬油100克，邊煮邊吃。

◎掌握關鍵：

烹製前必須先將魚唇浸軟發透，反覆洗淨，去除細沙和腐肉。其它原料也必須洗淨。這樣同雞湯一起烹製後，便鮮味滿罈。罈子上桌後，待燒滾幾分鐘後再揭蓋食用，其香味更濃。

東江鹽焗雞

製法獨特，皮爽肉滑，以沙薑油鹽佐食，風味極佳。

◎簡　介：

「東江鹽焗雞」是廣東的一款名菜。它首創於廣東東江一帶。據《歸善縣志》記載，在距今300多年前的東江地區（今惠州市、惠陽、惠東縣一帶），沿海一些鹽場，已有把熟雞用紗紙包好放入鹽堆醃儲的做法，經鹽醃過的雞肉鮮香可口，別有風味。清末，東江首府歸善縣鹽業發達，大批客商蜂湧而至，鹽城的菜館爭用最好的菜餚款待商賈官宦，於是創製了鮮雞燙鹽焗製的方法，現焗現食。這種焗雞，色澤微黃，皮脆肉嫩，骨肉鮮香，風味誘人，是宴會上常用的佳餚。因此菜始於東江一帶，故稱「東江鹽焗雞」。

◎材 料：

重1500克左右的肥嫩項雞1隻（毛黃、嘴黃、腳黃、下過蛋的母雞俗稱項雞），薑片、蔥條各10克，香菜25克，粗鹽2500克，精鹽13克，味精7.5克，八角末、沙薑末各2.5克，芝麻油1克，熟豬油120克，花生油15克，紗紙2張。

◎製 法：

①炒鍋上小火，下精鹽4克燒熱，放入沙薑末拌勻取出，分成3個小碟，每碟加入豬油15克供佐食。將豬油75克、精鹽5克和芝麻油、味精調成味汁。把紗紙一張刷上花生油待用。

②將活雞宰殺，淨毛去內臟洗淨，吊起晾乾水分，去掉趾尖和嘴上的硬殼，在翼膊兩邊各劃一刀，在頸骨上剁一刀，然後用精鹽3.5克擦勻雞腔，並放入薑、蔥、八角末，先用未刷油的紗紙裹好，再包上已刷油的紗紙。

③用旺火燒熱炒鍋，下粗鹽炒至高溫（鹽呈紅色）時，取出1/4放入砂鍋，把雞放在砂鍋內，將餘下的鹽覆蓋在雞上，蓋嚴鍋蓋，用小火焗（燜）約20分鐘至熟。

④把雞取出，揭去紗紙，剝下雞皮（待用），將雞肉撕成塊，雞骨拆散，加入味汁拌勻，然後裝盤（骨在底下，肉在中間，皮蓋在上面），拼擺成雞的形狀，香菜放在雞的兩邊即成。食時佐以沙薑油鹽調味汁。

◎掌握關鍵：

必須用活的嫩草雞宰殺烹製，一般的肉雞、冷凍雞不宜使用。用熱鹽焗製時，必須將雞全部埋在鹽中，使其全面受熱致熟。

護國菜

色澤碧綠如翡翠，清香，軟滑，是潮州湯菜中之上品。

◎簡 介：

「護國菜」是廣東地區的一款名菜。相傳，在公元1278年，宋朝最後一個皇帝趙昺南逃到潮州，寄宿在一座深山古廟裡。廟中僧人聽說是宋朝的少帝，對他十分恭敬，見他疲憊不堪，又飢又餓，便在自己種的一塊番薯地裡，採摘了一些新鮮的番薯葉子，去掉苦味，製成湯菜。少帝正飢渴交加，看到這菜碧綠清香，軟滑鮮美，吃後倍覺爽口，於是大加讚賞。趙昺見僧人們為保護自己，保護宋朝，在無米無菜之際，設法為他製做了這碗湯菜，十分感動，於是就封此菜為「護國菜」，一直流傳至今。現在廣東和潮州地區許多名菜館都有此菜供應，但用料與製法同當年已大不一樣，更為考究了。

◎材 料：

新鮮番薯葉（莧菜、菠菜、通菜、君達菜葉皆可）500克，濕草菇片150克，火腿片25克，豬油150克，雞油50克，精鹽5克，蘇打粉（或食鹼）、味精各適量，雞湯1100克，肉湯200克，太白粉30克，麻油10克。

◎製 法：

①將番薯葉去掉筋絡洗淨，用2500克開水加小蘇打粉(或鹼水)少量，下番薯葉燙2分鐘撈起，清水過4次，然後榨乾水分除去苦味，用刀橫切幾下待用。

②草菇洗淨放碗內，加雞油、火腿片、雞湯200克、精鹽2.5克，上籠蒸20分鐘取出。揀出火腿片備用。

③炒鍋燒熱，下豬油75克，放入番薯葉略炒，倒入草菇及原汁，加雞湯900克、精鹽2.5克，燒開後用調水太白粉勾芡，加熟豬油75克、麻油10克，八成倒入湯碗內，二成留鍋內。往鍋內再加肉湯200克，放入火腿片和味精，將湯汁淋在湯菜上面即成。

◎掌握關鍵：

鮮番薯葉或莧菜等綠葉，必須去除筋絡，入開水中略焯，以去除苦味。然後用雞湯與肉湯混合烹製，雞湯鮮，肉湯肥，可使菜餚更入味。

猴腦湯

湯呈金黃色，鮮甜爽滑，營養豐富，風味宜人。

◎簡 介：

「猴腦湯」是廣州最早聞名中外的佳餚。它始於明末清初，開始是在食攤上經營。據傳吳三桂引清兵進粵後，清軍武將為顯示其「神武勇猛」，把活猴關在籠中，當場用小鎯頭擊破猴頭，取其腦漿食用，這種殘忍的吃法曾流傳歷代。廣東菜館及食攤經營的「猴腦湯」及「炒猴肉絲」等菜，歷來是先將猴宰殺後取用有關部位製作而成的。「猴腦湯」是一款具有特殊營養價值的珍貴名菜。目前經營此菜的菜館已少見。

◎**材 料：**

活猴1隻（重約2500克），瘦豬肉150克，火腿、雞肉各100克，薑2塊，味精、糖、鹽、紹酒各適量，鮮湯2500克，鵪鴣或貓頭鷹肉適量。

◎**製 法：**

①先將活猴擊昏，割斷喉管放血，經開水燙泡淨毛，割下猴頭，撬開頭蓋骨，取出猴腦，放入碗內，加水上籠蒸熟。猴頭與鵪鴣或貓頭鷹肉一起燉，燉到骨肉分離時為止，即為猴頭湯。

②將蒸熟的猴腦放碗內。湯鍋上火，放入瘦肉、火腿、雞肉、薑片、味精、糖、鹽、紹酒，加鮮湯，燒沸，將盛猴腦之小碗放在湯上，隔水蒸製，待熟後再把猴腦放入猴頭裡，置於湯鍋中，再倒入猴頭湯，合在一起燉後即成。上席時用瓷鍋盛放。

◎**掌握關鍵：**

猴腦要先燉熟，然後配上雞肉、火腿等物連同鮮湯一起烹製，使其吸入鮮味；猴腦營養豐富，但無鮮味，必須與雞肉、火腿相配。

火焰醉蝦

色澤深紅，肉質鮮嫩，別具風味。

◎簡 介：

「火焰醉蝦」是廣東冬令特色名菜，廣東人非常喜歡食用魚蝦，以「白灼蝦」為最，而近幾年則剛開始盛行「火焰醉蝦」。在廣州及深圳等地，人們以菜單上列有「火焰醉蝦」作為高等級宴席的標誌。其實「火焰醉蝦」原為廣東一些地區的一道並不出名的冬令滋補菜餚。每到冬天，人們便用鮮活河蝦，加上一些中藥材，用米酒略醉後，用火焰燒煮而成，營養豐富，味道鮮美。前幾年廣州各高級菜館和賓館在經營「白灼基圍蝦」的同時，將此菜推上高級宴會的餐桌。它是用鮮活基圍蝦，把酒和透明的玻璃鍋擺在桌上，蝦用酒醉後，隨即被點燃燒熟，由食者夾取蘸調味食用，肉質結實而鮮嫩，滋味極佳，因而深受中外顧客歡迎。現在，此菜在廣州極為盛行，從高級賓館到各類地道的大排檔，都有供應。

◎材 料：

鮮活基圍蝦（或鮮活青殼河蝦）500克，廣東米酒750克，枸杞子20克，川芎、當歸各5克，熟鮮醬油30克。

◎製 法：

①將蝦剪去鬚腳，用清水洗淨，瀝乾水分。中藥材用清水洗淨。

②取耐高溫玻璃鍋（或電飯煲）一個，擺在桌子中央，將

蝦放入鍋內，加米酒500克，蓋上鍋蓋，將蝦醉約5分鐘，再放入中藥材。另用一個碗，倒入250克米酒（或玫瑰酒），用火柴點燃，揭開鍋蓋倒入鍋內，便火焰四起，約10～15分鐘後，待蝦體變紅，肉質飽滿成熟，即可撈起，由食者邊剝邊蘸鮮醬油食用。

◎掌握關鍵：

必須用鮮活基圍蝦或其它河蝦烹製，其味才美。必須先用酒將活蝦醉昏後再點燃燒熟。

大良炒鮮奶

潔白、軟嫩、鮮香，清爽可口。

◎簡 介：

「大良炒鮮奶」始於廣東順德縣大良鎮。大良古稱鳳城，為魚米之鄉，人們在飲食上比較講究，尤其善於炒與蒸製各類菜餚，故有「鳳城炒賣」之說，當地創製「炒鮮奶」一菜，已有上百年的歷史。此菜是用鮮牛奶、雞蛋清、澱粉、雞肝、蝦仁、欖肉、火腿粒以及精鹽、味精等調料烹製而成。成菜攤在盤中，狀如小山，色澤白嫩，香鮮清口，深受人們歡迎。廣東及上海、香港、澳門等地的飯館均有此菜供應，但用料已有所變化，只用牛奶與蛋清烹製。

◎**材 料：**

牛奶250克，雞蛋6個，鮮草菇15克，菱粉30克，精鹽少許，味精10克，生油100克。

◎**製 法：**

①將雞蛋清、牛奶、菱粉、精鹽、味精放碗內，調成奶蛋糊。草菇切粒，放入奶蛋糊內調勻。

②炒鍋上小火，倒入生油燒熱，將拌好的奶蛋糊倒入推勻，繼續炒至嫩熟即成。

◎**掌握關鍵：**

鮮牛奶和蛋清及調味必須調和拌勻。用溫火烹製，不能黏鍋，以保持其質地潔白軟嫩。

古老肉

色澤金黃，裹汁均勻，香脆微辣，略帶酸甜，促進食慾。

◎**簡 介：**

「古老肉」又名「咕嚕肉」，是廣東盡人皆知的一款傳統名菜。此菜始於清代，當時在廣州的許多外國人都非常喜歡食用中國菜，尤其喜歡吃糖醋排骨，但吃時不習慣於吐骨。當地廚師即以出骨的精肉加調味和太白粉拌和製成一個個大肉圓，先入油鍋炸至酥脆，再用糖醋滷汁調和成菜，色澤金黃，滷汁鮮香，甜酸可口。原來此菜叫「糖醋排骨」，並不出名，但歷史較老，一經改製後，極受人們歡迎，便改稱為「古老肉」，外國人講漢語發音不準，把「古老肉」叫做「咕嚕肉」，故此菜長期以來這兩種名稱並存，在國內外享有較高的聲譽。

◎**材 料**：

去皮半肥瘦豬肉300克，熟鮮筍肉150克，雞蛋液30克，辣椒25克，蔥段5克，蒜泥、芝麻油各0.5克，精鹽1.5克，糖醋滷（用糖、白醋、精鹽、番茄汁調製而成）250克，汾酒7.5克，調水太白粉40克，乾太白粉75克，花生油750克（約耗50克）。

◎**製 法**：

①將豬肉片成0.7公分厚的片，在上面斜刀輕剞橫豎花紋，然後切成2.5公分寬的條，再斜切成菱形塊，每塊約重12.5克。鮮筍和辣椒也都切成同樣大小的菱形塊。

②肉塊用精鹽、汾酒拌勻，醃約15分鐘，加入雞蛋液和調水太白粉30克攪勻，再黏上乾太白粉。

③炒鍋上中火，下油燒至五成熱，把肉塊撥散放入，約炸3分鐘端離火口，炸浸約2分鐘撈起。把鍋放回爐子上，燒至五成熱，將已炸過的肉塊和筍塊一起下鍋，再炸約2分鐘，待肉呈金黃色至熟，倒入漏勺瀝油。

④炒鍋留油少許，放回爐子上，投入蒜、辣椒，爆出香味，加蔥、糖醋滷，燒至微沸，用調水太白粉10克調勻勾芡，隨即倒入肉塊和筍塊拌炒，淋入麻油和花生油20克，炒勻裝盤即成。

◎**掌握關鍵：**

肉塊先用太白粉調料拌和，使其吸入調味。入油鍋炸至金黃色且脆，再加糖醋滷汁炒和，動作要快，不要黏鍋。

焗釀禾花雀

色澤淡紅，甘香味濃，仍保持禾花雀體形。

◎**簡 介：**

「焗釀禾花雀」是廣東地區的名菜，據傳此菜出自清代。禾花雀學名黃胸鵐，楮背帶栗斑，胸腹有彩黃色羽絨，似麻雀而略大，是廣東地區的特產，它肉厚脂多，味美可口，故當地用以製作菜餚，十分受歡迎，在30年代就成為馳名中外的上等野味，曾有「天空人參」之稱。禾花雀每年中秋季節為新產期，9月中下旬為旺產期，是深秋季節的美味菜餚。

◎**材 料：**

禾花雀12隻，熟雞肝50克，臘腸50克，辣醬油30克，番茄汁、白糖、黃酒、白醬油各15克，胡椒粉少許，麻油25克，生油500克（約耗50克），清湯適量。

◎**製 法：**

①禾花雀去毛、去腳、去翅，剖開尾部，去內臟，洗淨，瀝乾水分，放入碗內，加白醬油、胡椒粉拌勻，醃30分鐘取出熟雞肝，臘腸切小條拌和釀入雀內。

②鍋放生油燒熱，放入禾花雀，用大火炸至九成熟後，全倒出瀝油。隨即趁熱鍋，加適量清湯和黃酒、辣醬油、番茄汁、白糖、麻油，放入禾花雀翻拌幾下，收乾湯汁起鍋裝盤。

◎**掌握關鍵：**

禾花雀宰殺洗淨後要用調味醃漬吸味。經油炸後，再用調味燒煮，使其味更加鮮美醇濃。

脆皮炸雙鴿

鴿肉紅，蝦片白，皮脆肉香，色形味俱佳，佐酒最宜。

◎**簡 介：**

「脆皮炸雙鴿」是廣東地區較為盛行的一款特色名菜。用乳鴿製作菜餚，在我國已有幾千年的歷史。鴿子，原名鶉鴿，根據其生活習性和用途可分為菜鴿、地鴿、信鴿等，繁殖力很強，乳鴿係指從孵化脫殼到羽毛豐滿的雛鴿，出生後一個月便可食用，其特點是肉嫩豐滿，味美可口，不僅是筵席上的佳餚，而且是上好的健身補品，其功效以扶陽補腦、溫中禦寒為著。在廣東、上海、香港、新加坡等地均盛行吃鴿子，香港每年要吃掉乳鴿500萬隻左右，「雞肥，鴨粗，乳鴿嫩」這是香港人的說法，在一些老年食客中，吃鴿者多於吃雞者。

◎材 料：

宰淨乳鴿2隻（約700克），蝦片15克，蔥末、蒜泥各1.5克，辣椒末2克，麻油0.5克，糖醋100克，糖漿（麥芽糖30克、紹酒15克、浙醋、調水太白粉各10克調成）100克，白滷水(八角、丁香、甘草、桂皮、草果、乾沙薑、花椒及精鹽熬製)適量，調水太白粉5克，花生油1500克(約耗75克)。

◎製 法：

①將乳鴿放入沸水鍋內滾汆約半分鐘，取出洗淨，去掉絨毛、黃衣、污物，瀝去水分。

②鍋內下白滷水，燒至微沸，放入乳鴿，立刻端離火口，浸泡至九成熟取出，用鐵鉤勾著，先淋沸水一次，再淋糖漿兩三次，待鴿身均勻掛上糖漿後，吊於通風處晾乾。

③炒鍋上中火，下油燒至五成熱，放入蝦片炸至酥脆浮起後撈出。將鍋端離火口，放入乳鴿，端回爐上，用笊篱托著，邊炸邊翻動，炸至皮脆、呈大紅色時，取出瀝油。

④炒鍋留少許油放回爐子上，下蒜、蔥、辣椒、糖醋、麻油，用調水太白粉5克調稀勾成糖醋芡，分盛二碟。

⑤每隻乳鴿豎切成兩半，每半塊再切6塊，共切24塊，在盤中拼擺成雙鴿原形，用蝦片鑲邊即成。食時佐以糖醋芡。

◎掌握關鍵：

乳鴿宰殺後，必須淨毛。乳鴿肉嫩，油炸時間不要過長，至皮脆肉爛即成。

伍

浙
菜

浙菜即浙江菜，是我國八大菜系之一。浙江地處我國東海之濱，素稱魚米之鄉，物產豐富，盛產山珍海味和各種魚類。當地烹飪業較爲發達，並且有著悠久的歷史。在《史記·貨殖列傳》中就有「楚越之地，飯稻羹魚」的記載，可見浙江以魚作羹，由來已久。南宋遷都臨安（今杭州）後，都城商市繁榮，各地飲食業者相繼進入臨安，菜館、食店眾多，其風味款式效仿京城。據南宋《夢粱錄》記載，當時「杭城食店，多是效學京師人，開張亦御廚體式，貴官家品件」。經營的名菜有「百味羹」、「五味焙雞」、「米脯風鰻」、「酒蒸鮮魚」等近百種，後來又出現了「南肉」。到清代杭州又成爲全國著名風景區，曾有「上有天堂，下有蘇杭」之說，遊覽杭州風景者日益增多，飲食業更爲發展，名菜名點大批出現。這樣杭州便成爲既擁有風光秀麗的西湖，又擁有膾炙人口的眾多名菜美點的著名城市。

浙江菜系主要由杭州、寧波和紹興三種風味的菜餚所構成。杭州菜製作精細，適應性強，講原汁本味，重清鮮脆嫩，並多以風景名勝爲菜餚命名，烹調方法以爆、炒、燴、炸爲主。寧波菜以「鮮鹹合一」，蒸、烤、燉製海鮮原料見長，講究鮮嫩軟滑，注重保持原味。紹興菜擅長烹製河鮮家禽，成菜香酥綿糯，湯濃味重，富有水鄉風味。浙江菜主要名菜有「西湖醋魚」、「東坡肉」、「賽蟹羹」、「家鄉南肉」、「乾炸響鈴」、「荷葉粉蒸肉」、「西湖蓴菜湯」、「龍井蝦仁」、「杭州煨雞」、「虎跑素火腿」、「乾菜焖肉」、「蛤蜊黃魚羹」等數百種。

東坡肉

色澤醬紅，湯肉交融，肉質酥爛如豆腐，醇厚入味。

◎簡　介：

「東坡肉」是以蘇東坡的名字命名的菜餚。蘇東坡是我國北宋時期的著名詩人，他對詩文、書法有很深的造詣，對烹調菜餚亦很有研究。他自己會烹製菜餚，並十分擅長燒肉，在他的許多名詩中，亦有關於飲食方面的內容，如《食豬肉》、《老饕賦》、《丁公默送蝤蛑》、《豆粥》、《羹》等詩，都反映出他對飲食烹調的濃厚興趣。

「東坡肉」起先是蘇東坡在黃州製作的，那時他曾將燒肉之法寫在《食豬肉》一詩中：「黃州好豬肉，價賤如糞土，富者不肯吃，貧者不解煮。慢著火，少著水，火候足時它自美。每日早來打一碗，飽得自家君莫管。」但此菜當時無名稱，以其名字命名為「東坡肉」，是在他到杭州做太守的時候。當時西湖已被葑草湮沒了大半，他上任後組織民工鏟除葑草，疏通湖巷，築堤建橋，使西湖重新恢復了容貌，並增加了景點。杭州城裡的老百姓都很感激他，聽說他平時最喜歡吃紅燒肉，於是不少人不約而同地上門送豬肉。他收到許多豬肉後，便讓家人將肉切成方塊，加調味和酒，用他的烹調方法煨製成紅燒肉，分送給參加疏浚西湖的民工。大家吃後，稱讚此肉酥香味美，肥而不膩，於是人們便以他的名字將此燒肉命名為「東坡肉」。後來此菜流傳開來，並成為中外聞名的傳統佳餚，一直盛名不衰。

◎**材 料：**

豬肋條花肉1000克，醬油200克，紹酒50克，白糖50克，蔥10克。

◎**製 法：**

①將豬肉去骨，切成10小塊，放入開水鍋裡焯5分鐘，除去血污，撈出用清水洗淨。

②將肉塊放入鍋裡，加蔥、酒、醬油，用小火走紅，使肉塊上色。然後加白糖和開水適量，先用旺火燒半小時，再移小火上燜1.5小時左右，見肉塊已皮酥肉爛、湯汁稠濃，撇去湯面油膩，分別裝入甏罐待用。

③食前用桑皮紙將甏罐密封，再放入籠裡蒸15分鐘左右，蒸透即成。亦可用生煸菠菜相配作底，將肉放在上面食之。

◎**掌握關鍵：**

必須先將豬肉放入開水鍋中稍焯，或冷水入鍋，用小火煮至硬酥，讓脂油溢出。　入罐加封上籠蒸透，食用時取出，香味便更加濃厚了。

賽蟹羹

色澤金黃，鮮嫩潤滑，味似蟹羹。

◎簡 介：

「賽蟹羹」又名「宋嫂魚」。相傳南宋時，臨安錢塘門外有位宋五嫂，以製作魚羹而出名。孝宗淳熙六年（公元1179年)三月，太上皇遊覽西湖時，曾品嘗宋五嫂的魚羹，並召見了她。此菜因而名揚全國，人所競市。後來杭州城裡許多菜館都模仿宋五嫂的製法，經營此菜，成為杭州的一款傳統名餚，至今已有800多年歷史。

◎材 料：

鱖魚（或鱸魚）1條（重約600克左右），熟火腿、熟竹筍肉、水發香菇、蔥段、紹酒、醬油、醋各25克，雞蛋黃2個，薑片10克，薑末1克，精鹽2.5克，味精3克，雞湯250克，熟豬油50克，調水太白粉30克。

◎製 法：

① 將魚去鱗去鰓，剖腹去內臟，洗淨，斬去頭尾，用平刀從頭至尾沿脊背骨片成兩爿，放入盆中，魚皮朝下，加蔥段10克、薑片10克、紹酒15克、鹽1克，上籠用旺火蒸6分鐘左右至熟，取出去掉蔥、薑，瀝去滷汁待用。用竹筷撥碎魚肉，除去皮骨，再將滷汁倒回魚肉中。

②將火腿、筍、香菇均切成5公分長的絲。蛋黃打散。

③炒鍋上旺火，下熟豬油15克燒熱，下蔥段15克，煸至有香味，加入雞湯煮沸，烹入紹酒10克，撈出蔥段不用，放

入筍和香菇，再煮沸後，將魚肉連同原汁入鍋，加醬油、鹽1.5克、味精煮沸，用調水太白粉調稀勾薄芡，然後將蛋黃液倒入鍋內攪勻，待湯再沸時加醋，澆上六成熱的豬油35克，起鍋盛入湯盆中，撒上火腿絲、薑末即成。

◎掌握關鍵：

選用鮮活鱖魚烹製。烹製前先將魚肉上籠，蒸至硬酥，但切勿過爛。待雞湯沸了再下熟魚肉略煮即出鍋，使魚肉鮮嫩入味。

清蒸鰣魚

色白如銀，肉質細嫩，口味清鮮，酒味香濃。

◎簡　介：

鰣魚是我國的魚中上品。它主要產於長江，初春四月為捕食的最好季節。全國以鎮江和富春江鰣魚為最佳。鰣魚色白如銀，肉質異常鮮美，從古至今一直被列為席上珍饈。

相傳東漢初年，浙江餘姚有一個叫嚴光（字子陵）的人，是東漢光武皇帝劉秀的老同學，曾幫劉秀打天下，東漢王朝建立後，他便隱居於富春江。劉秀得知後曾請他入朝輔佐，嚴光一再拒之。其理由之一，說他難捨在富春江垂釣鰣魚清蒸下酒所享的美味。這當然是嚴光拒絕做官的藉口，但也說明了鰣魚在漢朝已是席上珍饈。後來此菜又流傳至各地，在元朝韓奕所著《易牙遺意》中就記有清蒸鰣魚的詳細製法，明清時期鰣魚又成為貢品，是御膳菜品原料之一。

蘇東坡等著名詩人曾賦詩稱鰣魚為「南國絕色之佳」。蘇詩云「芽薑紫醋炙銀魚，雪碗擎來二尺餘，尚有桃花春氣在，此中風味勝鱸魚。」清代謝墉詩中也說：「網得西施國色真，詩云南國有佳人。朝潮撲岸鱗浮玉，夜月寒光尾掉銀。長恨黃梅催盛夏，難尋白雪繼陽春，維其時矣文無贅，旨酒端宜式燕賓。」詩中稱鰣魚形美，如南國絕色佳人西施。

鰣魚形美味鮮，故「清蒸鰣魚」一直被當作宮廷和民間的佳餚，從古時江南，傳到北京，現在它已成為全國各地的一款著名菜餚，在海外亦享有極高的聲譽。鎮江和杭州的「清蒸鰣魚」是用鎮江和富春江的鰣魚烹製，尤其著名。

◎材 料：

鰣魚中段350克，火腿片25克，水發香菇1只，筍片25克，豬網油150克，生薑2片，蔥結1隻，精鹽7.5克，味精0.5克，紹酒、熟豬油、白糖各25克。

◎製 法：

①將鰣魚洗淨，用潔布揩乾。不能去鱗，因鰣魚的鱗層內含有豐富的脂肪。將網油洗淨瀝乾，攤在扣碗底內，網油上面放香菇，把火腿片、筍片整齊地擺在網油上，最後放入鰣魚，鱗面朝下，再加蔥、薑、酒、糖、鹽、熟豬油和味精。

②將盛有鰣魚的扣碗上籠或隔水用旺火急蒸15分鐘左右，至鰣魚成熟取出，去掉蔥、薑，將湯盤合在扣碗上，把鰣魚及滷汁翻倒在盤中，上桌食用。

◎**掌握關鍵：**

要用春末夏初肥嫩的鮮鰣魚為原料，冷凍的不鮮。蒸製時必須以火腿相配，其味才佳。

砂鍋魚頭豆腐

色澤素雅，湯純味厚，魚頭肥嫩鮮美，清香四溢。

◎**簡　介：**

「砂鍋魚頭豆腐」是杭州著名的菜餚之一，據說其所以著名與清代乾隆皇帝有關。用花鰱魚頭煮豆腐，原是浙江杭州和寧波地區自古以來就比較盛行的一種民間菜餚，但當時並不出名。乾隆幾次遊西湖，曾在吳山農家和杭州清河坊王潤興飯店吃過「魚頭豆腐」，大為讚賞。回京後，命清宮御廚模仿杭州的製法，製做了「砂鍋魚頭」一菜。從此，「魚頭豆腐」一菜就馳名全國。清代袁枚《隨園食單》中亦有關於此菜製法的記載：「鰱魚豆腐，用大鰱魚煎熟，加豆腐，噴醬水，蔥、酒滾之，俟湯色半紅出鍋。其頭味尤美。此杭州菜也。」清末上海「老正興」等一些著名菜館也經營此菜，尤其在冬令，食者甚多，聲譽頗佳。

◎**材　料：**

花鰱魚頭1個（重約1250克），嫩豆腐500克，熟竹筍片75克，水發香菇、豆瓣醬、青蒜、紹酒各25克，薑末1.5克，醬油100克，白糖20克，味精3.5克，熟菜油250克（約耗100克），熟豬油少許，鮮湯1000克。

◎**製 法：**

①將鰱魚頭去鱗除鰓洗淨，在頭部背肉段的兩面各深剞兩刀，放在盛器裡，在剖面塗上塌碎的豆瓣醬，加醬油15克稍醃，使鹹味滲入整個魚頭。豆腐切成3.5公分長、0.5公分厚的片，用沸水焯去腥味。

②炒鍋上旺火，用油滑鍋後，下菜油燒至八成熱，將魚頭正面下鍋煎黃，再翻身稍煎，烹入紹酒和薑汁，加蓋稍燜，加醬油、糖、鮮湯1000克，加蓋燜燒至八成熟，放入豆腐、筍片、香菇和味精，燒沸後，倒入大砂鍋內，放在微火爐上煨煮5分鐘，再移到中火上燒約二、三分鐘，撇去浮沫，加入青蒜、味精，淋入熟豬油，原鍋上桌即成。

◎**掌握關鍵：**

要選用活魚魚頭烹製。魚頭要先入熱油鍋兩面煎黃，再加調味和鮮湯燜燒至熟。滷汁要寬而濃。

龍井蝦仁

色澤潔白碧綠，茶葉清香，蝦仁鮮嫩，滋味獨特。

◎**簡 介：**

「龍井蝦仁」因選用杭州最佳的龍井茶葉烹製而著名。龍井茶產於浙江杭州西湖附近的山中，以龍井村獅子峰所產最佳，素以「色翠、香郁、味醇、形美」四絕著稱。據傳此茶起源於唐宋，明清以來又經精心改良，品質獨樹一幟。古人云：「龍井茶真品，甘香如蘭，幽而不冽，啜之淡然，似乎無味，過後有一種太和之氣，彌滄齒頰之間，此無味乃至味也」。清代時曾被列為向朝廷的貢品。當時安徽地區以「雀舌」、「鷹爪」之茶葉嫩尖製作珍貴菜餚，杭州就用清明節前後的龍井新茶配以鮮活河蝦仁製作炒蝦仁，取名「龍井蝦仁」。其味鮮香可口，不久就成為杭州最著名的一道特色菜餚，並流傳各地。

◎材 料：

活大河蝦 1000 克，龍井新茶 1.5 克，雞蛋 1 個，紹酒 1.5 克，精鹽 3 克，味精 2.5 克，太白粉 40 克，熟豬油 1000 克 (約耗 75 克)。

◎製 法：

①將蝦去殼，擠出蝦仁，換水再洗。這樣反覆洗三次，把蝦仁洗得雪白取出，瀝乾水分 (或用潔淨乾毛巾吸水)，放入碗內，加鹽、味精和蛋清，用筷子攪拌至有黏性時，放入乾太白粉拌和上漿。

②取茶杯一個，放上茶葉，用沸水 50 克泡開（不要加蓋），放 1 分鐘，瀝出 40 克茶汁，剩下的茶葉和汁待用。

③炒鍋上火，用油滑鍋後，下熟豬油，燒至四五成熱，放入蝦仁，並迅速用筷子撥散，約 15 秒鐘後出，倒入漏勺瀝油。

④炒鍋內留油少許置火上，將蝦仁倒入鍋中，並迅速倒入茶葉和茶汁，烹酒，加鹽和味精，顛炒幾下，即可出鍋裝盤。

◎掌握關鍵：

要用鮮活河蝦仁為原料，冷凍蝦仁和海蝦仁均不宜烹製。蝦仁要溫油滑熟，以保持其色白質嫩。茶葉經開水略泡後，隨蝦仁入鍋顛炒幾下即出鍋，勿久煮。

西湖醋魚

色澤紅亮，肉質鮮嫩，酸中帶甜。

◎簡　介：

「西湖醋魚」是杭州的一道傳統名菜。相傳宋朝時，在杭州西湖附近有一個姓宋的青年，平日以打漁為生。有一次得了病，因家境困難沒有好的東西吃，他嫂嫂就親手在西湖捉了一條魚，加醋加糖燒成菜給他吃，把病治好了。因此菜是用西湖魚和醋糖調味製成，故稱「西湖醋魚」。後來，它就成為杭州地區各家菜館裡的著名菜餚，過去在孤山「樓外樓」壁上曾留有「虧君有此調和氣，識得當年宋嫂無」的詩句，慕名前往品嘗者日益增多。康熙皇帝到西湖遊覽時，亦品嘗過「西湖醋魚」，可見此菜在清代已較為著名。

◎材　料：

活草魚1條（重約700克），紹酒25克，薑末1.5克，醬油75克，白糖60克，醋50克，調水太白粉50克，麻油少許。

◎**製 法：**

①將活草魚放入盛湖水的大盆內餓養一兩天，使魚肉結實，消除泥土氣味。烹前將魚宰殺，去鱗去鰓，剖腹去內臟，洗淨。將魚背朝外，放在砧板上，一手按住魚頭，一手持刀，從尾部入刀，用平刀沿著背脊骨批至魚頷下，同時將魚頭對劈開，使之成為脫骨相連的兩爿，斬去魚齒。

②鍋內放清水1000克，旺火燒沸，將魚攤開，背面朝下放入，再燒開，即將鍋端上小火煮約3分鐘，至魚的划水鰭豎起、眼珠突出，即用漏勺撈出，瀝乾湯水，魚皮朝上，平攤在盆裡。

③另用淨鍋上火，放入氽魚的原湯250克，加紹酒、醬油、白糖、薑末燒開，加醋，用調水太白粉著膩，攪成濃汁，淋上麻油，澆在魚身上即成。

◎**掌握關鍵：**

必須用活草魚烹製，入開水鍋中氽至斷生撈出，保持整條不碎，肉質不糊爛。澆魚滷汁要薄而濃，其味才美。

荷葉粉蒸肉

肉質酥爛，肥而不膩，荷葉香味濃郁。

◎**簡 介：**

「荷葉粉蒸肉」是杭州享有較高聲譽的一款特色名菜。它始於清末，相傳其名與「西湖十景」之一的「曲院風荷」有關。

「曲院風荷」在蘇堤北端。宋時，九里松旁有曲院，造曲以釀官酒，因該處盛植荷花，故舊稱「曲院荷風」。到清康熙時改為「曲院風荷」，並在蘇堤跨虹橋北另建涼亭，同時還在東面建造了「迎熏閣」、「望春樓」，西面建復道重廊。此處荷花甚多，每到炎夏季節，微風拂面，陣陣花香，清涼解暑，令遊人流連忘返。

「荷葉粉蒸肉」是當時杭州菜館廚師，為適應夏令遊客賞景品味的需要，用「曲院風荷」的鮮荷葉，將炒熟的香米粉和經調味的豬肉裹包起來蒸製而成，其味清香，鮮肥軟糯而不膩，夏天食用很適胃口。後來隨著西湖「曲院風荷」美名的傳揚，「荷葉粉蒸肉」也聲譽日增，成為杭州著名的特色菜餚。

◎材　料：

豬五花肉500克，鮮荷葉（直徑60公分左右）2張，粳米和籼米各75克，蔥段、薑絲各30克，丁香、山柰（中藥材）各1克，桂皮、八角各1.5克，甜醬50克，紹酒40克，醬油75克，白糖15克。

◎製　法：

①將粳米和籼米淘淨，瀝乾曬燥。把八角、山柰、丁香、桂皮同米一起入鍋，用小火炒至呈黃色（不能炒焦），冷卻後磨成粉（不宜磨得過細）。

②豬肉刮去肉皮上的細毛，清水洗淨，切成長7公分、寬2公分的8塊（每塊重約60克），再在每塊肉上各直切一刀，不要切破皮。然後，將肉放入盛器，加甜醬、醬油、糖、酒、蔥段、薑絲，拌勻醃漬1小時，使滷汁滲入肉片，再加米粉拌勻，在肉片間的刀口內嵌入米粉。

③荷葉用沸水燙一下，各切成4小張，每張上面放肉1

塊，包成小方塊，上籠用旺火蒸2小時左右至肉酥爛、冒出荷葉香味即成。

◎掌握關鍵：

豬肉必須先用調味醃漬入味。米要炒至色黃才香。肉塊要用新鮮荷葉裹包蒸熟才有清香味。

薄片火腿

色澤紅潤似火，片薄油亮，香味濃郁，鹹鮮適口。

◎簡 介：

浙江金華火腿是我國著名的特產，是各種醃臘肉食品中的上品。它起源於宋代。金華火腿原是浙江金華和義烏地區醃製的鹹豬腿，因其選料精細，醃製考究，芳香濃郁，鮮鹹適口，為人們常年食用。而且據《本草綱目》記載，火腿具有益腎、生津、壯腰、固骨髓、健足力、癒傷口等功效。宋代抗金民族英雄宗澤將軍，一次從家鄉義烏帶了幾隻鹹腿返京，獻給高宗皇帝，高宗見鹹腿肉色火紅，口味鮮美，便將其命名為「金華火腿」。由於金華火腿香氣濃郁，風味特殊，四季適用，所以早就聞名中外，用以製作各色美饌佳餚，歷史悠久。早在宋朝、明朝，已被當作宴席上的珍饈，清代著名的「滿漢全席」中就有「金華火腿拼龍鬚菜」、「火腿筍絲」等菜。各色山珍海味菜餚，都需用火腿搭配，其味才佳。「薄片火腿」是清末民初杭州的一家菜館創製的一款佐酒冷盤菜，近百年來一直為廣大顧客所喜愛。

◎**材 料**：

金華火腿一隻，香菜葉、鹼麵各少許。

◎**製 法**：

①火腿先用鹼水洗去污物，清水過清，斬去腳爪和火踵，皮朝上放在鍋裡，加水（水量以淹沒火腿為度），用中火煮1.5小時，至千斤骨與筒骨脫開時撈出，晾10分鐘左右。然後片去表面污肥邊肉，除去筋和骨，翻過來（皮朝上）平放在盤內，用重物壓實。

②食用時，將壓過的火腿切去雄爿，四邊修齊，切成寬5公分、厚2公分（瘦肉1.5公分厚，肥膘0.5公分厚）的塊，再片成長5公分、厚0.1公分的薄片48片。取圓盤一個，先用8片火腿和修下來的碎火腿片墊底，再取16片貼在兩邊，其餘24片用刀托放在上面，呈拱橋形，兩側放上洗淨的香菜葉即成。

◎**掌握關鍵**：

①火腿要先用鹼水和清水反覆洗淨表面污油膩後，再加入鍋煮爛。②食用時要將火腿四周呈黃色的肥膘除去，取純精肉切片。

桂花鮮栗羹

色彩絢麗，栗子脆嫩，羹汁稠濃，桂花芳香，清甜適口。

◎簡 介：

「桂花鮮栗羹」是杭州的傳統名菜。杭州自古以風景優美著稱，並有「荷花十里桂三秋」之說。此菜是杭州廚師根據歷史神話傳說故事並以桂花、藕粉、栗子為原料創製的一款特色菜餚。

相傳，在唐代，有一年中秋之夜，杭州靈隱寺的燒飯師傅在半夜燒栗子粥時，見無數桂花從天而降，剛燒好的栗子粥中也落入了桂花。第二天早晨，他把此粥盛給大家吃時，僧人們覺得此粥花香撲鼻，胃口大開，把它視為奇粥。原來這些桂花是月裡嫦娥從月宮擲向杭州，以寄情於故國親人的。落在山坡上的桂花後來長成了桂花樹，每到中秋，杭州便滿城飄香。後來杭州的廚師便用桂花、西湖藕粉和鮮栗製成了中秋節的一款甜菜，取名為「桂花鮮栗羹」，很受人們歡迎，每逢中秋時節，大家都品嘗此羹，追念嫦娥的深情。

◎材 料：

鮮栗子肉 100 克，乾藕粉 25 克，蜜餞青梅半顆，糖桂花 1.5 克，玫瑰花瓣 2 瓣，白糖 150 克。

◎製 法：

①鮮栗肉洗淨，切成薄片，炒鍋置旺火上，放入清水 400 克燒沸，倒入栗子肉和白糖，再沸時撇去浮沫。

②栗肉繼續用小火燴煮。另將乾藕粉用水 25 克調勻，均

勻地倒入鍋內，調成羹狀時出鍋，盛入湯碗內。把青梅切成薄片放在上面，撒上糖桂花和玫瑰花瓣即成。

◎掌握關鍵：

羹汁要薄而稠濃，但不宜太厚。桂花在出鍋後撒入，不宜入鍋燒煮。

八寶豆腐

潔白細嫩，滑潤如脂，滋味鮮美。

◎簡　介：

「八寶豆腐」原是清朝康熙時代的宮廷名菜。據說，康熙在位時十分喜歡食用質地軟熟、口味鮮美的菜餚。清宮御廚便經常用雞、鴨、魚、肉去骨製成菜餚，以供其享用。一次，御廚用優質黃豆製成的嫩豆腐，加豬肉末、雞肉末、蝦仁末、火腿末、香菇末、蘑菇末、瓜子仁末、松子仁末，用雞湯燴煮成羹狀的菜餚。康熙品嘗後，感到豆腐絕嫩，口味異常鮮美，極為滿意。他認為此菜具有兩大特點：一是用豆腐、香菇、雞肉等養生佳品為原料，可使人延年益壽；二是豆腐烹調得法，鮮美細嫩，勝於燕窩。因它是用八種優質原料製成，故被康熙賜名為「八寶豆腐」，並將其列作他最喜愛的御膳和宮廷寶菜之一。他還命宮中文人將「八寶豆腐」的用料及製法寫成御方，將其作為金銀財寶一樣重要的禮物，賜與江蘇巡撫宋牧仲等寵臣。後來，他又將此方賜給尚書徐乾學（號健庵），不久徐將此方傳給門生樓村，樓村又傳給自己的後人。至乾隆時代，其方已傳給了樓姓王的外甥孟亭太守，故稱「王太守八寶豆腐」，並在北京和江浙地區首先出名。

清代著名的文人袁枚在《隨園食單》中記載說：「王太守八寶豆腐，用嫩片切粉碎，加香蕈屑、蘑菇屑、松子仁屑、瓜子仁屑、雞屑、火腿屑，同入濃雞湯中炒滾起鍋。用腐腦亦可。用瓢不用箸。孟亭太守云：『此聖祖賜徐健庵尚書方也。尚書取方時，御膳房弗銀一千兩。太守之祖樓村先生為尚書門生，故得之』。」「八寶豆腐」自此廣泛流傳各地，現為江浙地區一款特色名菜。

◎材 料：

嫩豆腐1塊（重300克左右），熟雞肉30克，熟火腿25克，豬肉末、油酥松仁末、水發香菇末、蘑菇末、蝦米末各15克，瓜子仁末2.5克，雞湯150克，鹽、味精、熟雞油、酒各少許，熟豬油、調水太白粉各50克。

◎製 法：

①豆腐用清水過淨，去邊，切成小方塊，放入碗內。蝦米加酒稍浸。將雞肉、火腿分別切成末。

②炒鍋燒熱，用油滑鍋後，下豬油，將雞湯和豆腐丁同時倒入鍋內，用勺炒和，加蝦末、鹽燒開後，加豬肉末、雞肉末、香菇末、蘑菇末、瓜子仁末、松仁末，小火稍燴後，旺火收緊湯汁，放味精，加調水太白粉勾芡，出鍋裝入湯碗內，撒上熟火腿末，淋上熟雞油少許即成。

◎**掌握關鍵：**

必須用嫩豆腐，以純雞湯煨煮。要恰當掌握火候，當豆腐下鍋加湯接近燒沸時，即移火燴，切勿滾燒，使豆腐熟而光潔，不起泡和蜂窩眼，鮮嫩入味。

西湖蓴菜湯

顏色碧綠，雞絲潔白，火腿鮮紅，蓴菜鮮嫩，湯清味美。

◎**簡　介：**

「西湖蓴菜湯」是杭州獨特的古老名菜。蓴菜又名水葵，顏色碧綠，含有豐富的蛋白質和維生素，是一種珍貴的水生菜。我國現在只有江蘇太湖、浙江蕭山湖和杭州西湖才生長，以西湖「三潭印月」處出產的為最佳。

說起「西湖蓴菜湯」的來歷，還有一個故事。據《晉書．張翰傳》記載，晉朝張翰在洛陽做官時，「因見秋風起，乃思吳中菰菜、蓴羹、鱸魚膾，曰：『人生貴得志，何能羈宦數千里，以要名爵乎？』遂命駕而歸」。張翰為思家鄉之美味，便辭官回鄉了，後來這個故事便形成了「蓴鱸之思」這一成語典故。

杭州地區用蓴菜、雞絲、雞湯和魚圓製作的「西湖蓴菜湯」、「蓴菜魚羹」較盛行。乾隆皇帝多次南巡杭州，每次都要以西湖蓴菜做羹食用。30年代，上海「知味觀」的「西湖蓴菜湯」亦聞名滬上。許多海外僑胞及外籍華裔友人，路經杭州和上海時，都喜歡品嘗此菜，以表思鄉深情。

◎材 料：

淨蓴菜250克，熟雞絲150克，熟火腿絲50克，食鹽15克，味精1.5克，雞湯750克，熟豬油少許。

◎製 法：

①將去莖和去淨老葉的蓴菜，先放入開水鍋裡煮熟，用漏勺撈起盛入湯碗裡。

②炒鍋上火，放入雞絲，加雞湯及食鹽、味精，燒開後，撇去浮沫，倒入蓴菜碗裡，加熟火腿絲，淋上熟豬油少許即成。

◎掌握關鍵：

蓴菜為鮮嫩清香之物，不宜入滾湯汆煮，只要將其放入開水鍋中略煮即可撈出，加熱雞湯和調味料便可食用。

新風鰻鯗

色澤潔白，乾香清鮮，鮮鹹入味。

◎簡　介：

「新風鰻鯗」是浙江寧波地區的風味名菜。魚鯗是我國東南沿海漁民最喜歡食用的乾製魚品。用黃魚製成的叫黃魚鯗，用鰻魚製成的叫鰻鯗。

這種魚鯗，早在古代就有。相傳春秋末期，吳王夫差與越國交戰，帶兵攻陷越地鄞邑（今浙江寧波地區）時，御廚在五鼎食中，除了牛肉、羊肉、麋肉、豬肉外，還取當地鰻鯗代鮮魚作菜。夫差食後，覺得此魚香濃味美，與往日宮中嘗過的鯉魚、鯽魚不一樣。他回到宮中，雖餐餐仍有魚餚，但總覺得不如鄞邑的鰻鯗可口。後來特從鄞邑海邊抓了一個老漁民，專門為他烹製魚餚。老漁民將身邊帶來的鰻鯗，加調味蒸熟獻上，夫差食後大快，讚不絕口。此菜便流傳開來，並身價百倍。清代民間也嗜食鰻鯗，當時，浙江台州溫嶺縣松門地區出產的「台鯗」，聞名全國。袁枚在《隨園食單》中寫道：「台鯗好醜不一。出台州松門者為佳。肉軟而鮮肥，生時拆之，便可當作小菜，不必煮食也。同鮮肉同煨，須肉爛時放鯗，否則鯗消化不見矣。凍之即為鯗凍，紹興人法也」。

「新風鰻鯗」是寧波人每當冬令及春節時製作，略為風乾，即可食用。到30年代初，上海也製作「新風鰻鯗」，因其魚香馥郁，肉質豐滿，鮮鹹合一，風味獨特，故深受人們歡迎。

◎材 料：

新鮮粗大海鰻1條（重約2000克），鹽100克，蔥、薑各5克，酒10克。

◎製 法：

①將海鰻去除鰻涎，洗淨，自背脊從頭至尾剖開，去內臟、血筋，用潔淨乾布揩去血水。然後用鹽在魚肉上擦勻，使其吸收鹽分，放入盛器內醃二、三小時。

②將醃鰻取出，用竹片將鰻體交叉撐開，懸陰涼通風處晾乾（忌日光曬），約7天左右，待肉質緊實硬結即可食用。

③食用時，先將風乾的鮮鯗切下一塊，放在盛器內，加蔥、薑、酒，上籠蒸熟，撕碎裝盤即成。亦可將鰻鯗切成小塊，與熟五花肉共煮，即成美味可口的「鯗魚烤肉」。

◎掌握關鍵：

必須用溫鹽水將海鰻身上的黏液洗淨，黏液不洗淨成菜後便有腥味。鰻魚剖開掏去內臟後不能用水洗，否則會影響魚肉鮮味。醃製時用鹽要適量，鹽少鮮味不足，鹽多影響鮮味。

蛤蜊黃魚羹

色澤美觀，質地鮮嫩，湯汁稠濃，口味鮮美。

◎簡 介：

「蛤蜊黃魚羹」是浙江寧波風味菜餚。在寧波菜中，以黃魚為主料的菜餚較多，其中以黃魚肉丁加配料和鮮湯烹製成的黃魚羹，口味最鮮美，特別受人歡迎。蛤蜊盛產於我國沿海一帶，用來煮湯，湯汁濃郁，鮮美可口，故有「天下第一鮮」的美稱。據《本草注疏》中記載：「蛤蜊其性滋潤而助津液，故能調五臟、止消渴、開胃也」。黃魚是魚中上品，因此用蛤蜊與黃魚肉製成魚羹，便成為寧波菜中的上等美味佳餚。

◎材 料：

蛤蜊500克，黃魚肉250克，熟火腿末10克，雞蛋1個，蔥末25克，豬肉湯400克，紹酒25克，精鹽15克，味精2.5克，醋15克，調水太白粉75克，熟豬肉100克。

◎製 法：

①用清水1000克加鹽10克攪勻，把洗淨的蛤蜊放入鹽水中養2小時左右，使其吐淨泥沙，取出用清水洗淨。炒鍋內放水1000克，燒沸後倒入蛤蜊，用炒勺推拌一下，待蛤蜊殼略為張開時，即用漏勺撈出，剝殼取肉。

②將黃魚肉切成小丁。雞蛋磕在碗裡打成蛋液。

③炒鍋上旺火，放入熟豬油50克，燒至五成熱，將蔥末10克下鍋爆出香味，下魚丁煸一下，隨即放紹酒、鹽（5克）和肉湯。湯沸後撇去浮沫，放味精，用調水太白粉勾芡，放入

蛤蜊肉，用炒勺輕輕攪一下，均勻地倒入雞蛋液，淋熟豬油50克，用炒勺輕輕推一下，出鍋裝盤，撒上火腿末、蔥末（15克）即成。上桌時隨帶醋一碟蘸食。

◎掌握關鍵：

①蛤蜊洗淨，除去泥沙，汆煮時火不宜過長，以保持其嫩度。②魚丁入鍋略煎加湯和調味燒沸，即可勾芡出鍋，不要久燒。

苔菜拖黃魚

色澤墨綠，質地鮮嫩，香味濃郁，酥脆可口。

◎簡　介：

「苔菜拖黃魚」是浙江寧波的一道傳統名菜。苔菜，又名乾苔、海苔，為翠綠細管狀植物，形似絲棉，產於淺海岩石上，冬春季採集曬乾，清香味濃，以浙江寧波附近海面所產最為有名。當地居民都喜歡以苔菜切成末，與麵粉拌成糊，用黃魚肉條蘸裹麵糊入油鍋炸熟食用，故名為「苔菜拖黃魚」。此菜以香味濃郁、魚肉鮮嫩而著稱，深受人們歡迎。

◎材　料：

去骨大黃魚肉200克，苔菜末15克，麵粉200克，發酵粉9克，紹酒15克，精鹽7.5克，蔥花5克，胡椒粉0.5克，五香粉0.3克，芝麻油10克，花生油1500克（約耗100克）。

◎製 法：

①將黃魚肉洗淨，切成5公分長、1公分寬的條，放入碗裡，加入紹酒、精鹽、蔥花（3.5克）、胡椒粉捏勻。

②把麵粉放在碗裡，加苔菜末、發酵粉、清水（200克左右），調勻成厚糊（不要使勁調，以免黏性太大）。

③炒鍋上旺火，放入花生油，燒至五成熱，將鍋端到微火上，將黃魚條黏滿苔菜麵粉糊，逐條放入油鍋中，邊炸邊把皮已結硬的魚條撈出（以免老嫩不一致）。待全部炸完後，再將魚條一起放入油鍋，炸至呈深綠色時撈起。隨即把鍋端回旺火上，待油燒至六成熱時，再將魚條全部倒入，復炸至外皮酥脆，倒入漏勺瀝油。炒鍋放回旺火上燒熱，放入炸好的魚條，撒蔥花（1.5克）、五香粉，淋芝麻油，顛翻幾下，出鍋裝盤即成。

◎掌握關鍵：

魚肉要去淨魚骨。麵粉與發酵粉的比例要恰當，否則影響魚條漲發。入油鍋炸時，注意老嫩均勻。

寧波搖蚶

蚶肉鮮嫩，風味獨特。

◎簡 介：

「寧波搖蚶」是寧波的一款特色名菜。蚶子又名「瓦楞子」，產於我國沿海地區的海底泥沙中或岩礁隙縫中。浙江出產的蚶子質量較好，尤以寧波所產最佳，個大殼薄肉厚，質地極嫩，滋味異常鮮美。當地人食用蚶子都將其置於粗鉛絲簍中，放進開水鍋裡反覆手搖至燙熟即食，故稱「寧波搖蚶」。歷代的一些文人墨客都將其視為珍品，並記入其詩文之中，清代文學家袁枚在《隨園食單》中記載了蚶的幾種吃法：「蚶有三吃法：用熱水噴之半熟，去蓋，加酒、秋油醉之；或用雞湯滾熟，去蓋入湯；或全去其蓋作羹亦可，但宜速起，遲則肉枯。」如今，寧波及南方其它許多地區的人們仍然喜歡吃蚶，並在原有製法的基礎上，改進烹調技術，使其滋味更加鮮美。

◎材 料：

蚶子750克，蔥末10克、薑末15克，紹酒10克，醬油15克，芝麻油10克。

◎製 法：

①將蚶子放在缽中，倒入清水（浸沒蚶子為度），用竹帚洗刷（要連續刷洗，不能中斷，防止吸入泥水），至殼發白，倒掉泥水後，再用清水淘洗乾淨。

②把蚶子放入沸水鍋中略燙（不要燙得太熟，以免肉色發紫，沒有鮮味），隨即取出，如殼不易剝開，可將蚶子翻動幾

下，再放入沸水中略燙（燙時動作要迅速）。

③將燙好的蚶子剝去半邊殼，放入盤中，撒上薑末、蔥末，淋入醬油、紹酒、芝麻油即成。

◎掌握關鍵：

必須反覆清洗乾淨，去除泥沙。燙蚶子時間不能太長，動作要快，以保持其鮮嫩質地。

乾菜燜肉

乾菜烏黑，鮮嫩清香，略帶甜味，肉色紅亮，越蒸越糯，富有粘汁，肥而不膩。

◎簡　介：

「乾菜燜肉」是浙江紹興的傳統風味名菜。紹興乾菜是全國著名的特產，鮮嫩清香，與肉共煮，滋味鮮美可口。「乾菜燜肉」原是當地農村婦女烹製的家常菜。民國初年，紹興菜館用乾菜和肋條肉加調味料製成菜餚，香味濃郁，肥而不膩，鮮美可口，吸引了大批食客，使它成為紹興城裡一款著名的菜餚。魯迅先生當年也非常喜歡吃「乾菜燜肉」，他30年代在上海時，每當上菜館用餐或宴請親友時，都要品嘗此菜。數十年來，此菜流傳各地，不僅在浙江盛行，而且在上海、江蘇、北京和廣東的一些經營江浙風味的菜館中也有供應。

◎**材 料：**

帶皮豬肋肉500克、乾芥菜60克，紹酒5克，醬油25克，白糖 40 克，味精 1.5 克。

◎**製 法：**

①先將肋條肉切成 2 公分見方的小塊，放在水中汆 1 分鐘，去掉血水，用清水洗淨。乾菜切成 1 公分長的節。

②炒鍋內放清水250克，加醬油後，放入肉塊，旺火煮10分鐘，再放入白糖和乾菜煮5分鐘，放味精，旺火收緊滷汁後取出。

③取扣碗一個，先放入 10 克煮過的乾菜墊底，然後將小方肉（皮朝下）排放在乾菜上，再將剩下的乾菜蓋在肉塊上，淋入紹酒，上籠用旺火蒸2小時左右，至肉酥糯時取出，扣入盤中即成。

◎**掌握關鍵：**

乾菜用清水浸透洗淨，先與肉爛燒至酥後，再扣入碗內，加蓋上籠旺火蒸透，肉與干菜才入味，鮮香味才濃厚。

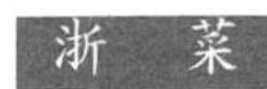

中·國·名·菜·精·華

閩菜即福建菜。福建位於我國東南部，東臨大海，西北負山，氣候溫和，山珍野味、水產資源十分豐富。《福建通志》早有「茶、筍、山木之饒遍天下，魚鹽蜃哈匹富青齊」的記載。在1000多年前這裡就利用山珍和海產烹製各種珍饈美味，膾炙人口，逐步形成閩菜獨特的風味。《閩產錄異》就記載了：「梅魚以薑、蒜、冬菜、火腿燉之或紅糟、酸菜、雪裡蕻煮之皆美品」、「雪魚佐酒，鮮者、炸者、醃者、凍者俱可」等烹調方法。這些菜餚及其傳統的烹調方法，一直流傳至今。唐宋以來，隨著泉州、福州、廈門先後對外通商，商業發展，商賈雲集，加之京廣等地的烹飪技術相繼傳入，使閩菜更加絢麗多彩，成爲我國著名的八大菜系之一。

閩菜起源於福建閩侯縣。它是由福州（包括閩東、閩北）、閩南、閩西三路地方菜構成的。福州菜清鮮、淡爽，偏於甜酸，尤其講究調湯，湯菜品種多，滋味鮮美，具有傳統特色，還善於用紅糟作配料製作各式風味特色菜。閩南菜以講究作料、善用香辣著稱。閩西菜則偏鹹辣，以烹製山珍野味見長，具有濃厚的山區風味特色。從總體上說，閩菜善烹山珍海味，其特點是清鮮、和醇、葷香、不膩，注重色美味鮮。烹調擅長於炒、溜、煎、煨、蒸、炸等。特別講究湯的製作，其湯路之廣、種類之多、味道之妙，構成其湯菜的一大特色，素有「一湯十變」之美譽。閩菜的主要名菜有「醉糟雞」、「糟汁川海蚌」、「橘味加力魚」、「佛跳牆」、「炒西施舌」、「東壁龍珠」、「爆炒地猴」等數百種。

佛跳牆

食物多樣，軟糯脆嫩，葷香濃郁，湯濃鮮美，味中有味，營養豐富，並能明目養顏、活血舒筋、滋陰補身。

◎簡 介：

「佛跳牆」是福建地區的首席傳統名菜，相傳始於清道光年間，距今已有近200年的歷史。

當初此菜是由福州市聚春園菜館鄭春發創製出售的。鄭早年在清衙門布政史周蓮府中當廚師。一次周蓮被揚州橋官前月錢莊老板請到家中便宴，錢莊老板娘模仿古人用酒罈煨菜，將雞、鴨、火腿等珍貴原料加工後，放進紹興酒罈中，煨製成一罈味醇鮮香的菜餚。周蓮吃後，讚不絕口。回家後，便要鄭春發試做此菜，但口味不佳，便隨鄭到錢莊觀摩詢問，回到衙內精心研究，製作時增加了山珍海味，並用紹興酒罈細心煨製，結果香味濃郁，滋味更加鮮美。

清光緒初年，鄭春發辭去衙廚，在福州東街口開設了聚春園菜館，他採用在衙門時以罈煨菜的方法，用海參、魷魚、魚翅、雞肉、雞肫肝、干貝、海米等18種珍貴原料，並以陳酒、薑、桂皮、茴香等作配料，放在陶製瓦罐中煨製，成菜鮮美絕倫，前往品嘗的人越來越多。一次有幾個秀才也慕名前往品嘗此菜，當一罈煨菜上席，打開罈蓋，頓時異香撲鼻，大家爭著下箸，覺得滋味異常鮮美，有人脫口而出：「妙哉！妙哉！如果佛祖聞此菜香味也會破戒越牆來嘗。」秀才們當場賦詩一首：「罈放葷香飄四鄰，佛聞棄禪跳牆來。」這樣人們就稱此菜為「佛跳牆」，近百年來，一直聞名中外，成為我國最著名的特色菜餚。如今，除福建地區外，上海、浙江、北京、廣州等地都有此菜供應，每到冬令季節，旅居海外的華僑和外國來賓赴閩，都要慕名前往品嘗。

◎材　料：

水發魚翅500克，水發魚唇、水發刺參、水發豬蹄筋各250克，魚肚100克，淨肥母雞1隻（重1250克左右），金錢鮑6隻，豬蹄、羊肘各1000克，豬肚1隻（重約500克），淨肥鴨1隻（重約1250克），淨火腿腱肉150克，鴿蛋12個，淨冬筍塊500克，花冬菇200克，水發干貝100克，白蘿蔔1500克，上等醬油135克，冰糖75克，蔥125克，薑片75克，八角1粒，桂皮少許，紹酒600克，味精15克，上湯750克，雞湯1500克，熟豬油、豬肥膘肉各適量，鮮荷葉兩張。

◎製　法：

①魚翅洗淨去沙，剔整排在竹箅上，放進沸水鍋中，加蔥30克、薑片15克、酒150克，煮10分鐘去腥味，揀去蔥、薑，瀝去汁，將魚翅連竹箅拿出放在湯碗裡，上放豬肥膘肉，加酒100克，上籠蒸2小時取出，揀去肥膘肉，瀝去汁。魚唇切成7公分長、4.5公分寬的塊放進沸水鍋中，加蔥段30克、紹酒150克、薑片15克，煮10分鐘去掉腥味，揀去薑、蔥，瀝去汁。

②金錢鮑放進籠屜，旺火蒸爛，取出洗淨，每個片成兩片，剞上十字花刀，盛在小碗裡，加上湯250克、酒15克，上籠蒸30分鐘取出，瀝去汁。鴿蛋洗淨盛在碗裡，加清水100克，上籠蒸30分鐘，取出放入清水中浸20分鐘，撈出剝去蛋殼，用醬油少許染色。

③雞、鴨去頭、頸、腳和內臟（鴨肫留用）。豬蹄剔去蹄殼、拔淨毛，洗淨。羊肘刮洗乾淨。以上四料各切12塊。鴨肫切開去肫膜，洗淨與雞、鴨、豬蹄、羊肘一起放入沸水鍋中汆一下，去掉血水，清水洗淨瀝乾。豬肚洗淨，用沸水焯兩次，去掉濁味，切成12塊，放入燒沸的250克上湯中，加紹酒12克，汆一下撈起，湯汁不用。

④海參洗淨，每隻切成兩爿。豬蹄筋洗淨，切成7公分長的段。花冬菇（冬末春初所產的香菇，面上有花紋），用水發開，洗淨。火腿肉放在碗裡，加清水150克，上籠用旺火蒸30分鐘取出，瀝去汁，連皮切成1公分厚的片。冬筍放入沸水鍋中汆熟撈起，直切成4塊，用刀輕輕拍扁。白蘿蔔去皮，修削成直徑約2.8公分的圓球，每個重50克。炒鍋上旺火，下熟豬油適量燒至七成熱，將上過色的鴿蛋下鍋炸兩分鐘撈起，再將筍和蘿蔔球下鍋炸兩分鐘，瀝去油，鍋放回旺火灶上，下入鴿蛋，倒入上湯250克，放味精5克、醬油50克，煨熟撈起裝碗。

⑤炒鍋上旺火，下熟豬油燒至八成熱，將魚肚下鍋炸至能折斷時撈起，瀝去油。將魚肚放入清水中浸透後取出，切成4.5公分長、0.8公分寬的塊。炒鍋放旺火上，下熟豬油50克，燒至七成熱，放入蔥段35克、薑片45克，煸出香味，放入雞、鴨、羊肘、豬蹄、雞肫、豬肚等炒和，加入醬油75克、味精10克、冰糖、紹酒150克、雞湯、八角、桂皮炒勻，加蓋煮20分鐘，撈去蔥薑，裝在小盆裡，湯汁待用。

⑥取用中型紹酒罈一個洗淨，倒入清水500克，放在燒木炭的爐子上，用微火燒至罈內水熱後，倒掉罈中熱水，取一小竹箅放入墊底，先將煮過的雞、鴨、羊肘、豬蹄、豬肚、雞肫等放入，然後把魚翅、火腿、干貝、鮑魚用淨紗布包成長方形，放在雞、鴨等肉塊上面，紗布包上擺花冬菇、冬筍、白蘿

蔔球，最後倒入湯汁，用荷葉蓋在罈口上封嚴，再蓋上一只小碗，將裝入原料的酒罈放在木炭爐上，用小火煨2小時後啓蓋，速將刺參、蹄筋、魚唇、魚肚放入罈內，封好罈口，再煨1小時取出。上菜時，將罈中精料倒入菜盆裡，將炸過的鴿蛋擺在上面即成。上席時可跟蓑衣蘿蔔、油辣芥、熟火腿片拌豆芽、冬菇炒豆苗各一碟，還有銀絲卷和芝麻餅共食(這是福州傳統吃法。用料多宜製大型的「佛跳牆」，製作中小型的，用料可相應減少）。

◎**掌握關鍵：**

魚翅、鮑魚、魚肚均必須浸軟漲發至透。雞、鴨和豬肉必須洗淨，去除污血水。各道操作工序均要細緻。入罈燉時，重用文火慢煮至熟。

炒西施舌

色澤潔白，清鮮脆嫩，味美爽口。

◎**簡 介：**

「西施舌」是福建長樂漳巷的特產——海蚌肉。相傳春秋戰國時，越王勾踐滅吳後，他的夫人偷偷地叫人騙出西施，將石頭綁在她的身上爾後沉入大海。從此沿海的泥沙中便生長一種肉似人舌的海蚌，人們都說這就是西施的舌頭，所以稱它為「西施舌」。

福建地區很早就用它製做美味菜餚。「西施舌」長在鹹淡水交匯處，肉質鮮嫩爽口，色、味俱佳，十分受人歡迎，成為當地的美味佳餚。30年代著名作家郁達夫在福建任職時，曾多次品嘗該菜，並在其《飲食男女在福州》一文中，稱讚長樂「西施舌」是閩菜中最佳的一種神品，無論是汆、炒、拌、燉，其清甜鮮美的味道，都令人難以忘卻。周亮工在《閩小紀》中說：「畫家有能品、逸品、神品，閩中海錯西施舌當列神品」。

◎材 料：

淨「西施舌」500克，淨冬筍15克，芥菜葉柄20克，水發香菇15克，蔥白、紹酒、調水太白粉各10克，白醬油15克，白糖、味精、芝麻油各5克，雞湯50克，熟豬油40克。

◎製 法：

①將每隻「西施舌」肉用刀尖片成連接著的兩片，裙破開與紐一併去沙，洗淨。芥菜葉柄洗淨，切成邊長2.6公分的菱角形片。每個香菇切成3片。冬筍切成2.6公分、1.4公分寬的薄片。蔥白切馬蹄片。將味精、白醬油、白糖、紹酒、雞湯、調水太白粉拌勻，調成滷汁。

②將「西施舌」肉放入六成熱的溫水鍋中汆一下，撈起瀝乾。炒鍋上旺火，舀入熟豬油25克燒熱，放入冬筍片、蔥片、芥菜片，顛炒幾下，裝進盤中墊底。

③炒鍋上中火，下熟豬油15克燒熱，倒入滷汁燒黏，放進汆好的「西施舌」肉，顛炒幾下，迅速起鍋倒在冬筍等料上，淋芝麻油少許即成。

◎**掌握關鍵：**

蚌肉要洗淨。烹製時吃火時間要短，以保持其鮮嫩質地。

東壁龍珠

顏色美觀，皮酥餡腴，味道甘鮮，風味獨特。

◎**簡　介：**

「東壁龍珠」是一道用地方特產烹製的特殊風味名菜。福建泉州古剎開元寺中的幾株龍眼樹，相傳已有1000多年歷史，樹上所結龍眼為稀有品種，名叫「東壁龍眼」。它殼薄核小，肉厚而脆，甘洌清香，有特殊風味，馳名國內外。當地以其為主料，配以精豬肉、鮮蝦肉、香菇、荸薺、雞蛋等輔料製成菜餚，稱「東壁龍珠」，成為該地區著名的特色風味菜。

◎**材　料：**

東壁龍眼（帶殼）750克，豬五花肉、鮮蝦肉、芥藍菜、麵粉各100克、雞蛋3個，水發香菇15克，淨荸薺、餅乾末、番茄醬各50克，白糖、醋各25克，精鹽4克，味精3克，花生油750克（約耗100克）。

◎**製法：**

①豬肉、蝦肉剁成泥，香菇、荸薺均切細丁，一併放在小盆裡，加精鹽2.5克、味精1.5克和1個雞蛋的蛋清，拌勻成餡，再捏成龍眼核大小的餡丸，擺在盤內，上籠蒸熟。

②龍眼剝去外殼，逐個在果肉上剖一小口擠出果核，把蒸過的餡丸分別裝入每個果肉內成瓤餡龍眼。雞蛋磕開，打散成蛋液。麵粉、餅乾末混合盛盤內拌勻。芥藍菜擇洗乾淨，切好。

③炒鍋上中火，下花生油燒至十成熱，將瓤餡龍眼先蘸上蛋液，再放進麵粉餅乾末中滾勻，然後下鍋炸5分鐘，待殼酥、色呈金黃時，倒進漏勺瀝油，裝在盤裡。炒鍋留油15克，放回旺火上，將芥藍菜下鍋炒熟，加入白糖、精鹽1.5克、味精1.5克拌勻，起鍋擺在盤邊。番茄醬、醋另裝小碟一起上桌佐食。

◎**掌握關鍵：**

製好餡丸，應稍乾一些，不宜太濕。龍眼果肉要保持完整不碎。用旺火油炸時，注意吃火時間，不宜過長，不能炸焦。

太極芋泥

此菜色形美觀，細膩軟潤，香甜爽口，別具風味。

◎簡 介：

「太極芋泥」是福建傳統的甜菜。「香飯青菰米，嘉蔬紫芋羹」，這是唐朝詩人王維稱讚芋餚的詩句。芋頭歷來是盤中佳餚，各地都常用它製菜。福州地區每當喜慶年節，筵席上多備此菜。其太極圖案，顯示了我國的民族風格。

說起「太極芋泥」，還有段有趣的歷史故事。相傳，1839年，林則徐被朝廷任命為欽差大臣到廣州禁煙，英、德、美、俄等國的領事為了奚落中國官員，特備冷餐宴請林則徐，企圖讓林則徐在吃冰淇淋時出醜。事後，林則徐也備了豐盛筵席回敬他們，席上吃過幾道涼菜後，突然端上一盤菜：顏色暗紅發亮，油潤光滑，似兩條魚臥在盤中，不冒熱氣，猶如冷菜。一位外國領事拿起湯匙舀了一勺，就往嘴裡送，燙得發直，吐都來不及，接著另一位領事的嘴唇也燙起了小紅泡，其他客人見狀都驚呆了。這時林則徐才漫不經心地站起來介紹說：「這是中國福建的名菜，叫『太極芋泥』」。從此，該菜便更加著名。如今此菜用料及製法已有很大改進，一直受到人們的喜愛。

◎材 料：

檳榔芋頭1000克，紅棗100克，櫻桃、瓜子仁各15克，糖冬瓜條50克，白糖355克，熟豬油250克。

◎製 法：

①檳榔芋頭去皮，每個切成4塊，放在盆裡，加入清水150克，上籠蒸1小時取出，放在案板上，用刀壓成泥狀，揀去粗筋。紅棗去皮、核，切碎，分成兩份。冬瓜條切成均勻的米粒狀。

②將紅棗50克裝在碗裡，加白糖50克，上籠用中火蒸5分鐘取出。

③將芋茸放在碗裡，加白糖305克、豬油125克、清水50克，拌勻成芋泥，上籠用旺火蒸1個小時取出，再將豬油100克傾在芋泥上，將切好的50克紅棗、冬瓜條分別撒在芋泥的兩邊。

④炒鍋上微火，下豬油25克燒熱，將蒸過的紅棗下鍋攪拌成糊狀後，澆在芋泥上，再用瓜子仁、櫻桃在芋泥上面裝飾成太極圖案狀即成。

◎掌握關鍵：

芋頭蒸熟後，去除筋瓣，將它壓成細泥，拌好調味蒸透，並保持熱燙，食用時便香甜細膩。

雞茸金絲筍

色澤金黃，筍絲嫩脆，雞茸鬆軟，鮮潤爽口，芳香撲鼻。

◎簡 介：

「雞茸金絲筍」在福建的一些筵席上一向被列為上品。相傳此菜始於清末，由福州聚春園菜館的老板鄭春發與名廚陳水妹等人所創製，不久便聞名於市，成為當地最吃香的一道菜，在當時官場中享有很高的聲譽，一些中外著名人士宴請客人時都列用此菜。民國初年，法國駐榕領事在聚春園赴宴時，品嘗了此菜的美味，讚不絕口，建議將此菜的烹調技術，傳授到國外。如今，這道名菜仍然保持其原有的傳統特色，以質優味美赢得人們的稱譽。

◎材 料：

淨雞脯肉125克，淨冬筍100克，豬肥膘肉、熟火腿肉各25克，雞蛋4個，精鹽1.5克，味精0.5克，調水太白粉10克，雞湯250克，熟豬油500克（約耗125克）。

◎製 法：

①將冬筍切成4.5公分長的段，再切成紙一般薄的片，然後切成細絲。雞脯肉和豬膘肉剁成茸。雞蛋磕入碗裡打散，加精鹽、味精、調水太白粉攪勻後，放入雞肉茸，再攪拌均勻成雞茸糊。熟火腿肉切成末。

②炒鍋上旺火，下豬油燒至八成熱，下筍絲過油1分鐘，撈起瀝油，用沸水沖去油膩，與雞湯一併下鍋，微火煨20分鐘，至雞湯全部被筍絲吸收，然後取出，倒入雞茸糊中拌勻。

③炒鍋上旺火，下豬油100克燒至八成熱，下筍絲雞茸糊，旺火炒3分鐘，起鍋裝盤，撒上火腿末即成。

◎**掌握關鍵：**

筍絲要切得細而均勻。雞茸糊厚薄適中，不能過厚，烹製時動作要快，火力要旺，但吃火時間要短，否則食物失嫩變老。

醉糟雞

色澤淡紅，肉質鮮嫩，醇香味美。

◎**簡　介：**

「醉糟雞」是福州富有地方特色的傳統名菜，在以雞烹製的菜餚中，堪稱上品，口味與眾不同，別具一格。善用紅糟作配料烹製菜餚，是福州菜的一大特色，紅糟具有防腐、去腥、增香、提味、調色的作用。用於烹製菜餚，有熗糟、拉糟、煎糟、紅糟、醉糟、爆糟等十幾種做法，使菜餚更具特色，其中以傳統名菜「糟炒香螺片」、「醉糟雞」最負盛名，它糟香撲鼻，具有濃厚的地方色彩，深受人們喜愛，「糟香思故鄉」就是海外僑胞在異地對家鄉菜的讚嘆。「醉糟雞」是用嫩母雞和紅糟酒烹製而成，口味鮮美，糟香濃郁。

◎**材 料：**

肥壯淨嫩母雞1隻（重1000克左右），白蘿蔔400克，辣椒1個，紅糟75克，五香粉1克，白糖75克，紹酒125克，高粱酒50克，精鹽10克，白醋50克，味精7.5克，雞湯75克。

◎**製 法：**

①將雞洗淨，剁去腳爪，膝部用刀稍拍一下，放入鍋中，加清水1500克，用微火燒10分鐘，至湯水九成熱時，將雞翻身再煮1分鐘，至斷生撈起晾涼。紅糟剁細，上籠蒸透，取出和入雞湯，用淨紗布過濾，取糟汁待用。

②將晾涼的雞身切成4塊，留下雞腳，雞頭劈開成兩半，翅膀各切成兩段，一併放入小盆裡，加味精3克、精鹽5克、高粱酒調勻，密封醃漬1小時，取出將雞翻個兒，再加味精4.5克、精鹽5克、白糖35克、糟汁、五香粉、紹酒，攪勻，密封再醃1小時取出。將雞塊切成2.8公分長、0.8公分寬的柳葉片，擺在盤中，拼上頭、腳、翅膀成全雞形。

③在用醉糟醃雞的同時，將白蘿蔔洗淨，切成寬、厚各0.5公分的長條，在各條相對的兩面，一面剞斜刀，另一面剞橫刀成蓑衣蘿蔔，放入鹽水中浸10分鐘去苦汁，洗淨捏乾，與辣椒絲同放碗裡，加白糖40克、白醋調勻，醃漬20分鐘，取出捏乾汁，放在雞肉的兩邊即成。

◎**掌握關鍵：**

必須用嫩母雞。洗刷時要去除雞腹內的污血，才能保持滋味純正。醉醃時要封嚴密，時間越長香味越濃。

冰糖燕窩

色澤潔白，細嫩軟潤，清甜可口，具有滋補功效。

◎簡 介：

燕窩亦稱燕菜。它既是高級筵席上的佳餚，也是一味珍貴的藥膳。一般可分「毛燕」、「血燕」、「官燕」三種。毛燕個小，每隻重10～15克，它是金絲燕在春季做的第一個窩，因此時正值金絲燕脫毛，故燕窩較次，稱「毛燕」。當「毛燕」被摘後，金絲燕為產卵育雛而繼續做第二個窩，叫「官燕」，是燕窩中之正品，在封建社會裡被當作向皇帝的貢品，故稱「官燕」。「血燕」是金絲燕在產卵期臨近，迫不得已所做的第三個窩，其分泌的唾液，便隱現血絲，顏色發紅，故稱「血燕」。燕窩的營養價值很高，一般含蛋白質50%以上，糖30%以上，無機鹽10%及其它營養物質，有滋補元氣、平火潤肺、延年益壽等功效。因其產量少，又不易採集，所以人們歷來將它視為名貴的滋補佳品。

我國食用燕窩歷史悠久。據史書記載，早在元代就已食用，至清時，已較盛行，並被列作珍貴名菜記入當時的《調鼎集》、《醒園錄》和《清稗類抄》中。在著名的「滿漢全席」中「川燕菜」是全席的四大名菜之一。燕窩製法，蒸、煮、煨、扒、熬均可，但以蒸、煨為好。清代《隨園食單》記載了以下製法：「燕窩貴物，原不輕用。如用之，每碗必二兩，先用天泉滾水泡之。將銀針挑去黑絲。用嫩雞湯、好火腿湯、新蘑菇湯三樣湯滾之，看燕窩變成玉色為度。此物至清不可油膩雜之，此物至文不可以武物串之……。」當今燕菜的烹製，較之過去更加精美，被列作高級宴會的珍饈之一，「冰糖燕窩」就是福建地區常用的一款上品名菜。

◎材 料：

水發燕窩250克，甜櫻桃25克，冰糖250克。

◎製 法：

①將水發燕窩放在小盆裡(乾燕窩放清水中浸泡三、四小時），鑷去毛，除去雜質，用沸水稍泡，撈入涼水中浸4小時，再放入沸水鍋中氽一下，撈起用溫水沖泡後，瀝去原汁，再用溫開水沖泡，瀝去原汁。甜櫻桃切片。

②冰糖加清水500克入鍋，微火煮至糖化汁黏時，用紗布濾去雜質，然後將淨糖汁150克沖入盛燕窩的小盆裡，瀝去糖汁，再將剩餘的淨糖汁沖入燕窩，上籠屜用旺火蒸5分鐘取出，撒上櫻桃片即成。

◎掌握關鍵：

燕窩必須浸軟發透，去淨細毛、沙子。冰糖要反覆加熱溶化過濾，去除污物，再與燕窩共蒸。

沙茶燜鴨塊

色澤金黃，香味獨特，肉質軟嫩，滋味鮮美，甜辣爽口。

◎簡　介：

「沙茶燜鴨塊」是福建用沙茶醬烹製的鴨菜，其製法別致，風味獨特。「沙茶」一詞起源於印尼語，本意是「烤肉串」，一種帶辣味的烤肉，較多的是烤羊肉，較高級的是烤雞肉，一般的是烤豬肉。傳入我國後，「沙茶」一詞逐漸離開原意，而是指那種烤肉串所用的香辣調味品，被叫做「沙茶醬」了。本世紀二三十年代沙茶醬的製作方法就已傳入我國，它是採用花生仁、椰子肉、蒼芒肉、蝦米、扁魚、馬拉煎、亞三、川椒、蔥頭、蒜頭、白芝麻、木香、陳皮、核桃仁、芹菜子、咖喱醬、白糖等30多種原料，經磨碎或炸酥、研末，再加花生油、精鹽熬煮而成。它是一種特殊的調料，鮮辣奇香，是許多小吃、菜餚最好的作料，饒有風味，「沙茶燜鴨塊」就是用沙茶醬烹製而成的，是福建獨有的一款風味名菜。

◎材　料：

鴨1隻（重1250克），沙茶醬125克，蔥段15克，水發香菇25克，馬鈴薯12個，薑片5克，蒜泥、紹酒各25克，白糖15克，醬油、調水太白粉各50克，味精、辣椒粉、熟雞油各10克，豬骨湯、熟豬油各750克（熟豬油約耗100克）。

◎**製 法：**

①將鴨宰殺淨毛、去內臟，洗淨，放入沸水鍋中稍汆取出，盛入砂鍋，加清水100克、酒10克、蔥段、薑片，旺火煮沸，15分鐘後撈出。

②將鴨頭、頸、翅膀、尾、腳掌剁下待用。鴨身剖成兩爿，分別切成3.5公分長、0.8公分寬的塊。馬鈴薯去皮洗淨，用刀修削成均勻似橘的小圓球12個，下油鍋炸3分鐘撈起，再上籠旺火蒸10分鐘至熟取出。

③炒鍋微火燒熱，先將蒜泥、辣椒粉、沙茶醬、醬油、白糖、味精、紹酒15克下鍋稍炒，再放入鴨塊翻炒5分鐘，然後加豬骨湯、鴨頭、頸、翅膀、尾、腳掌，燜1.5小時，最後放入香菇，再燜10分鐘起鍋，先將鴨頭、翅膀、尾、腳撈出，按原鴨形擺在盤內，再撈出鴨塊置盤中，取出香菇鋪上，把馬鈴薯放在盤四邊。炒鍋放回旺火上，鍋內沙茶汁用調水太白粉勾芡，燒沸後澆在鴨塊上，淋上熟雞油即成。

◎**掌握關鍵：**

要重用濃汁調味，小火燜透，使其入味。

福州魚丸湯

色澤潔白，湯清味鮮，細嫩可口。

◎簡 介：

福州魚丸是一種獨特的魚糜製品，形圓色白，富有彈性，鮮嫩可口。在當地它既是傳統的風味小吃，也是酒宴必備的美味佳餚。據傳福州魚丸始於清代，至今已有300多年歷史，當時福州街市上經營魚丸的店攤有上百家之多，商店與家庭作坊，都生產魚丸。其製法是用新鮮鯊魚、鰻魚、鯉魚，去骨去皮，絞成茸，加鹽水、太白粉，攪成糊狀作皮，將新鮮豬肉絞成肉糜，加醬油、味精、糖、蔥花和少量調水太白粉，拌勻成餡，製成魚丸，放入熱水鍋中煮熟，撈起調入蔥花、鹽、芝麻油、味精、胡椒粉、醋等作料上桌，香氣撲鼻，入口生津，滋味極佳。早年在福建各地，人們就喜歡食用魚丸，故其遠近聞名，到20年代，福州魚丸在香港、東南亞和日本都頗有市場，其聲譽至今不衰。

◎材 料：

新鮮海鰻500克，豬腿肉200克，精鹽100克，味精2.5克，紹酒25克，火腿片35克，醬油、白糖、調水太白粉各適量，豌豆苗、熟豬油各少許，鮮湯750克。

◎製 法：

①海鰻洗淨，去骨去皮，剁成魚茸，放入盆內，加鹽水適量，放入調水太白粉，攪成糊狀作皮。將豬肉去皮去骨，剁成

肉茸，加紹酒、醬油、味精、白糖及少量調水太白粉拌勻成餡。

②將魚茸和肉餡全部包成魚丸。鍋上火，放水半鍋燒熱，將魚丸放入，至魚丸浮起、成熟，撈入冷水中稍浸。

③鍋上火加鮮湯750克，放鹽、味精、火腿片和魚丸，燒沸後撇去浮沫，放入豆苗起鍋，倒入湯碗內，淋上豬油少許即成。

◎掌握關鍵：

要製好魚丸，攪拌魚茸時，朝一個方向連續打勻，用鹽要適量，鹽過少，會使魚圓漲性不足，缺乏彈性。餡心要乾硬一些，以保持魚圓整潔不破。

酸菜灯梅魚

品色淡白，肉嫩味鮮，鹹酸爽口，別有風味。

◎簡　介：

「酸菜灯梅魚」是福建最早的一種歷史名菜。梅魚產於閩江支流烏龍江和福州洪塘、螺州一帶的江中。它無鱗、頭扁，口在頷下，有細齒，色白，味美。當地從古至今，一直將其作為席上佳餚。《閩產錄異》中說「梅魚以蔥、薑、蒜、冬菜、火腿燉之或紅糟、酸菜、雪裡蕻煮之皆美品」。「酸菜灯梅魚」就是用酸菜與梅魚一起烹製而成的，風味較佳，頗有特色，深受中外顧客，特別是旅居海外的福建僑胞的歡迎，每逢回國探親，必嘗此菜。

◎**材 料：**

梅魚1條（重約750克），酸菜心50克，水發香菇1個，蔥白5克，蒜4瓣，薑1片，紹酒50克，白醬油20克，味精5克，鮮湯500克。

◎**製 法：**

①將梅魚鰓邊和背上的骨翅剁掉，剖腹去內臟，洗淨，切成4.5公分長、0.8公分寬的塊，放入沸水鍋中汆一下撈起，再放入清水中漂清。酸菜心洗淨切粗末，放入沸水鍋中汆一下撈起。蔥白切3公分長的段。

②炒鍋置微火上燒熱，將梅魚塊、酸菜末、蒜瓣、薑片同時下鍋，加入白醬油、味精、鮮湯炟熟，揀去薑片，加紹酒調勻，先將酸菜末撈起盛在碗中，再撈起梅魚塊擺在酸菜末上，鍋中湯加入香菇、蔥段稍煮，倒在梅魚塊上即成。

◎**掌握關鍵：**

要用鮮活梅魚烹製，鮮味才足。梅魚肉嫩，烹製時吃火時間不能過長，以保持其鮮嫩的質地。

柒

湘菜

湘菜是我國歷史悠久的一種地方風味菜，也是全國八大菜系之一。湖南地處我國中南地區，氣候溫暖，雨量充沛，自然條件優越。湘西多山，盛產筍、蕈和山珍野味；湘東南爲丘陵和盆地，農牧副漁業發達；湘北是著名的洞庭湖平原，素稱「魚米之鄉」。《史記》中稱楚地「地勢饒食，無飢饉之患」。據史書記載，湘菜在兩漢以前就有。到西漢，長沙已經是政治、經濟和文化較爲集中的一個主要城市，物產豐富，經濟發達，烹飪技術也發展到一定的水平。1974年，在長沙馬王堆出土的西漢古墓中，發現了許多同烹飪技術相關的資料。其中有迄今最早的一批竹簡菜單，它記錄了103種名貴菜品和燉、燜、煨、燒、炒、熘、煎、熏、臘等九類烹調方法。唐宋時期長沙又是文人薈萃之地。到明清時期，湘菜又有了新的發展，並列爲我國八大菜系之一。

湘菜是以湘江流域、洞庭湖區和湘西山區三種地方風味的菜餚爲主組成。湘江流域的菜餚以長沙、衡陽、湘潭爲中心，其特點是用料廣泛，製作精細，品種繁多；口味注重香、鮮、酸辣、軟嫩；製法以煨、燉、臘、蒸、炒著稱。洞庭湖區的菜餚以烹製河鮮和家禽家畜見長，多用燉、燒、臘等製法，其特點是芡大油厚、鹹辣香軟。湘西菜擅長製作山珍野味、煙熏臘肉和各種醃肉，口味側重鹹、香、酸辣。由於湖南地處亞熱帶，氣候多變，春季多雨潮濕，夏季炎熱乾燥，冬季低溫寒冷，因此湘菜特別講究調味，尤重酸辣、鹹香、清香、濃鮮。夏天炎熱，味重清淡、香鮮，冬天濕冷，味重熱辣、濃鮮。它的主要名菜有「東安子雞」、「組庵魚翅」、「臘味合蒸」、「麵包全鴨」、「麻辣子雞」、「龜羊湯」、「吉首酸肉」、「五元神仙雞」、「冰糖湘蓮」等數百種。

東安子雞

白紅綠黃四色相映，雞肉肥嫩異常，味道酸辣鮮香。

◎簡　介：

「東安子雞」是湖南的一款傳統名菜，它始於唐代。相傳唐玄宗開元年間，在湖南東安縣城一家小飯店裡，有天晚上來了幾位商客，要求做幾道鮮美的菜餚。當時店裡菜已賣完，店家便捉來兩隻活雞，馬上宰殺洗淨，切成小塊，加蔥、薑、蒜、辣椒等作料，用旺火熱油炒後，加鹽、酒、醋燜燒，澆上麻油出鍋。上桌時，雞的香味撲鼻，吃口鮮嫩，幾位商人吃後非常滿意，事後這些商人到處誇講小店菜香，於是許多路經東安的商人都要到這家小店來吃雞，此菜逐漸出名。東安縣縣太爺開始有些不信，便親自到該店品嘗了，確實名不虛傳，便稱它為「東安雞」，後因菜館都用新母雞製，所以叫「東安子雞」。這款菜從唐代流傳至今，已有1000多年的歷史，成為湖南最著名的菜餚之一。

◎材　料：

嫩母雞一隻（重1000克左右），紅乾椒10克，花椒、味精各一克、黃醋50克、紹酒、蔥、薑、調水太白粉各25克、鮮肉湯、熟豬油各100克、精鹽3克、麻油2.5克。

◎製　法：

①將雞宰殺，淨毛去內臟，清洗乾淨，放入湯鍋內煮10分鐘，至七分熟撈出待涼，剁去頭、頸、腳爪它用，將粗細骨全部剔除，順肉紋切成5.5公分長、1.3公分寬的長條。薑切

成絲。紅乾椒切成細末。花椒拍碎。蔥切成段。

②炒鍋上旺火，放入豬油燒至八成熱，下雞條、薑絲、乾椒末煸炒，再放黃醋、紹酒、精鹽、花椒末，煸炒幾下，然後放入鮮肉湯，燜約四、五分鐘，至湯汁收乾、剩下油汁時，放入蔥段、味精，用調水太白粉勾芡，持鍋顛翻幾下，淋入麻油，出鍋裝盤即成。

◎掌握關鍵：

必須用嫩雞製作。宰殺時雞血必須放盡，否則會影響雞肉的色澤。煸炒時要炒透，但吃火時間要短。

組庵魚翅

色澤紅亮，魚翅濃鮮，質地軟糯，汁厚肥美。

◎簡　介：

「組庵魚翅」又名「紅煨魚翅」，始於清代光緒年間。「紅煨魚翅」本來是湖南地方的一道傳統名菜，係以魚翅加雞湯、醬油等調味，用溫火煨製而成，汁濃味鮮，清香柔糯，因而較為著名。清光緒進士譚延闓（字組庵）十分喜歡吃此菜，其家廚在製法上作了改進，加雞肉、豬五花肉與魚翅同煨，使魚翅更加軟糯滑潤，湯汁醇香鮮美，譚吃後讚不絕口，該菜由此出名。因此菜是譚延闓家廚所創，故人們稱它為「組庵魚翅」。

清末民初譚延闓到湖南做官，此菜便傳到長沙，後來成為湖南各地的一道名菜，是高級宴會上的美味佳餚。

◎材 料：

水發魚翅750克，母雞1隻（重約1500克），豬五花肉500克，紹酒、醬油、調水太白粉、熟豬油各50克，蔥結、薑片各15克，精鹽1.5克，味精1克，麻油2.5克，胡椒粉0.5克。

◎製 法：

①將水發魚翅隨同冷水一起下鍋，燒開2分鐘，撈出用冷水洗兩次，從中撕開。雞治淨切成4塊，五花肉150克切成薄片，350克切成4大塊，分別放開水鍋中焯一下，去除污血，洗淨。

②取大瓦缽一個，用竹箅子墊底，先鋪上五花肉薄片，接著整齊地放上魚翅、蔥結、薑片，上面再放一塊竹箅子，然後放雞肉、五花肉各4大塊，再加入紹酒、醬油、精鹽、清水（1000克），上面壓一個瓷盤，先旺火燒開，再移小火上煨2小時左右，至魚翅軟爛離火。

③將瓦缽內上層的竹箅連同雞肉和五花肉取出，將雞肉的一半撕成條，盛入湯盤裡襯底。再拿出下一層的竹箅子，去掉蔥、薑，把魚翅整齊地蓋在雞條上。多餘的雞肉和五花肉另作它用。

④炒鍋上火，放入熟豬油，燒至八成熱，倒入大瓦缽裡的原湯，放味精，燒開，用調水太白粉勾芡，淋麻油，撒胡椒粉，起鍋澆在魚翅上即成。

◎**掌握關鍵：**

魚翅務必洗淨，去除沙子。烹製時，用雞與豬肉同鮮翅一起小火煨透，使魚翅軟糯，吸入鮮味，再用鮮湯燴製，這樣其鮮味才純正。

臘味合蒸

顏色深紅，味道香醇，鹹甜適口，是湖南地區春季和冬季人們經常食用的一款名菜。

◎**簡　介：**

「臘味合蒸」是湖南地區流行最早的一種特色風味菜，受到城鄉人民喜愛。此菜出名，與湖南特產臘肉有關，湖南臘肉歷史悠久，據《易經・噬嗑篇釋文》記載，「晞於陽而煬於火，曰臘肉」。這說明我國在2000多年前已開始製作臘肉。湖南地區地勢較低，氣候溫暖潮濕，經煙熏後的臘肉方能防腐耐貯，這樣當地人們就逐漸形成了喜歡吃臘肉的飲食習慣。早在漢朝時，湖南先民就用臘肉製作佳餚，到清朝此類菜餚已經很出名，「臘味合蒸」就是許多臘味菜餚中的一種。因它是用臘肉、臘雞、臘魚為主料合蒸而成，故此得名。

◎**材　料：**

臘豬肉（肥三瘦七）、臘雞肉、臘鯉魚各200克，白糖15克、味精1克，熟豬油25克，肉清湯25克。

◎製　法：

①將臘肉、臘雞、臘魚用溫水洗淨，盛入瓦鉢內，上籠蒸熟取出（原汁另作它用）。臘雞去骨，臘肉去皮，臘魚去鱗。將臘肉切成4公分長、1公分厚的片，臘雞、臘魚分別切成與臘肉長短相同的條。

②取瓷湯碗一個，將臘肉、臘雞、臘魚皮朝下分別擺放在湯碗中，加熟豬油、白糖，將味精調入肉清湯中，倒入湯碗內，上籠蒸爛。食用時從籠中取出，翻扣在湯盤中即成。

◎掌握關鍵：

臘肉、臘雞、臘魚都必須反覆用溫開水和清水洗淨，去除異味。加調味上籠蒸透，其味才香鮮。

君山銀針雞片

白綠相間，雞片鮮嫩，銀針清香。

◎簡　介：

「君山銀針雞片」是湖南特色名菜，它同杭州「龍井蝦仁」一樣，聞名全國。君山座落在煙波浩淼、氣象萬千的洞庭湖，遠看宛如一青黛螺伏臥於湖中。相傳為十二青螺仙女因搭救湖區災民變幻而成。唐朝程賀有詩贊曰：「曾遊方外見麻姑，說道君山自古無。原是昆侖山上石，海風飄落洞庭湖」。「君山銀針」是摘自生長在君山白鶴寺內十幾株茶樹上的茶葉。清朝萬年淳曾有「君山之茶不可得，只在山東與山北。岩縫石隙露數株，一種香味那易識」的讚美詩句。君山銀針」在古代叫「黃翎毛」，也叫「白鶴翎」，是我國茶葉之稀有名貴品種，味道清香、甜美，飲後能使人振奮精神，具有安神、健胃之功效。自唐末到清朝一直被當作「貢茶」。在1956年萊比錫國際博覽會上獲得金牌，被國際上稱為「金鑲玉」茶葉。湖南用「君山銀針」茶烹製的雞片，其味極佳，深受中外顧客的歡迎。

◎材 料：

生雞脯肉300克，君山銀針茶1克，雞蛋3個，百合粉40克，調水太白粉25克，精鹽2克，味精1克，芝麻油5克，熟豬油600克（約耗100克）。

◎製 法：

①將雞脯肉剔去筋膜，斜片成約3.5公分長、2.5公分寬的薄片。取雞蛋清盛入碗中，用力攪打成泡沫狀，放入百合粉、精鹽、味精調勻，放入君山銀針茶葉，用沸水100克沖泡，2分鐘後瀝去水，再倒入沸水75克沖泡晾涼。

②炒鍋上中火，放入熟豬油，燒四成熟，用筷子夾雞片逐片下鍋走油，約15秒鐘，至八成熟時，連油倒入漏勺瀝油，鍋內留油5克，倒入雞片，再將茶葉連水倒入，加入精鹽和味精少許，用調水太白粉勾芡，持鍋顛兩下，出鍋裝盤，淋上芝麻油即成。

◎**掌握關鍵：**

用鮮嫩雞肉烹製。銀針茶葉只能用開水沖泡，不能下鍋燒煮，以保持其清香味與色澤。

五元神仙雞

色澤淡紅，肉嫩味鮮，鹹甜適口，具有滋補功效。

◎**簡　介：**

「五元神仙雞」又名「五元全雞」。此菜古時就有，清代《調鼎集》上曾記有燉「神仙雞」的製法：「治淨，入缽，和醬油，隔湯乾燉。嫩雞肚填黃芪數錢，乾蒸，更益人」。它就是以雞加黃芪蒸製，具有較強的滋補功效，常食可強壯身體，延年益壽，故稱其為「神仙雞」。據說在清同治年間，湖南地區就開始烹製「五元神仙雞」，由長沙著名的曲園酒樓所創，開頭也是用全雞加黃芪蒸製，後來改加荔枝、桂圓、紅棗、蓮子、枸杞子，入缽加調味蒸製，故名「五元神仙雞」。這家酒樓在抗戰期間遷至南京，新中國成立後遷到北京，現在是首都首屈一指的湖南風味菜館，它早年經營的「五元神仙雞」仍然是最著名的特色菜餚之一。

◎**材 料：**

嫩母雞 1 隻（重 1250 克左右），桂圓、荔枝、紅棗各 15 粒，蓮子 25 克，枸杞子 15 克，冰糖 50 克，胡椒粉 1 克，精鹽 3 克。

◎**製 法：**

①將雞宰殺淨毛，開膛去內臟，洗淨，入開水鍋中稍焯，撈出洗淨，去嘴尖、腳爪，切掉下頜和尾臊，砸斷大腿骨待用。

②桂圓、荔枝去殼，蓮子去皮去心，紅棗洗淨，與整雞同時放入瓦缽內，加冰糖、精鹽、清水 750 克，上籠蒸約 2 小時，再放入洗淨的枸杞子，蒸 5 分鐘取出，用手勺將整雞翻身，撒上胡椒粉即成。

◎**掌握關鍵：**

①必須用肥嫩母雞為原料。烹前必須將雞洗淨，去除污血。②要上籠蒸透，吃火時間要長，其肉與汁才入味。

祁陽筆魚

肉質細嫩，甘甜可口，油而不膩，濃香四溢。

◎**簡 介：**

「祁陽筆魚」是湘南祁陽地區的傳統名菜。祁陽筆魚產於浯溪河一帶，形似毛筆狀，肉質細嫩，營養豐富，有「席上珍品」之稱。此菜所以著名據説與宋代大文豪蘇東坡有關。蘇東坡有次途經祁陽，被當地山水奇景所吸引，祁陽知縣特邀其夜泛浯溪，並在船上設宴相待，蘇東坡異常興奮，當他正要揮毫作詩時，毛筆突然被一股旋風捲走，落在江中，立刻變成了無數條形狀似筆、顏色鮮艷的魚。古人詩曰：「天意東坡不留字，神筆化作席上珍」。祁陽筆魚便由此得名，並吸引無數食客前往品嘗其美味。

◎材 料：

鮮筆魚1條（重約1000克），薑15克，紅辣椒30克，蔥20克，醬油25克，紹酒35克，精鹽1.5克，味精1克，調水太白粉10克，鮮湯250克，胡椒粉1.5克，芝麻油10克，熟豬油100克。

◎製 法：

①將筆魚宰殺，剖腹去內臟，清水洗淨，瀝乾，切成4公分長、2公分寬的骨牌塊。

②紅椒去籽，和薑一起分別切成絲。蔥白切成段，蔥葉切成蔥花。

③炒鍋上旺火，下豬油60克，燒至八成熱，放入魚塊翻炒幾下，加紅椒、薑、蔥白、紹酒、精鹽、醬油，煸炒一下，放入鮮湯，燜燒兩三分鐘，至湯汁收緊，再加入味精、豬油30克、蔥花，用調水太白粉勾芡，淋入麻油，撒上胡椒粉即成。

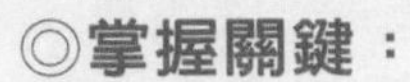

◎掌握關鍵：

必須用鮮活魚烹製。入鍋煸炒時要用旺火熱油，以去除腥味。但用旺火的時間要短，以保持魚肉鮮嫩、完整不碎。

冰糖湘蓮

色澤以白為主，綴以青、黃、紅、褐等色，調和悅目，蓮心肉嫩，香甜爽口。

◎簡　介：

「冰糖湘蓮」是湖南著名的特色甜菜，因其取湖南特產湘蓮烹製而聞名於世。湘蓮出產於湖南湘潭地區，它色白、味香、肉嫩，與建蓮並列全國蓮子之首。古時人們一直將蓮心作為富有營養的高級滋補品。李時珍的《本草綱目》中說：「蓮子補中養神，益氣力，除百病。久服輕身耐老，不飢延年……」。在挖掘湖南長沙馬王堆墓時發現2000多年前人們就曾食用過蓮心。因此，湘蓮歷來較為著名，當地用其製作各種菜餚，「冰糖湘蓮」就是其中最著名的一道菜。據說，此菜在明清以前就比較盛行，不過當時製作較簡單，最早叫「糖蓮心」，到近代才用冰糖製作，故稱「冰糖湘蓮」。如今此菜不僅在湖南流行，而且在全國也具有聲譽。

◎**材 料：**

湘白蓮200克，冰糖350克，鮮菠蘿50克，罐頭青豆、櫻桃各25克，桂圓肉50克。

◎**製 法：**

①蓮心去皮去心，放入碗內，加溫水150克，上籠蒸至軟爛。桂圓肉用溫水洗淨，泡5分鐘瀝去水。鮮菠蘿去皮，切成1公分見方的丁。

②炒鍋上中火，放清水750克，下冰糖燒沸，待冰糖完全溶化後離火，用篩子濾去糖渣，將糖水倒回鍋內，加青豆、櫻桃、桂圓肉、菠蘿，上火煮開。

③將蒸熟的蓮子瀝去水，盛入大湯碗內，將煮開的冰糖水及配料一齊倒入湯碗內，蓮子浮在上面即成。

◎**掌握關鍵：**

蓮心必須蒸透至爛。冰糖水要去除雜質，成菜後蓮心整粒不碎，湯清而甜。

大邊爐

多料多味，葷素俱全，食物鮮嫩，湯燙味鮮，別有風味。

◎**簡 介：**

「大邊爐」是湖南冬季的一道名菜，它與南方地區的「菊花火鍋」一樣著名。大邊爐形狀與火鍋相似，體積比火鍋大半倍至一倍。湖南地區很早以前就用大邊爐煮食物，邊煮邊吃。由於它所煮的食物品種多，湯汁滾燙鮮美，各種食物均可邊煮邊吃，製作方便，在湖南地區普遍盛行，成為當地著名的一種特色風味菜餚。

◎材 料：

雞脯肉、鱖魚肉、豬瘦肉、豬腰、魚丸各100克，雞蛋12個，水發冬菇、冬筍各50克，油條2根，油炸饊子2個，湘粉絲25克，菠菜、芽白菜、冬莧菜、白菜心各100克，排冬菜、青蒜絲各25克，熟豬油250克（約耗125克），醬油25克，味精2克，胡椒粉1克，精鹽6克，雞清湯1250克。

◎製 法：

①將豬腰剖開，剔去腰臊，與雞脯肉、豬瘦肉、鱖魚肉一起分別切成4.5公分長、3公分寬、0.2公分厚的薄片。油條從中掰開，切成6公分長的段。饊子掰散。雞蛋洗淨。冬筍切成薄片。冬菇去蒂洗淨。排冬菜洗淨切碎。將雞脯肉、豬瘦肉、鱖魚肉、豬腰片分別盛入四個盤裡。菠菜、芽白菜、冬莧菜、白菜心分別裝盤。

②炒鍋上旺火，下熟豬油，燒至六成熱，分別下油條、饊子、粉絲，炸至焦脆撈出，分放三個盤裡。雞蛋放入一個大瓷盤裡。味精2克、胡椒粉和精鹽2克、青蒜、熟豬油50克等調味料均分別盛入小碟中。

③炒鍋置旺火上，下熟豬油50克，燒至六成熱，先下冬筍片炒幾下，再加冬菇、魚丸、精鹽4克、醬油合炒幾下，放雞湯、排冬菜，燒開後倒入邊爐鍋內。邊爐爐膛加炭點燃，將湯燒開，用大瓷盤墊底（盤內稍加冷水），與上述葷素原料、

調料一起上桌，邊煮邊吃。

◎**掌握關鍵：**

取料要新鮮。各種食物要切得薄而均勻。湯要鮮，保持滾沸。

玉麟香腰

形似寶塔，用料多樣，豐滿量足，味多而鮮。

◎**簡　介：**

「玉麟香腰」又名「寶塔香腰」，是湖南衡陽地區的一款特色名菜。相傳此菜始於清朝，衡陽人彭玉麟官至兵部尚書，一次回鄉宴客，彭要廚師根據他的設想，把衡陽的一些著名菜餚與小吃烹製成一道菜餚。家廚便將彭平時最喜歡食用的黃雀肉、魚丸、鍋燒丸等菜品經調味烹製後，層層列於盤中，形如寶塔。該菜色、香、味、形俱佳，上桌後，贏得滿座讚賞。客人問此菜何名？彭答「該菜由我受意而製，尚無菜名，但我記得家鄉曾有香腰一說，可稱『堆子香腰』或『寶塔香腰』」。這時一位客人說：「今日是彭大人設宴，此菜又是彭大人授意而作，還是以『玉麟香腰』定名為佳」。大家都表示贊成。於是「玉麟香腰」便成為當地的一道著名菜餚，一直流傳至今。

◎**材　料：**

豬腰100克，豬肥瘦肉（各半）400克，豬肥膘肉100克，帶皮豬五花肉250克，淨鱖魚肉100克，芋艿500克，荸薺300克，水發玉蘭片50克，水發香菇25克，麵粉100克，乾太白粉55克，調水太白粉20克，雞蛋5個，紹酒75克，八角粉1克，蔥段15克，薑片10克，醬油25克，味精1.5克，胡椒粉0.5克，精鹽7.5克，肉清湯300克，芝麻1克，熟豬油1000克（約耗165克）。

◎**製　法：**

①生芋艿去皮，切成0.5公分厚的菱形片，用紹酒25克，精鹽1克拌勻，醃10分鐘，瀝去水，放入六成熱的油鍋裡，炸至呈金黃色時撈出，放在大碗裡墊底。

②五花肉洗淨，切成7公分長、0.7公分厚的片，盛入碗內，用醬油5克、紹酒25克、精鹽0.1克醃2分鐘，上籠蒸熟，連同原汁倒入大碗內，將五花肉排列在芋艿上。

③荸薺洗淨去皮，切成細末。肥膘肉（50克）剁成肉泥，加荸薺末、八角粉0.5克、精鹽1克、麵粉50克調勻，擠成直徑1.5公分的荸薺丸，放入七成熱的油鍋裡，炸熟呈金黃色撈出，排放在大碗的周圍（五花肉上面）。

④將肥瘦肉300克洗淨，切成0.2公分厚、3公分寬、4.5公分長的三角形片，用紹酒25克、八角粉0.5克、精鹽1.5克調勻，醃約10分鐘，磕入雞蛋1個，加麵粉（50克）、乾太白粉（50克）、清水少許再調勻，使肉塊掛糊，逐塊放入六成熱的油鍋內炸熟（油溫升高，要暫時端鍋離火），待外表呈金黃色時撈出（稱「黃雀肉」），一塊塊靠緊，砌在荸薺丸上面。

⑤將雞蛋1個磕入碗內，放精鹽0.5克、乾太白粉0.5克、清水少許攪勻。炒鍋洗淨，刷油15克，置小火上燒熱，倒入蛋液，轉動炒鍋，攤成荷葉形蛋皮。另取肥瘦肉1000克剁成泥，加精鹽0.5克、乾太白粉4.5克、雞蛋1個和清水少許調勻。將蛋皮鋪開，倒上肉泥，用刀刮平，捲成圓筒形蛋捲，裝入瓷盤，上籠蒸熟取出，斜切成12片，整齊地砌在黃雀肉上面。

⑥將魚肉、肥膘肉（50克）分別剁成細泥，同放一碗內，放入2個雞蛋的蛋清、精鹽0.5克、蔥薑汁（蔥薑各10克擠出汁）調勻，用刀刮成約7公分長的橄欖形魚丸共12個，裝入瓷盤，上籠蒸熟取出，整齊地擺在蛋捲上面。炒鍋置火上，放入熟豬油（50克）燒熱，倒入肉清湯，加醬油10克、精鹽0.5克、味精1克燒開，倒入大湯碗裡，上籠用旺火蒸1小時取出。

⑦將豬腰子片開，剔去腰臊，按0.4公分距離直剞斜刀，再切成約4.5公分長、1.5公分寬的片。水發玉蘭片和水發香菇均切成3公分長的薄片。炒鍋上旺火，放入熟豬油250克，燒至七成熱，將腰花用調水太白粉5克、精鹽0.5克拌勻，下鍋走油，倒出瀝油。鍋內留油35克，下玉蘭片、香菇略煸，放入腰花合炒，將精鹽（0.5克）、醬油（10克）、味精（0.5克）、蔥段（5克）、胡椒粉、芝麻油、調水太白粉（15克）調勻，烹入鍋內，顛翻兩下，起鍋倒入大碗裡蒸好的菜上即成。

◎掌握關鍵：

①各種用料要清洗乾淨，特別要去除腰臊及其腥味。刀工要精細。②各種食物要分別製作，層層排列整齊。

龜羊湯

湯汁鮮香，肉質軟爛，配以各種藥料，具有滋補功效。

◎簡 介：

「龜羊湯」是湖南獨有的傳統名菜。用羊肉製作菜餚，從古至今均較普遍，但用烏龜製菜，在歷史上卻屬少見。

烏龜在上古時期曾被列作「四靈」之一，「四靈」即麟、鳳、龍、龜。麟、鳳、龍古人視為「神靈」，烏龜視為「靈物」，均不可食。但到春秋戰國時期，它已被作為珍餚食用。《楚辭・招魂》一節就寫有「清燉烏龜」一菜。在《神農本草經》中已將龜甲列為藥用上品，稱「龜甲，味鹹平，主漏下赤白，破症瘕痎瘧，五痔陰蝕，濕痹……久服輕身」。到明代，烏龜不僅入藥，而且把龜肉作為食療佳品。李時珍在《本草綱目》中說，龜肉「甘、酸、溫，無毒……。煮食，除濕痹、風痹、身腫踒折。治筋骨痛及一二十年寒嗽」。同時又說：「田龜煮取肉，和蔥、椒、醬、油煮食，補陰降火，治勞瘵失血、虛勞失血、咯血、咳嗽寒熱」。烏龜已經被人們的實踐證實它具有滋陰補腎、除濕止血的功效。從宋代開始到元朝，宮廷御醫均用羊肉製作滋補佳餚。元代又曾用羊肉與團魚製湯作食療。元代宮廷飲食太醫勿思慧在《飲膳正要》中就記載了「羊肉團魚湯」一菜的製法。羊肉所含鈣質、鐵質等營養成分均高於豬、牛肉，有助充陽、補血、益虛勞之功效。故用羊肉與烏龜共煮，確實是一道珍貴的滋補名饈。

據湖南飲食業的一些老年廚師說：「龜羊湯」始於何時難以考證，但在明清時期確已盛行，至今一直深受顧客歡迎，並馳名中外。

◎**材　料：**

淨羊肉、淨龜肉各500克，黨參、枸杞子、附片、當歸、薑片各10克，冰糖15克，紹酒50克，蔥結15克，胡椒粉0.5克，味精1克，精鹽4克，熟豬油75克。

◎**製　法：**

①將淨龜肉用沸水燙一下，撕去表面黑膜，剔去腳爪，清洗乾淨。羊肉先烙毛，再浸泡在冷水中刮洗乾淨。龜、羊肉隨冷水下鍋，煮開兩分鐘，去掉血腥味，撈出再用清水洗兩次，然後切成約2.6公分見方的塊。黨參、枸杞子、附片、當歸用清水洗淨。

②炒鍋上旺火，放入熟豬油，燒至八成熱，下龜、羊肉煸炒，烹紹酒，繼續煸炒，收乾水離火。

③取大砂鍋1隻，先放入煸炒過的龜肉、羊肉，再放冰糖、黨參、附片、當歸、蔥結、薑片，加清水1250克，蓋好鍋蓋，先用旺火燒開，再移在小火上燉到九成爛時，再放入枸杞子，繼續燉10分鐘左右離火，揀去蔥、薑，放鹽、味精、胡椒粉，盛入大湯碗內即成。

◎**掌握關鍵：**

龜肉和羊肉都有異腥味，必須除淨。重用小火燉煮。

蝴蝶過河

魚肉細嫩，湯汁鮮美，現燙現吃，非常適口。

◎簡 介：

「蝴蝶過河」是湖南洞庭湖地區的一種特色名菜。在洞庭湖地區，歷來有用七星爐燉缽烹食魚鮮的做法。它是用洞庭湖的特產才魚（又名黑魚）的活魚魚片，放入缽裡燙涮食用，肉質細嫩，滋味異常鮮美，堪稱洞庭湖之佳餚。因魚片經過燙涮以後形似蝴蝶，故名「蝴蝶過河」（又名「蝴蝶飄海」）。岳陽地區廚師把民間燉缽爐的烹食方法作了改進，而用火鍋代替七星爐、並先以雞湯、魚頭、魚骨、魚皮製成鮮汁倒入火鍋(也可用不鏽鋼湯鍋配小酒精爐烹製)，食用時將魚片放入滾沸的火鍋中燙熟撈起，蘸調味料食用，極受人們歡迎，並成為「巴陵全魚席」的菜餚之一。

◎材 料：

淨才魚肉500克，小白菜20棵，香菇、冬筍、火腿肉各5克，大白菜心、香菜各100克，豆苗尖250克，雞清湯1250克，精鹽3克，味精2克，胡椒粉0.5克、蔥5克，薑、醋、熟豬油各25克，紹酒10克，辣椒油15克。

◎製 法：

①才魚肉洗淨，順紋路用斜刀片成薄片，盛入碗中，加用精鹽0.5克、蔥、薑5克、紹酒攥出的汁，醃約10分鐘取出，盛入兩個瓷盤內，分別擺成蝴蝶形。大白菜心、豆苗洗淨，各

用一盤盛載。餘下的薑切成絲，與醋、辣椒油、胡椒粉、精鹽各盛入小碟。冬筍切成梳形片。火腿、香菇分別片成片。香菜洗淨。

②炒鍋上旺火，放入雞清湯、精鹽1.5克、味精、熟豬油燒開，下火腿、冬筍、香菇煮開，倒入不鏽鋼湯鍋內，連同小酒精爐和才魚片、豆苗、小白菜、白菜心、香菜、薑、醋、辣椒油、胡椒粉、精鹽一同上桌。

◎掌握關鍵：

①將魚洗淨，去淨魚骨，切成薄片。②魚片入鍋稍汆，顏色轉白，即可撈起食用。

子龍脫袍

鱔絲鮮嫩，香辣爽滑。

◎簡　介：

「子龍脫袍」是湖南地區歷史悠久的一道傳統名菜。此菜是用鱔魚製作，因鱔魚形似小龍，製作時先將其皮脫下，形似武將脫袍，故名「子龍脫袍」。另一種傳說，此菜是借喻三國時趙子龍脫掉戰袍血戰長板坡而得名。

◎**材 料：**

鱔魚肉300克，玉蘭片、水發香菇各25克，鮮青椒50克淨香菜、調水太白粉、百合粉、肉清湯、紹酒各25克，雞蛋1個，鮮紫蘇葉10克，黃醋2.5克，胡椒粉0.5克，味精1克，精鹽2克，芝麻油10克，熟豬油500克（約耗100克）。

◎**製 法：**

①將鱔魚肉放在砧板上，片一刀劃開皮，然後用刀按住肉，將皮撕下來。將鱔魚肉放入開水中汆一下，撈出剔去刺，切成5公分長、0.3公分粗的細絲。青辣椒洗淨，與玉蘭片、水發香菇均切成4公分長的細絲。鮮紫蘇葉切碎。

②取雞蛋清放入碗內，攪打起泡沫後，放入百合粉、精鹽1.5克調勻，再放入鱔絲攪勻上漿。

③炒鍋上中火，放入熟豬油，燒至五成熱，下鱔絲，用筷子劃散，約30秒鐘，倒入漏勺瀝油。

④炒鍋內留油50克，燒至八成熱，下玉蘭片、青辣椒、水發香菇、精鹽0.5克，煸炒一會兒，再下鱔絲，烹入紹酒合炒，迅速將黃醋、紫蘇葉、調水太白粉、味精、肉清湯對成味汁，倒入炒鍋，顛兩下，盛入盤中，撒上胡椒粉，淋入芝麻油，香菜拼放盤邊即成。

◎**掌握關鍵：**

如係活鱔魚，出骨時須先將鱔魚頭釘在案板上，用刀在頸四周劃開魚皮，用力將魚皮拉下。鱔絲要切得粗細均勻。注意用溫油鍋滑熟，加調味烹製，以保持肉質細嫩。

中・國・名・菜・精・華

徽菜又名皖菜，是我國八大菜系之一。

安徽省位於我國東南部，因春秋時曾屬皖國，境內又有著名的皖山，故簡稱皖。古時的安徽也是歷代政治、經濟和文化比較發達的地區。早在三國和唐宋時期，這裡的農業和手工業就占有重要地位。在唐朝武則天稱帝和玄宗年代，經濟較發展，徽籍商人遍及南北各重要城市。宋朝建立時，國內經濟重心進一步南移，使安徽商業更爲繁榮。到明朝時徽商已遍及全國各大城市。據《明史》記述，當時「大商人中以徽商和晉商最爲突出」，「富商之稱雄者，江南首推新安」。自唐代以後，歷代都有「無徽不成鎮」之說，可見古代安徽商業之發達，商賈之眾多。隨著安徽商人出外經商，徽菜也流傳各地，在南京、上海、杭州、蘇州、揚州、武漢、洛陽、廣州、山東、北京、陝西等地均有徽菜館，尤以上海爲多。

安徽菜是由徽州、沿江和沿淮三種地方風味菜餚所構成。

徽州菜是指皖南一帶的菜餚，是安徽菜的主要代表，它起源於黃山麓下的歙縣（古徽州）。後來，由於新安江畔的屯溪小鎮成爲「祁紅」、「屯綠」等名茶和徽墨、歙硯等土特產品的集散中心，商業興起，飲食業發達，徽菜也隨之轉移到了屯溪，並進一步得到發展。徽菜以善烹山珍野味著稱。據《徽州府志》記載，早在南宋年間，以皖南山區特產「沙地馬蹄鱉、雪天牛尾狸」做菜已聞名各地，宋高宗問歙味於學士汪藻，藻舉梅聖俞詩對了前面兩句詩，曰：「雪天牛尾狸（即果子狸，又名白額），沙地馬蹄鱉（一種甲魚）」。

沿江菜以蕪湖、安慶地區的菜餚爲代表，以後轉到合肥地區。它以烹調河鮮、家禽見長，尤其以煙熏技術別具一格。

沿淮菜主要由蚌埠、宿縣、阜陽等地方風味菜餚構成，口味鹹中帶辣，湯汁口重色曬，重香料，喜用香菜佐味作配色。

安徽菜擅長燒、燉、蒸，而爆、炒菜較少，重油、重色、重火功。主要名菜有「火腿燉甲魚」、「紅燒果子狸」、「醃鮮鱖魚」、「無爲熏鴨」、「符離集燒雞」、「問政筍」、「黃山燉鴿」等上百種。

清燉馬蹄鱉

湯汁清醇，肉質酥爛，裙邊滑潤，肥鮮濃香。

◎簡 介：

「清燉馬蹄鱉」又名「火腿燉甲魚」，為安徽菜中最古老的傳統名菜，它是用皖南山區著名特產沙地馬蹄鱉製作。皖南山高背陰，溪水清澈，淺底盡沙，此處所產之甲魚，腹色青白，肉嫩膠濃，食之無泥腥味。當地曾流傳一首稱讚它的民歌：「水清見沙地，腹白無淤泥，肉厚背隆起，大小似馬蹄」，人們都喜歡把以烹食。據《徽州府志》記載，在南宋年間，用「沙地馬蹄鱉」、「雪天牛尾狸」烹製的菜餚，已成為歙味的代表，相傳當時上至宋高宗，下至地方官員，都曾品嘗過此菜。明清時期，一些著名詩人、居士都曾慕名前往徽州府品嘗「馬蹄鱉」之美味，因而此菜馳名全國，成為安徽特有的一道傳統名菜。

◎材 料：

甲魚1隻（重約750克），火腿骨1根，火腿肉100克，蔥結、薑片、冰糖、熟豬油各10克，精鹽1克，紹酒25克，白胡椒粉1克，雞清湯750克

◎製 法：

①將甲魚宰殺，用開水燙泡後，剝去外層肉膜，用刀沿甲殼四周劃開，掀起甲蓋，去掉內臟（留下甲魚蓋），剁成約3.5公分長、1.7公分寬的塊（尾和腳爪不用），放入開水鍋中煮至水再開，撈出瀝水。火腿切成4大塊。

②將甲魚塊整齊地碼在砂鍋中，把火腿、蔥、薑和火腿骨圍在甲魚四周，加入雞清湯和紹酒，蓋好鍋蓋，旺火燒開後，撇去浮沫，放冰糖，轉用微火燉1小時左右，揀出薑和火腿骨，放鹽，再將火腿撈出切成片放入鍋裡，淋上熟豬油，撒入白胡椒粉即成。

◎掌握關鍵：

①甲魚必須裡外洗淨，去除污血，成菜後便無異味。②重用文火燉爛，保持原汁原味。如用旺火燉煮，雞湯與甲魚便失去美味，湯汁被損耗。

奶汁肥王魚

湯濃似奶，魚肉肥嫩細膩，味道極鮮。

◎簡　介：

「奶汁肥王魚」是安徽著名的特色菜餚之一。「淮河八百里，橫貫豫皖蘇。欲得肥王魚，唯有峽山口。」肥王魚又名「淮王魚」，也叫「回王魚」，是全國極為少見的魚種，生長於安徽鳳台縣境內峽山口一帶數十里長的水域裡。肥王魚外形奇特，體呈扁圓，形如紡錘，黃亮、肥壯、光滑、無鱗，肉質細嫩，歷來被當作魚中上品，居淮河魚類之冠。在當地人們都喜歡捕以烹食，製法以紅燒、清蒸為主，尤以奶汁烹製最受人喜愛：食其肉如豆腐一樣細嫩，飲其湯如冬菇雞湯一樣鮮美，聞其味如雅舍幽蘭一樣清香。相傳西漢淮南王劉安十分愛吃肥王魚，每宴必備此菜，而且久吃不厭。後來安徽蚌埠、合肥等地菜館均用奶汁雞湯烹製，故稱「奶汁肥王魚」，成為一道名菜，並馳名中外。

◎材　料：

肥王魚1條（重1000克左右），豬瘦肉50克，大蔥白段、薑片各10克，香菜、精鹽各5克，白胡椒粉1.5克，雞清湯1000克，熟豬油100克。

◎製　法：

①將魚去鰓，剖腹去內臟，洗淨，用刀在魚身兩邊直剞小柳葉刀紋。豬瘦肉切成約3.5公分長、1.7公分寬、0.3公分厚的雞冠形薄片。

②炒鍋上旺火，放入熟豬油，燒至七成熱，下熱雞清湯燒沸，放入魚、肉和蔥、薑，蓋上鍋蓋，將湯燒呈奶汁狀，加鹽和白胡椒粉，出鍋倒入湯碗內，上桌時，隨帶香菜一小碟佐食。

◎掌握關鍵：

應選用鮮魚最好是活魚製作。必須用熟白豬油烹製，因其經高溫燒煮後，湯汁可變得濃白似奶。

瓤豆腐

製法別緻，色澤金黃，外脆裡嫩，酸甜適口。

◎簡　介：

「瓤豆腐」是安徽鳳陽地區的一款名菜。相傳此菜為鳳陽某集鎮黃家小飯店的廚師所創。它是用肉末加豆腐烹製而成，價錢便宜，味道又好，人們都喜歡吃，因此逐漸出名。明太祖朱元璋出身鳳陽，幼年家貧，曾到黃家飯店幫工，為該店姓黃的廚師所賞識，經常給他吃瓤豆腐，朱元璋久吃不厭。他從軍後，還經常想起鳳陽瓤豆腐的美味。明朝建都南京後，他命人去鳳陽把黃師傅請到宮中當御廚。這樣瓤豆腐就成為宮廷宴席上的一款名菜，從此身價百倍，名揚江南。

◎材　料：

潔白嫩豆腐500克，精腿肉100克，蝦仁、紹酒、白糖各50克，薑末5克，味精1.5克，精鹽4克，醋15克，豆油1000克(約耗100克)，麻油少許，鮮湯150克，調水太白粉15克，雞蛋3個，綠豆粉10克。

◎製　法：

①將精腿肉洗淨，去皮去骨，粗斬成肉末，加鹽、味精、薑末、蝦仁，拌勻成餡料。將豆腐切成5公分見方的12小塊，入開水鍋焯一下，使豆腐硬結，在每塊豆腐中間挖一個凹堂，塞入肉餡成坯。

②取雞蛋清打成泡沫狀，加綠豆粉拌成飛糊。

③炒鍋上旺火，下油燒至四五成熱，將豆腐夾肉生坯分別

滾上飛糊，下油鍋炸至豆腐外表起軟殼、呈金黃色，撈出裝盤。

④炒鍋內留油少許，加糖、醋、紹酒、鮮湯燒開，用調水太白粉勾薄芡，淋麻油，澆在豆腐上即成。

◎掌握關鍵：

操作要細緻，豆腐要保持完整不碎。蛋清與豆粉必須打勻，使豆腐中的肉餡不脫出，油炸後完整成形。

油炸麻雀

色澤醬紅油亮，其味乾香爽脆鮮美，裝在罐內密封，能保持三個月不變質。

◎簡　介：

「油炸麻雀」是安徽和縣的一道名菜。此菜香味撲鼻，酥脆鮮美，頗受人們歡迎。相傳此菜成名與明朝開國皇帝朱元璋有關。當年朱元璋帶兵攻打太平府路過和縣時，一天早晨，麻雀成群飛來叫聲一片，朱元璋聽著心煩，便命士兵射殺麻雀。士兵們將射死的麻雀收拾乾淨以熱油炸酥食用，鮮香可口。朱元璋嘗後大加讚賞，後來常命士兵捕殺麻雀食用。該菜由此聞名全省，成為安徽著名野味之一。

◎**材　料：**

麻雀20隻，薑10克，醬油100克，精鹽5克，白糖6克，八角2克，丁香0.5克，桂皮2克，芝麻油50克，菜油1000克（約耗150克），鮮湯300克。

◎**製　法：**

①薑拍鬆，和八角、丁香、桂皮一起裝入小布袋中，紮上袋口。把活麻雀悶死(用手捏其嘴使之窒息或用水淹死)，用手指將前頸撕破，剝去頭皮，將胸脯皮分別向兩翅撕開，摘去翅膀，再將後背皮、前胸皮同時往下剝至腿部，最後撕去尾巴，使成光雀，用二指緊捏肋下，將全部內臟從腹部擠出，剪去嘴尖殼和腳爪，洗淨晾乾。

②炒鍋上旺火，倒入菜油，燒至七成熱，放入麻雀，炸5分鐘左右，待炸至其腦蓋呈白色，雀身浮起撈出(鍋內油盛起另用）。

③將油炸後的麻雀放入原鍋內，加鮮湯，放入香料袋和醬油、白糖、鹽，用旺火燒開後，改用微火燒至鍋內湯汁黏稠時，盛起晾涼，再放入芝麻油中浸泡一、二小時即成。

◎**掌握關鍵：**

麻雀要內外洗淨。用旺火熱油略炸即撈起，加調味和香料、鮮湯，用文火燜燒入味。

符離集燒雞

色澤金黃，香氣濃郁，酥爛脫骨，滋味鮮美，深有回味。

◎簡 介：

「符離集燒雞」是安徽最著名的菜餚之一。它源於山東「德州扒雞」，最早叫「紅雞」，即將雞加調味煮熟後，搽上一層紅米粬，當時並無正式名稱。30年代初，德州一管姓燒雞師傅遷居到符離鎮，帶來了德州「五香脫骨扒雞」的製作技術。他對「紅雞」的選料和製法加以改進，使雞色澤金黃，肉酥脫骨，滋味鮮美，這樣就逐漸成為著名的「符離集燒雞」，其中以管、魏、韓三家燒雞店的製品最為有名。後來他們的燒雞曾先後兩次參加全國食品展覽會，被列為我國名餚之一，並與「德州扒雞」齊名，馳名中外。

◎材 料：

活新母雞1隻（重約1000克），精鹽15克，白糖5克，薑2片，八角、山柰片、小茴香、砂仁、白芷，肉蔻、花椒、丁香、陳皮、草果、辛夷各0.25克，麻油1500克（約耗100克），飴糖少許。

◎製 法：

①將活雞宰殺，淨毛，去內臟，用水洗淨，用刀敲斷大腿骨，從肛門上邊開口處把兩隻腿爪交叉插入雞腹內，將右翅從宰殺刀口處穿入，使翅尖從嘴中露出，雞頭彎回別在雞翅下，左翅向裡別在背上與右翅成一直線。

②將雞掛在陰涼處晾乾水分。用毛刷蘸飴糖塗抹雞身。炒鍋放麻油燒至七成熱時，放入雞炸呈金黃色取出。

③鍋內加水500克，將八角、山柰片、小茴香、砂仁、薑、白芷、肉蔻、花椒、丁香、陳皮、草果、辛夷等香料裝入布袋，紮緊袋口，放入鍋中煮開，加鹽、糖，把炸好的雞放入鍋內，用旺火燒開後，撇去浮沫，把雞上下翻動一次，蓋上鍋蓋，改用小火煮1小時至雞肉酥爛（香料取出，滷汁保留可繼續使用2～3次）。

◎掌握關鍵：

必須用鮮活嫩雞烹製，才肉嫩味鮮。重用調味和各種香料，以小火燜煮。

醃鮮鱖魚

魚肉先醃後燒，嫩白鮮美，具有特殊的香味。

◎簡　介：

「醃鮮鱖魚」即屯溪「臭鱖魚」，是安徽著名風味菜餚之一。據說該菜出名與屯溪商業發展有關。屯溪本是一無名小鎮。1840年以後，上海成為我國對外貿易的港口之一，安徽山區把原經江西轉運出口的特產，改由經新安江至杭州轉上海出口。這樣屯溪便成了本省商品集散的中心，商業興盛，飲食業發達。由於山區水產品少，所以長江沿岸地區的望江、無為等地的商販，便設法把各種水產品運去，每年重陽節後長江名產鱖魚上市，便將魚挑運到屯溪出售。從望江一帶到屯溪，約有七八天路程，為防止鱖魚在路上變質，便在行前將魚置木桶中，一層魚灑一層淡鹽水，途中住宿時，將魚翻動一下。這樣運到屯溪，鱖魚不變質、鰓色仍紅，散發出一種異味，但只要經廚師熱油鍋一煎，小火細燒後，則鮮味透骨，特別鮮美。就這樣，屯溪「臭鱖魚」便出了名，它同上海臭豆腐一樣，「臭」是「鮮味」的代名詞，所以當地又稱之為「醃鮮鱖魚」。此菜創製至今已有100多年歷史，每到重陽節鱖魚上市，人們都以一嘗此魚為快事，直到次年春節甚至清明節後才落市。

◎材 料：

醃鮮鱖魚1條（重約750克），豬五花肉、熟筍、醬油各50克，薑末、青蒜各25克，紹酒15克，白糖、調水太白粉各10克、雞清湯350克，熟豬油750克（約耗75克），鹽適量。

◎製 法：

①將鮮鱖魚放入木桶中，一層魚灑一層淡鹽水（500克水放鹽5克）。魚擺滿後，將桶蓋好，每天翻一次，在25℃環境下，醃7天左右，取出去鱗去鰓，剖腹去內臟，用清水洗淨，在魚身兩面各剖幾條斜刀紋，放在風口處晾乾。

②豬肉和筍分別切成片。青蒜切成2公分長的段。

③炒鍋上旺火，放入熟豬油，燒至七成熱，將魚下鍋炸1分鐘，然後翻身，待兩面呈淡黃色時，倒入漏勺瀝油。原鍋留油少許，下肉片、筍片稍煸，將魚放入，加醬油、紹酒、白糖、薑末和雞清湯，旺火燒開，轉微火上燒30分鐘左右，待湯汁快乾時，撒上青蒜，用調水太白粉調稀勾薄芡，淋熟豬油少許，起鍋即成。

◎**掌握關鍵：**

鱖魚先醃製好，用鹽適量，並使其入味均勻。烹前取出，用清水略浸，去除一些鹹味，並洗淨晾乾。旺火熱油煎後，即加調味。小火燜燒至熟。吃火勿過頭，要保持魚身完整不碎。

問政山筍

筍色玉白，清香脆嫩，鮮甜微酸。

◎**簡　介：**

問政山筍是安徽歙縣問政山所產之筍。筍殼黃中泛紅，筍肉潔白，異常鮮嫩而微甜。在安徽，人們歷來將它作主配料製菜。《安徽通志》中曾有「筍出徽州六邑，以問政山者尤佳」的記載。「問政山筍」一菜是安徽素菜中最著名的一款特色菜。

◎**材　料：**

問政山筍1000克，精鹽1.5克，白糖50克，醋、芝麻油各25克，味精0.5克。

◎**製法：**

①將筍去根、剝殼、削皮，洗淨，下鍋煮2分鐘取出，用

刀拍鬆，切成3.5公分長的段，裝入盤中。

②將白糖、醋、芝麻油、味精、鹽放入碗內，調成味汁澆在筍上即成。

◎掌握關鍵：

將筍去殼後削去老根及筍皮，拍鬆後再切段，入開水鍋略煮即撈出，以保持其鮮嫩特點。

金雀舌

色澤金黃，雀舌細嫩，清香甘美。

◎簡　介：

「金雀舌」是安徽特有的一種名菜。它是以安徽黃山毛峰茶嫩茶芽——雀舌定名。據顧文荐《負喧雜錄》說：「凡茶芽數品，最上品曰小芽，如雀舌、鷹爪，以其勁實纖銳，故號芽茶」。古時製作菜餚，取茶芽與各種肉食共煮，清香濃郁，引人食欲。黃山毛峰尖細如雀舌，是毛峰茶葉中之上品，中外聞名。清代安徽廚師，用毛峰雀舌加雞蛋和調味，製成色澤金黃、清香甘美的菜餚，風味獨特，被人們譽為「金雀舌」，一直流傳至今，成為安徽地區的一種特色名菜。

◎材　料：

雀舌15克，雞蛋2個，精鹽0.5克，乾太白粉15克，花椒鹽10克，麻油500克（約耗50克）。

◎**製　法：**

①先將雀舌放在茶杯內，倒入開水泡開後，瀝去水放入大碗裡，磕入雞蛋，加鹽，輕輕抓拌，至雞蛋起泡沫時，再下乾太白粉，攪勻成糊。

②炒鍋上旺火，放入麻油，燒至五成熱，將蛋糊中的雀舌取出，每兩三片併在一起，裹上蛋糊，分散下鍋，用手勺輕推兩三下，見呈金黃色，起鍋瀝去炸油。

③原鍋離火，將花椒鹽分3次均勻撒在鍋中的金雀舌上（每次將鍋顛翻一下），撒完起鍋裝盤即成。

◎**掌握關鍵：**

茶葉和雞蛋均為纖嫩之物，操作時動作要迅速，加熱時間要短，否則茶葉的香味便消失了。

無爲熏鴨

此鴨經過浸、醃、燙、熏和恆溫寬湯滷汁燜煮後，色澤金黃，皮脂厚潤，肉質鮮嫩，氣味芳香，別有風味。

◎**簡　介：**

「無為熏鴨」是安徽無為縣一種具有200多年歷史的傳統名菜。相傳清乾隆三十九年（公元1775年），安徽無為縣廚師採用先熏後滷的獨特方法烹製鴨子，成菜色澤金黃油亮，滋味鮮美可口，其製法與口味均獨具一格，因而全縣聞名，故稱「無為熏鴨」。後來傳至各地，到清末已聞名全省，同「符離集燒雞」一樣銷往各地，成為安徽省人們最喜愛的特色菜餚之一。

◎材 料：

活鴨1隻（重約2000克），醬油125克，醋、麻油各25克，精鹽60克，白糖、薑各15克，小蔥結10克，香料包1個（其中八角、花椒、桂皮、丁香、小茴香各少許），硝水15克。

◎製 法：

①將鴨宰殺，去毛洗淨，在右翅下劃開約6.5公分長的刀口，抽出食管和內臟。將鴨放入水裡，從刀口灌進水，然後用一節6.5公分長、兩端削尖的小竹筒（蘆葦管亦可）插進肛門，放到水裡浸泡1.5小時。取出拔掉竹筒，出盡血水，洗淨瀝乾。

②將鴨置案板上，從開口處放入鹽25克，再灌進硝水15克，用右手食指插進肛門堵緊（防止硝和鹽水漏出），左手握住鴨頸，拎起上下晃兩下，再倒過來晃兩下，然後鴨背向下放案板上。一手拿著頸部，一手拿著尾部，平著提起攢兩下，翻身脯向下，提起來也攢兩下，使鹽和硝水在肚中分布均勻。再用鹽擦遍全身，將鴨嘴掰開，撒進一點鹽，頸部刀口處也撒一點鹽，放在缸中醃2小時，翻身再醃1小時。

③鍋內放水1500克，旺火燒開，在鴨的肛門塞入一節小竹筒（防止肛門收縮，便於熱水流通），然後拎起鴨左腿將鴨全身放入開水中燙皮，至鴨的毛孔收縮、鴨皮繃緊、皮層蛋白質凝固，將鴨拎起，拔去小竹筒，掛在風口處，用濕淨布將鴨

身擦一遍，擦去皮衣，特別是腋下和腿襠處要擦淨，使鴨胚油亮光潔。

④取大鐵鍋一隻，放入燃燒過的芝麻秸、高粱秸或木柴的餘火灰燼，上面均勻地撒上木屑，並迅速在鍋上架放四根細鐵棍（每根距離20公分左右，離火灰16公分高），把鴨子背部朝下放在鐵棍上，再蓋上熏篷，使空氣流通，讓底火緩慢地燃燒木屑而冒出煙來。煙熏5分鐘後，去掉熏篷，取下鴨子和鐵棍，再撒上一層木屑，放好鐵棍，將鴨子胸脯朝下，蓋好熏篷，再熏5分鐘左右，見皮色發黃取出。

⑤鍋內加水1250克(以能淹沒鴨身為佳)，放入香料包，加醬油、醋、白糖、蔥、薑，燒開後放入鴨子(事前從其肛門塞入一節小竹筒)，上用一個乾淨竹箅子壓住，不使鴨身露出水面，蓋上鍋蓋，小火焖燒10分鐘，再用柴灰壓著火焖煨30分鐘後，撥開火灰，如底火很小時，可再添一些柴燒成小火，繼續焖燒5分鐘左右撈起，去掉小竹筒、蔥、薑和香料包（滷汁保留以後再用），將鴨改刀裝盆，淋麻油15克，隨上醋一小碟佐食。

◎掌握關鍵：

①用湖鴨烹製為佳，但不要過肥過大。②鴨肚內血水必須洗淨，否則會有異味。③用濃煙熏製，並重用香料與寬汁文火煨爛。

金銀蹄雞

原鍋上桌，香氣撲鼻。火腿金紅，蹄肉玉白，雞皮微黃湯濃似奶，蹄肥不膩，味鮮而有火腿之特殊芳香。

◎簡　介：

「金銀蹄雞」是安徽傳統特色名菜之一。它是用金華火腿、豬蹄和母雞烹製而成，因古時火腿稱「金蹄」，豬蹄叫「銀蹄」，故名「金銀蹄雞」。據説此菜是在江蘇蘇州地區「金銀蹄」一菜的基礎上改進而成的。用火腿和豬蹄烹食，其味肥厚，鮮香入味，但油汁過重，而鮮味不足，故當地廚師用母雞與其一起用砂鍋煨製，結果又肥又鮮，鮮味突出，成為冬令的一款名菜，極受老年人的喜愛，從清末至今，一直受到人們的歡迎。

◎材　料：

豬蹄350克，光母雞半隻（約重500克），火腿二脘100克，水發香菇10克，熟筍50克，精鹽、冰糖各1克。

◎製　法：

①將火腿二脘刮洗乾淨，放砂鍋中，加水500克，煮至五成爛時，撈起橫剞幾刀，再放回砂鍋裡。

②將光母雞洗淨血水。豬蹄洗淨，放冷水鍋中燒開後，撈起再洗一次。熟筍切成片。

③將雞、蹄一起放入煮火腿的砂鍋中(分別排列，以突出三色)，加水淹沒雞、蹄、火腿，用旺火燒開，撇去浮沫，換小火細燉至雞五成爛時，將筍片放入，加精鹽、冰糖再細燉至

酥爛為止。然後，將切好的香菇片放入，換旺火燒1分鐘，即可端砂鍋上桌，揭去鍋蓋即成。

◎掌握關鍵：

①豬蹄和火腿都必須先用溫開水或淡鹼水洗淨油污，雞要除盡血水，成菜後鮮味才純正。②重用文火煨煮，保持原汁原味。

掌上明珠

鴿蛋色白嫩糯，蝦膠色紅肥鮮，鴨掌脆嫩爽口。

◎簡 介：

「掌上明珠」相傳始於清代。乾隆年間，宮廷及地方官府盛行鴨菜。鴨掌因清鮮無膩，極為適口，故頗受人們歡迎，用鴨掌製菜，首先出現於江蘇揚州和蘇州，當時比較盛行的是「拌鴨掌」、「燴鴨掌」等菜餚。清末，江蘇地區的廚師又用鴨掌煮熟出骨，鋪上一層蝦肉茸，再放上一隻鴿蛋製成菜餚。因該菜係用鴨掌與珍貴的鴿蛋烹製，人們視其為菜中上品，故起名為「掌上明珠」。不久，它便成為席上佳餚，並盛行各地，後來傳至北京，成為清宮名菜。現在上海、蘇州、揚州、安徽等地均有此菜供應，安徽地區一直將它作為當地首席名菜。

◎**材　料：**

大鴨掌 10 隻，鴿蛋 10 個，蝦仁 100 克，紹酒 5 克，精鹽 20 克，味精 1 克，清雞湯 150 克，熟豬油 25 克，乾太白粉 5 克，調水太白粉 15 克。

◎**製　法：**

①將鴨掌放入溫開水中浸泡，剝去外衣(如鴨掌上有黑色或黃色的斑點，應用刀刮去)，清水洗淨。將其放入開水鍋中略焯，取出用清水洗淨，去除異味。再放入雞湯鍋裡煮爛，取出冷卻，拆去掌骨。

②蝦仁用清水洗淨瀝乾，放在乾淨的砧板上，剁成蝦茸，放入碗中，加紹酒、味精、精鹽、乾太白粉，拌勻上勁成蝦膠。鴿蛋入冷水鍋中上火煮熟，撈入冷水裡浸一下，取出剝去蛋殼，將鴨掌放在盤裡，分別塗上蝦膠，每隻掌上嵌一個鴿蛋，上籠用旺火蒸5分鐘左右，至蝦膠成熟，取出放在盤中。

③炒鍋洗淨，倒入雞湯燒開後，加精鹽、味精，用調水太白粉勾薄芡，淋熟豬油，起鍋均勻地澆在 10 隻鴨掌上即成。為增加菜餚色彩，可加上煸炒成熟的豆苗或草頭等綠葉菜圍邊點綴。

◎**掌握關鍵：**

鴨掌要煮爛，但不能過爛，要保持完整形狀。製作蝦膠時，要先把蝦仁水分瀝乾，然後再剁細，使拌製時蝦茸乾而韌；如過濕，放在鴨掌上就黏不牢固或形狀不佳。

楊梅圓子

呈玫瑰紅色，形似楊梅，外酥裡嫩，酸甜適口。

◎簡 介：

楊梅是我國栽培歷史悠久的著名果品之一，它色澤鮮豔，果汁殷紅，甜酸適口，別具風味。古人曾用「五月楊梅已滿林，初疑一顆值千金，味方河朔葡萄重，色比瀘南荔枝深」的詩句來讚美它。安徽前輩廚師利用當地盛產的楊梅，精心製作出具有楊梅色形和口味的菜餚，取名「楊梅圓子」，為安徽特有的風味菜。

◎材 料：

豬腿肉（七成瘦、三成肥）400克，雞蛋1個，麵包屑30克，楊梅汁100克，醋25克，精鹽5克，白糖50克，調水太白粉25克，熟豬油750克（約耗75克）。

◎製 法：

①豬腿肉去皮剔筋，斬成肉泥，放入碗內，加入雞蛋液、鹽和清水100克左右，攪拌上勁，再放入麵包屑，拌勻成餡。

②炒鍋上火，下熟豬油，燒至五成熱，將肉餡捏成像楊梅大小的圓球，入鍋炸至浮起成形、呈金黃色時，撈起瀝油。

③炒鍋放水100克，下白糖、醋、楊梅汁，在中火上熬化成滷汁，再用調水太白粉調稀勾薄芡，將炸好的肉圓倒入，顛翻幾下，淋上熟豬油10克，出鍋裝盤即成。

◎掌握關鍵：

肉圓大小形狀要均勻，滷汁要寬而濃，緊包肉圓。

中·國·名·菜·精·華

京菜即北京風味菜，亦指北京地區在飲食方面長期形成的特有風味體系。

北京古稱幽州，戰國時為燕都，遼時為陪都，後為金、元、明、清都城共約800多年。

北京菜已有1000多年的歷史。北京原來的飲食習慣與山東相似。遼代以後，特別是元代定都北京後，東北和蒙古等地的少數民族大批遷入，在飲食方面，北京本地風味與少數民族風味同時盛行。滿、蒙、回等少數民族人民喜食羊肉，他們大批入京集居，形成飲食業特別擅長烹製各色羊肉菜餚的特點。

同時，因為北京很早就是幾個朝代的都城，全國的政治、經濟、文化中心，宮廷御廚、皇家膳房較為集中，烹飪技術較發達，而且全國一些主要風味都薈萃於北京，烹調技藝不斷提高，對北京菜系的形成，都有重要影響，其中尤以山東風味的影響最大。由於以上各方面因素的影響和幾百年歷史的演化，才逐漸形成了由北京本地風味和原山東風味、宮廷菜餚及少數民族菜餚融匯而成的北京菜系。

北京菜的烹調方法，以炸、溜、爆、烤、炒、煮、燒、涮為主。菜餚口味以脆、香、酥、鮮為特色。其主要名菜有「北京烤鴨」、「糟溜魚片」、「醋椒魚」、「涮羊肉」、「扒熊掌」、「炸佛手卷」、「白煮肉」、「烤肉」等，其中有不少原是宮廷名菜，各種菜餚均別有風味，在全國享有較高的聲譽。

北京烤塡鴨

色澤紅潤，皮脆肉嫩，油而不膩，酥香味鮮。

◎簡 介：

「北京烤鴨」歷史悠久。早在南北朝的《食珍錄》中就有「炙鴨」的記載。元朝天歷年間（公元1328年～1330年）的御膳醫忽思慧所著《飲膳正要》中就記有「燒鴨子」一菜，其實這種「燒鴨子」就是「叉燒鴨」，也是最早的一種烤鴨。

地道的「北京烤鴨」，則始於明朝。朱元璋建都南京後，明宮御廚便用南京肥厚多肉的湖鴨製作菜餚，為了增加鴨菜的風味，採用炭火烘烤，使鴨子吃口酥香，肥而不膩，受到稱讚，即被皇宮取名為「烤鴨」。15世紀初，明代遷都北京，烤鴨技術也帶到北京，並得到進一步發展，採用玉泉山所產的塡鴨，皮薄肉嫩，鮮美可口，深受人們歡迎。明朝萬歷年間的太監劉若愚在其所撰的《明宮史·飲食好尚》中說：「本地（北京）則燒鴨、雞、鵝」為主。說明那時烤鴨已成為北京一種主要的風味菜餚。

在明朝嘉靖年間，北京就出現了專業烤鴨店，它的字號叫「金陵老便宜坊」。到清朝時，「烤鴨」又成為乾隆、慈禧太后及朝廷王公大臣們所喜愛的宮廷菜。同治三年，北京又出現了「全聚德烤鴨店」，從此紹酒「北京烤塡鴨」就馳名中外。據有關史料稱，當時「京師美饌，莫妙於鴨，而炙者尤佳」。

此菜從明朝創製，一直沿續至今，馳名全國，並流傳到世界上許多國家，現已成為世界聞名的菜餚，被許多外賓譽為「天下第一美味」。

◎**材 料：**

北京光填鴨1隻（重2000克左右），飴糖水35克，甜麵醬50克，荷葉餅、蔥花、蒜泥各適量。

◎**製 法：**

①將鴨洗淨放在案上，去除鴨掌，割斷食管與氣管，從鴨嘴裡抽出鴨舌和食管。然後用右手把氣泵的氣嘴由刀口插入頸管，左手將頸部和氣管一起握緊，打開氣門，使空氣充入鴨體皮下脂肪與結締組織之間，當氣充到八成滿時，關上氣門，取下氣嘴，並用手指緊緊卡住鴨頸根部防止漏氣。接著掏膛，取出內臟，灌水沖洗乾淨。

②左手握住鴨頭，將鴨子提起（或用鐵鉤掛起），用100℃的開水在鴨皮上澆燙，使其毛孔緊縮，皮層蛋白質凝固，便於烤製。

③用飴糖水（飴糖30克加水200克，先熬好），澆勻鴨身，反覆兩次，掛起晾乾。這樣可使鴨烤成後表皮呈棗紅色。

④將鴨子放入烤爐內烘烤。爐溫要保持在230℃左右。入爐前，先在鴨肛門處塞入8公分長的高粱桿一節，再灌入八成滿的開水，烤時使之內煮外烤，熟得快。入爐烘烤時間，一般冬季40分鐘左右，夏季30分鐘左右，至皮呈棗紅色油潤光亮即好。取出拔掉塞子，放出腹內的開水，趁熱將鴨連皮帶肉批成一塊塊的鴨肉片裝盤，用荷葉餅加蔥花、蒜泥、甜麵醬包鴨肉片吃。

◎**掌握關鍵：**

①掏膛和去除食管、氣管時不要弄破鴨皮。②要掌握好烘烤時間，注意冬夏有別，切勿烤焦，一般烤至鴨皮呈棗紅色油潤光亮即成。

北京涮羊肉

羊肉香嫩，湯燙味鮮，別有風味。

◎**簡　介：**

「涮羊肉」是北京最著名的冬令佳餚，已有1000多年的歷史。

據傳「涮羊肉」始於我國東北和蒙古少數民族地區，最早稱作「煮羊肉」。南北朝時出現了銅製火鍋，使用火鍋煮羊肉就逐漸發展起來。《魏書・獠本傳》說：「獠者……鑄銅為器，大口寬腹，名曰『銅爨』（音竄），既薄且輕，易於熟食」。這就是如今的「共和鍋」和「小火鍋」的前身。從此，同銅鍋煮湯，以薄片羊肉燙煮，就很快盛行起來。

「涮羊肉」進入大都市是在明朝，而真正冠以「涮羊肉」名稱，則起源於清朝。17世紀中葉，「涮羊肉火鍋」已成為清宮冬令佳餚，在清宮膳食單上名冠眾餚之首。「涮羊肉」在都市名菜館中出售，首先是北京原「正陽樓」，接著是「東來順」

羊肉館，它經營的「涮羊肉」馳名中外，在20年代傳到上海等大城市，成為上海的冬令名菜。現在全國許多大城市，每到冬令季節，有的甚至在炎熱的夏季，都能品嘗到該菜。

◎材　料：

羊腿肉或五花肉750克，芝麻醬100克，紹酒、醬油、醋、蔥花、辣椒油、香菜末、滷蝦油、醃韭菜花各50克，水粉絲、白菜或菠菜各250克，腐乳1塊（壓成汁）。

◎製　法：

①將羊肉洗淨，去骨去皮，剔除板筋，切成10公分長、1.5公分寬的薄片，每150克裝一盤待用。

②把芝麻醬、紹酒、醋、辣油、醬油、蔥花、香菜末、滷蝦油、醃韭菜花、腐乳汁等調料，分別裝在小碟子裡。

③火鍋用椈炭生著，將湯水燒開，把少量羊肉片放入湯中煮燙二、三分鐘，待肉片呈灰白色時，即用筷子夾出，蘸著配好的調料吃，隨燙隨吃，吃完羊肉後，將粉絲和白菜放入燙煮，然後連菜帶湯食用。湯又鮮又燙，粉絲和白菜能和胃解膩。

◎掌握關鍵：

①羊肉片切得越薄越好，「片薄如紙」，一燙即熟，極為鮮嫩。②調味料要調濃一些，因羊肉片本身無鹹味，蘸調料後便起鮮入味。

烤肉

香味濃郁，肉質鮮嫩，風味獨具。

◎簡介：

「烤肉」是北京久負盛名的特色菜餚，已有300多年歷史。據說烤肉原是蒙古族的特種食品，隨著蒙族人進京定居傳到北京。

在清代康熙二十五年（1686年），北京街上就開始有小販製售烤肉，他們手推小車，上放烤肉炙子，從宣武門到西單一帶，走街串巷叫賣。到咸豐年間，宣武門大街出現了「烤肉宛」專業店。同治十三年（1874年），「烤肉季」也成了專售烤肉的食攤，後來又設專業店。這兩家店是由兩位回民經營，是北京經營烤肉最著名的菜館。由於「烤肉宛」設在北京城南宣武門內，故稱「南宛」，「烤肉季」設在北城的什剎海畔，故稱「北季」。

北京烤肉以羊肉為主，精選自西北綿羊。取肉部位一般是「上腦」、「大小三岔」、「黃瓜條」、「磨襠」等處，肉質鮮嫩，肥瘦搭配得當，調味後烤熟，香味馥郁，肉質極嫩，不膻不膩。《燕都雜錄》中詩云：「濃煙熏得涕潸潸，柴火光中照醉顏；盤滿生膻憑一炙，如斯嗜尚近夷蠻」，生動勾畫出人們吃烤肉時饕食酣飲的情景。

◎材料：

羊肉（上腦肉或腿肉）500克，大蔥150克，香菜50克，紹酒10克，醬油75克，味精5克，白糖25克，麻油30克，薑汁少許。

◎製 法：

①將羊肉剔除肉筋，放冰箱凍冷，取出切成長15公分、寬3.5公分的片，再橫切兩刀成三段。

②將烤肉的鐵盤燒熱，用生羊尾油擦一擦。將醬油、紹酒、薑汁、白糖、味精、麻油一起放在碗中，調和均勻，把切好的肉片放入調料中稍浸。

③將事先切好的蔥絲（3公分長的斜絲），放在烤盤上，再把浸好的肉片放在蔥絲上，邊烤邊用特製的長竹筷翻動。蔥絲烤軟後，將肉和蔥攤開，放上洗淨的香菜（切成1.5公分長的段）繼續翻動，至肉呈粉白色時，盛入盤中，和燒餅、糖蒜、嫩黃瓜同食。

◎掌握關鍵：

羊肉須剔淨皮與筋後再切片。烤前先用味汁醃漬10～15分鐘左右，使其吸入調味。烤至肉斷生即取出，以保持鮮嫩。

潘魚

魚肉鮮嫩，湯汁味美可口。

◎簡 介：

「潘魚」是北京的一款傳統特色菜。相傳清代有一個叫潘祖蔭的翰林，是北京「廣和居」菜館的老顧客。他用鮮活鯉魚，配上等香菇、蝦乾，不放油，加雞湯蒸製成菜，魚肉鮮嫩，味道極為鮮美。後來他將自己創製的烹魚方法傳給「廣和居」廚師，此菜很快就成為該菜館的名菜之一，並聞名全市。因此菜是由潘祖蔭創製，故名「潘魚」或「清蒸潘魚」。1930年「廣和居」倒閉，其主要廚師轉至「同和居」操廚，此菜也就成了「同和居」的名菜，一直保持至今。

◎材 料：

活鯉魚1條（重750克左右），乾香菇、海米、玉蘭片、薑片各5克，紹酒15克，醬油50克，精鹽2.5克，蔥段10克，雞湯1000克，味精1克。

◎製 法：

①將活鯉魚宰殺，去鱗、去鰓、去內臟，洗淨，斜切成頭、尾和中間三段，入開水鍋內汆一下取出，放大海碗中。香菇洗淨，去蒂，連同海米、玉蘭片、蔥段、薑片一起放在魚上。

②炒鍋上火，倒入雞湯，加醬油、精鹽、味精、紹酒，燒沸後倒入盛魚的大海碗中，蓋上蓋子，防止汽水進入，上籠蒸

約20分鐘即成。

◎掌握關鍵：

必須用活魚烹製。洗魚時必須除盡污血及血筋，裡外洗淨。入開水鍋稍氽立即取出，切勿久氽，以保持魚肉完整不碎。用雞湯烹製，其味才鮮。

三不黏

色澤金黃，雞蛋絕嫩，鮮美爽口，香甜不膩。

◎簡 介：

「三不黏」是北京「同和居」飯店的獨家名菜。相傳此菜原為清宮御膳房裡的一道名菜，距今已經有150多年歷史。它是用蛋黃、澱粉、白糖加水攪勻炒成的，顏色金黃，口味鮮美，吃時不黏盤、不黏牙、不黏筷，故名「三不黏」。

此菜製法由宮廷傳出的原因是，「廣和居」有一位姓牟的廚師結識了一位清宮御廚，學到製作「三不黏」的手藝，並稍加改進，便在「廣和居」烹製供應顧客。此菜色澤美觀，吃口鮮嫩，很受歡迎，曾聞名全市，成為該店的一款傳統菜餚。「廣和居」倒閉後，姓牟廚師又到「同和居」掌廚，故它又成為「同和居」的傳統名菜。

「三不黏」其特色之美、質之純、味之香，堪稱妙品，許多國際友人到京，都紛紛慕名前往品嘗。他們說：「『三不黏』

是世界上最好的美味！」日本天皇還曾派人到北京「同和居」購買「三不黏」，坐飛機帶回東京食用。

◎**材 料：**

蛋黃150克，白糖100克，綠豆粉50克，熟豬油150克，麻油少許。

◎**製 法：**

①將蛋黃打勻，加白糖、綠豆粉和清水200克攪勻。

②炒鍋上火，加熟豬油100克，燒至五成熱，將調好的蛋黃液倒入，邊炒邊用鐵勺攪拌，並不斷加油少許，以防黏鍋，如此不停地攪炒十幾分鐘，直到蛋黃與豬油融為一體，出鍋裝盤即成。

◎**掌握關鍵：**

①雞蛋、白糖和綠豆粉加水後必須調和攪勻。②入鍋攪炒時，必須用溫火，不斷轉動炒鍋，並用鐵勺邊炒邊攪拌，切勿黏鍋炒焦。

炸佛手卷

形如佛手，色澤金黃，外酥裡嫩。

◎簡 介：

「炸佛手卷」是北京名菜之一，據說它最早也是清宮名菜，佛手柑色澤鮮美，香氣濃郁，一直深受人們喜愛，清宮御廚便仿照佛手柑的形狀，烹製出「佛手卷」這道菜，不久便流傳至民間，成為北京名菜。現在北京「仿膳」飯莊和一些名菜館都有此菜供應。

◎材 料：

瘦豬肉末200克，雞蛋2個，乾玉米粉50克，乾麵粉10克，紹酒5克，麻油5克，花生油300克（約耗50克），味精、蔥、薑、鹽各少許。

◎製 法：

①將豬肉末加入味精、紹酒、麻油、鹽、蔥薑末，用少許玉米粉拌勻成餡。

②雞蛋磕在碗內，加少許水、玉米粉、鹽攪勻。炒鍋用油擦一下，上火燒熱後，將蛋糊倒入一半，轉動炒鍋，攤成蛋皮取出。按此法再攤一張。將兩張蛋皮從中間切開，成四個半張，把肉餡分成四份。麵粉加水攪成麵糊，抹在蛋皮邊上。將肉餡分別放在蛋皮上，捲成長條，然後在長條上每隔0.7公分寬切一刀（上面留0.3公分不要切斷），照此連切四刀，切第五刀時切斷，即成佛手卷坯。

③炒鍋上火，加花生油，燒至七成熱，下佛手卷坯，溫油炸約10分鐘，至色呈金黃時撈出即成。

◎掌握關鍵：

要將雞蛋液打勻，製成完整的蛋皮，包入餡心後不破不漏。油炸時用火不要太旺，溫油炸至呈金黃色、挺起成形即成。

白煮肉

肉質香爛，味道醇厚，可捲荷葉餅或燒餅食用。

◎簡 介：

「白煮肉」是北京本地的一道風味名菜。所謂白煮肉，就是把豬肉放在清水砂鍋裡，用微火燉煮使肉的脂肪都溶泄在湯裡，煮出的肉，味鮮可口，軟而不膩，是北京人喜愛的菜餚。

清朝建都北京後，皇室、王府每年都要按滿族人的習俗，以白煮全豬祭神祭祖，皇室的婚典大宴，也必須以白煮全豬宴賞皇親國戚。這樣，北京城「白煮肉」就更為盛行了。

清朝乾隆六年（1741年），北京著名的「砂鍋居」飯莊開業後，它烹製的「白煮肉」更勝一籌。它選料精細，製作考究，白湯煮白肉，異香撲鼻，皇府人員經常到該店品嘗此肉，還要該店送肉進宮。這樣「砂鍋居」的「白煮肉」就聞名京師，許多文人雅士也紛紛前往品嘗美味，並為該店題詩一首：「名震京都三百載，味莊華北白肉香」。由此北京「白煮肉」更身價百倍，名揚四海。現在北京的「砂鍋居」飯莊仍保留了這款傳統特色菜餚。

◎**材 料**：

去骨豬五花肉1000克，醬油50克，蒜泥、醃韭菜花各10克，醬豆腐汁15克，辣椒油25克。

◎**製 法**：

①將去骨豬肉橫切成三、四條（每條寬約12公分），再切成長塊，刮洗乾淨，皮朝上放入鍋內，倒入清水(水要淹沒肉塊9公分），蓋上鍋蓋，在旺火上燒開，再轉微火煮2小時，用筷子一穿即入，撈出晾涼，撕去肉皮，切成10～14公分長、0.2公分厚的薄片，整齊地排在盤內。

②把醬油、蒜泥、韭菜花、醬豆腐汁和辣椒油等調料(可按食者所需挑選），一起放在小碗內，隨同肉片一起上桌。

◎**掌握關鍵**：

必須用皮薄、肥瘦適中的豬肉為原料，不宜用皮厚過肥的豬肉烹製。烹製時，先以旺火煮10分鐘後再以溫火窩熟，不能用旺火急煮。

炒豆腐腦

色白羹稠，入口即化，蔥香味濃，尤宜老年人食用。

◎簡 介：

「炒豆腐腦」是北京豆腐製品中較著名的菜餚之一。北京的豆腐腦是一種著名的小吃，具有選料精細、加工嚴格、作料齊全、味道鮮美的特點，深受人們喜愛。而「炒豆腐腦」，原來只是一般家常菜餚。清代慈禧太后年老時喜食軟菜，御膳房就將北京的「炒豆腐腦」搬進宮裡，加雞湯燒煮後給太后食用。此菜色澤潔白，豆腐絕嫩，口味鮮香，成為太后晚年最喜歡食用的軟菜之一，並由此聲譽大增，成為北京的一款名菜。

◎材 料：

南豆腐250克，清湯100克，紹酒、雞油各10克，玉米粉、鹽各15克，熟豬油25克，蔥、薑各少許，味精適量。

◎製 法：

①將蔥、薑切成碎末。豆腐用清水洗淨瀝乾。

②炒鍋上火，倒入熟豬油，燒至四、五成熱，放入蔥、薑末稍炒，隨即將豆腐放入攪碎，炒兩、三分鐘，用鐵勺不斷攪拌，然後加鹽、酒、清湯、味精，攪成羹狀，用調水玉米粉勾芡，淋入雞油即成。

◎掌握關鍵：

必須取用嫩豆腐為原料。用鮮湯、溫火烹製，保持豆腐鮮嫩的特色。

糟溜三白

三色均白，軟嫩脆鮮，糟香濃郁。

◎簡　介：

「糟溜三白」原是山東名菜，現已成為北京著名的菜餚之一。此菜起源於山東，據說在清代，山東廚師以鴨脯肉、鴨掌心、鴨肝、配雞肉、魚肉、冬筍，用雞湯、香糟滷等調味製成一款糟味濃郁、獨具風味的著名菜餚。因它係用三種白色肉食主料和香糟製成，故名「糟溜三白」。後因許多山東廚師紛紛入京，此菜便在北京出現。現在「糟溜三白」已成為北京許多著名菜館的拿手菜。

◎材　料：

熟鴨脯肉、熟鴨掌各75克，白色生鴨肝150克，雞鴨湯100克，香糟酒50克，白糖7克，精鹽0.5克，味精2.5克，調水太白粉20克，蔥薑油（用鴨油50克加蔥絲、薑片各10克熬成）50克。

◎**製　法：**

①熟鴨肉片成7公分長、3.5公分寬、0.3公分厚的薄片。熟鴨掌切去腕部，只用脫骨的掌肉。鴨肝片成0.2公分厚的薄片。

②將切好的鴨肉、鴨掌和鴨肝分別用開水汆一下，撈出瀝水。鴨肝再用清水洗淨，控水待用。

③將雞鴨湯、香糟酒、白糖、精鹽、味精放入炒鍋內燒開，下鴨肉、鴨掌，上面放鴨肝，待湯再開，撇淨浮沫，淋入調稀的調水太白粉勾芡。然後，先從炒鍋四邊淋入一半蔥薑油，再顛動炒鍋，使鴨肉鴨掌翻個兒，再澆上另一半蔥薑油即成。

◎**掌握關鍵：**

應用較濃的雞鴨鮮湯烹製，以使原料增加香味。香糟酒在湯燒開後再放入，以保持其香味濃郁。用稀薄的調水太白粉勾芡，芡汁不宜太厚。

貴妃雞

色澤金黃，香味撲鼻，鮮香可口。

◎**簡　介：**

「貴妃雞」是北京「同和居」飯莊的一款傳統名菜。此菜最初是由北京「廣和居」飯莊一位姓牟的廚師根據楊貴妃的一則故事創製。唐朝楊貴妃，原名楊太真，小字玉環，因其曉音律、善歌舞，天生麗質、才思敏慧，善於迎合，入宮後深得唐玄宗李隆基（685～762）的寵愛。有一次玄宗諭旨貴妃設宴百花亭，並擬與之共宴，屆時楊貴妃見玄宗未到，便滿懷幽怨，獨飲至醉，遂有「貴妃醉酒」之說。「廣和居」飯莊的牟廚師選用嫩母雞配高級高調味品製成一道美味雞餚，取名為「貴妃雞」，曾聞名京城。清宣統年間（1909～1911）「廣和居」飯莊因故停業，牟廚師又到「同和居」操廚，便將「貴妃雞」帶至該店，成為著名的傳統菜餚。

◎材　料：

光嫩母雞1隻（重1500克左右），紹酒25克，醬油、葡萄酒、炸糊蔥各50克，花生油1000克（約耗100克），味精、精鹽各5克，雞鴨湯適量。

◎製　法：

①將光母雞開膛，取出內臟，洗淨，用刀背敲碎雞腿骨。

②炒鍋上火，下油燒至七八成熱，將雞放入，炸至呈金黃色撈起，再用開水洗淨。然後把糊蔥和雞放入大砂鍋內，加雞鴨湯，放鹽、醬油、紹酒，上火燉至雞肉酥爛後，加味精、葡萄酒即成。

◎掌握關鍵：

應以鮮活嫩雞為原料，其肉嫩味鮮，忌用老雞與肉用雞。燉時應用文火，滷汁要濃，食時味更鮮。

醋椒魚

魚肉細嫩，湯濃味鮮，微帶酸辣，異常適口。

◎簡 介：

「醋椒魚」始於山東，是濟南的一款傳統名菜。因為它是用黃河活鯉魚和醋、胡椒與雞湯烹製，故名「醋椒魚」。該菜湯濃，魚肉鮮美，酸辣適口，深受人們喜愛，在清朝初年就聞名濟南。後來隨著大批山東菜館和廚師入京，此菜便在北京問世。但在用料上已有所不同，山東用當地鯉魚，北京則用鱖魚。此菜傳至京城不久也很快受到人們的青睞，近百年來成為北京著名的特色菜餚之一。

◎材 料：

鱖魚1條（重約700克），香菜、蔥、芝麻油各10克，薑末、薑汁各5克，白胡椒粉2克，醋、熟豬油各50克，紹酒15克，精鹽4克，味精3克，雞湯1000克。

◎製 法：

①將鱖魚去鱗、去鰓，開膛去內臟，洗淨，用開水燙一下，刮去表皮上的黑衣，再用涼水洗淨。在魚身兩面剞花刀，一面剞十字形花刀，另一面則剞一字刀（即直刀每隔1.5公分寬橫切一刀），花刀均深至魚骨。

②香菜擇好，清水洗淨，切成0.6公分長的段，蔥5克切成末，5克切成3公分長的細絲。

③炒鍋上旺火，放入豬油燒熱，下胡椒粉、蔥末和薑末，

煸出香味後，倒入雞湯、紹酒、薑汁、精鹽和味精。同時，將鱖魚放入另一只開水鍋裡燙約四、五分鐘，使刀口翻起，除去腥味，隨即放入雞湯鍋裡，待湯燒開後，移微火上燉約20分鐘，放入蔥絲、香菜段和醋，淋上芝麻油即成。

◎掌握關鍵：

必須用活魚或鮮魚，其肉質才鮮嫩味美，忌用冷凍魚烹製。洗魚時應去除其肚內血筋，清除腥味之源。烹製時湯汁要稍濃一些。出鍋前再加醋，過早下醋會散失酸味。

燴烏魚蛋

烏魚蛋呈乳白色，質地軟嫩，味道清鮮，微帶酸辣味。

◎簡　介：

「燴烏魚蛋」最早也是山東的一款傳統名菜。烏魚蛋即烏賊魚（俗稱墨斗魚）的纏卵腺，呈橢圓形，外面裹一層半透明的薄皮（即脂皮）是經鹽醃製而成的一種海味乾品，產於我國山東青島等地，它含有大量蛋白質，一向被視為魚中珍品，清代名人王士祿所作的《憶菜子四首》中有一首詩寫道「飽飯兼魚蛋，清罇點蟹胥。波人鏟鰒魚，此事會憐渠」。他將烏魚蛋與鰒魚、罇蟹胥兩珍相並列。據山東烹飪界人士稱，此菜早在清代初期就在山東盛行，清代中期在北京的山東菜館中也常有供應，特別受到當時一些文人雅士的歡迎。清乾隆年間文學家與烹飪學家袁枚曾多次品嘗過該菜，並在他所著的《隨園食單》中記載了該菜的製法：「烏魚蛋最鮮，最難服事，須河水滾透，撤沙去臊，再加雞湯蘑菇煨爛。龔雲岩司馬（官名）家製最精。」可見，該菜是一款歷史悠久的傳統名菜。

◎材 料：

烏魚蛋100克、雞湯300克、香菜末2克、胡椒粉0.5克、薑汁6克、醬油、醋、精鹽各1克、紹酒5克、味精3克、調水太白粉、雞油各少許。

◎製 法：

①烏魚蛋用溫水洗淨，剝去脂皮，放入涼水鍋裡，在旺火上燒開後，端鍋離火浸泡6小時。然後取出，把烏魚蛋一片一片揭開，放進涼水鍋裡，在旺火上燒到八分開時，換成涼水再燒。如此反覆五六次，以去其鹹腥味。煮好的烏魚蛋，如果當時不用，必須用清水浸泡，每天換一次水。

②炒鍋置旺火上，加雞湯、烏魚蛋、醬油、紹酒、薑汁、精鹽和味精，燒開後，撇去浮沫，加入用水調稀的調水太白粉，攪拌均勻，再放醋和胡椒粉，淋雞油，倒入湯碗內，撒上香菜末即成。

◎**掌握關鍵：**

烹製前必須先將乾製品烏魚蛋發透，並去除鹹腥味。
烹製時用濃雞湯燴，才具有濃厚的鮮味。

龍井竹蓀湯

形狀美觀，鮮嫩可口，清香撲鼻。

◎**簡 介：**

「龍井竹蓀湯」原是清宮名菜。民國初年清宮膳房解散，隨著清宮御廚進入「仿膳」飯莊，此菜便成為該店的上等名菜。

用竹蓀製菜，在我國已有1000多年歷史。早在唐朝的《酉陽雜俎》和清代《素食說略》中，對竹蓀的形態、產地、烹調、味道等都有詳細記述。竹蓀是一種食用菌，是我國稀有的山珍，過去一直是帝王的御膳菜品，如今多用於國宴款待嘉賓。它具有肉質脆嫩爽口、滋味鮮美、香氣濃郁、營養豐富等特點。據有關部門檢測，每百克竹蓀中含有粗蛋白20%、脂肪2.6%、碳水化合物38.1%以及16種氨基酸、多種酶和高分子糖等營養物質，素有「植物雞」之稱，在國際市場上享有極高的聲譽。竹蓀可烹製多種菜餚，但以製湯為佳。1971年後美國基辛格博士先後幾次來中國訪問，都被中國許多精美的菜餚所吸引，他食用過的「芙蓉竹蓀」及「龍井竹蓀湯」就包括在內，他對竹蓀類菜餚的美味一直稱讚不已。

◎材料：

竹蓀（尾部）16個，魚泥100克，雞蛋2個，雞湯1250克，豌豆40粒，髮菜、火腿末、油菜末各少許，味精1.5克，紹酒、熟豬油各10克，鹽2克，龍井茶葉5克。

◎製法：

①竹蓀發好，取用尾部（剩下的另用），個兒大的改成兩個。

②魚泥用味精、紹酒少許、熟豬油和鹽拌勻，再加入蛋清攪成糊，擠在竹蓀的尾部做魚的身子，用兩粒豌豆做眼睛，背上撒些髮菜、火腿、油菜末，上屜蒸熟取出。

③將龍井茶葉和蒸好的竹蓀先放入海碗內。另取砂鍋上火，加入雞湯，燒開後放味精、紹酒和鹽各少許，澆入盛龍井茶葉和竹蓀的海碗內即可。

◎掌握關鍵：

魚泥應拌得乾一點，不能過稀，以利成形。竹蓀、龍井茶葉均係鮮嫩之物，加熱時間不宜過長。

蛤蟆鮑魚

形似青蛙，清鮮香嫩。

◎簡 介：

「蛤蟆鮑魚」是北京「仿膳」飯莊的一款特色名菜。它是以菜餚製作成蛤蟆的形狀而得名。

鮑魚又名鰒魚，是一種海產貝類軟體動物，亦稱「石決明」，產於我國沿海地區。因其經濟價值較高，肉質軟嫩，滋味鮮美，營養豐富，具有滋補強身之功效，歷來是宮廷及官府席上佳餚。蘇東坡在任山東登州府知州時，在第一次品嘗鮑魚之美味後，大加讚賞，並賦詩一首，名曰《鰒魚行》，其中說「膳夫善治荐華堂，坐令雕俎生輝光。肉芸石耳不足數，醋筆魚皮真倚牆」。這兩句詩的意思是說，有了鮑魚這樣的珍貴海鮮食品，使砧板都增光生色，酒宴上有了用鮑魚烹製的菜餚，那麼，即使有可使人長壽的肉芸、鮮美的石耳、精美的菜餚醋筆以及珍貴的魚皮等，也都顯得淡而無味了。可見鮑魚佳餚滋味之美。用鮑魚製作菜餚，在各地高級賓館和飯店中都有，但以北京「仿膳」飯莊烹製的「蛤蟆鮑魚」味道最佳，頗有特色。

◎材 料：

罐頭鮑魚200克，雞泥100克，雞蛋2個，香菇、玉蘭片、紹酒各25克，火腿、水發魚肚各50克，豌豆28粒，髮菜少許，清湯300克，味精1.5克，熟豬油10克，雞油15克，調水玉米粉20克，白麵粉5克，鹽1.5克。

◎**製　法：**

①取蛋清攪勻，同雞泥、鹽少許、紹酒10克、味精、調水玉米粉5克、麵粉、熟豬油攪成糊。把香菇、玉蘭片、火腿、魚肚都切成絲。

②把鮑魚放在盤中，從底毛邊缺口處撕下一半（不要撕斷），再從上下殼接合部用刀片開一半，把雞泥糊塞進口中，用豌豆嵌在兩旁做眼睛，中間點一些髮菜，上屜蒸熟取出。

③把切好的四種絲放入開水鍋中稍汆，取出用清湯100克煨一下，撈入盤中，把蒸好的鮑魚嘴向外碼在絲上。

④炒鍋內放入雞湯200克燒開，用味精、紹酒10克、鹽少許、調水玉米粉15克調勻，勾稀芡，淋雞油，起鍋蒙於菜上即可。

◎**掌握關鍵：**

雞泥不要調得過濕。操作時注意保持鮑魚形狀完整，出鍋排列成蛙形。

燒羊肉

色澤金黃，肉質酥爛，鮮香脆嫩，入口不膩。

◎**簡　介：**

「燒羊肉」原是宋朝的宮廷名菜。宋朝時，皇室人員及大臣們喜歡食用羊肉，御廚常用大塊羊肉，洗淨用醬油、蜜糖汁浸漬，烤熟改刀食用，外脆裡嫩，鮮香可口，仁宗皇帝很愛吃。據《宋史・仁宗本紀》記載，「仁宮宮中夜飢，思膳燒羊」。這裡說的是宋仁宗趙楨半夜肚子餓了，想吃燒羊肉的故事。

此菜傳到清朝的康熙、乾隆時，仍很盛行。清代詩人袁枚《隨園食單》中也收入了此菜，他寫道「『燒羊肉』，羊肉切成大塊，重五、七斤者。鐵叉火上燒之，味果甘脆，宜惹宋仁宗夜半之思也」。但到清末，此菜已改變了原來的製法。現在它仍是北京地區的一道名菜。

◎**材　料：**

羊肉（肋條肉）5000克，香料20克（按桂皮、丁香、砂仁各25克、肉果12克、肉桂子、白芷各10克、陳皮15克、山柰、豆蔻仁各6克配成，取用混合香料20克），蘑菇15克，冰糖12克，蔥段、薑塊、糖色各25克，黃稀醬700克，黑稀醬50克，精鹽100克，鮮花椒5克，麻油1000克（約耗250克）。

◎**製　法：**

①鐵鍋內加水7500克，加入黃稀醬、黑稀醬、糖色和精鹽攪勻，在旺火上燒開，撇去浮沫和渣醬，再燒20分鐘即成醬湯，用細布袋濾入盛器中待用。

②羊肉洗淨，用清水泡三、四十分鐘，瀝乾水分，切成33公分見方的塊。鍋中放入醬湯2500克，加入蔥段、花椒、薑塊、冰糖，燒開後將羊肉皮朝下逐塊放入，煮15分鐘後，將肉翻過來再煮5分鐘，待肉塊發硬時即可起鍋。鍋內湯中放羊碎肉骨墊底，撒入一半香料，將老肉放入，嫩肉放在上面，一

塊一塊地排好，然後再撒入另一半香料，用竹片蓋在肉上，再用重物壓緊。用旺火燒開後，將餘下的醬湯分幾次陸續倒入，燜煮 30 分鐘。揭蓋察看湯色和湯味是否合適，如湯色太淺，再加糖色少許，味太淡，再酌量加鹽。繼續旺火燒 30 分鐘，轉小火煨二、三小時，倒入蘑菇湯（15克蘑菇加250克水浸汁24 小時），燒開後，即起鍋晾乾水分。

③炒鍋上火，倒入麻油，燒至九成熱，將羊肉一塊塊地投入兩面燒透，約炸 10 分鐘，至羊肉表面起白泡時取出，隨炸隨吃。

◎掌握關鍵：

羊肉先用清水浸泡，去除膻味，然後入鍋煮至硬酥，使之入味，再用油鍋炸脆。

清燉鴨舌

鴨舌鮮嫩，湯汁肥濃味美。

◎簡 介：

「清燉鴨舌」是慈禧太后特別愛好的一道菜。這道菜是用二三十隻鴨舌和鴨肉放在一起加鴨湯或雞湯燉製而成的，鴨舌浮在鮮湯的上面。御廚做好後總是裝在一個特備的杏黃色大碗裡，送到慈禧的面前。慈禧每次吃到這道菜時，大多將鴨舌吃完。此菜在清宮中曾流行幾十年，成為宮廷名菜之一，後來，傳到民間。隨著飲食業的發展，它便成為各地大菜館的一款特色菜餚，在北京、天津、上海、山東、安徽、浙江、廣東等地均有供應。有的仍稱「清燉鴨舌」，有的叫「滷鴨舌」，主要內容未變，配料和製法各有不同。

◎材　料：

鴨舌35隻，鴨肝4只，水發香菇5只，熟火腿15克，熟豬油25克，精鹽5克，味精、麻油各少許，鮮湯500克。

◎製　法：

①鴨舌用沸水浸泡，取出刮去白膜，洗淨瀝水。鴨肝洗淨，切成片。香菇去蒂切成小條。火腿切成小片。

②取砂鍋一個，倒入鮮湯，置旺火上，放入鴨舌、鴨肝、香菇、精鹽，沸後用小火燉20分鐘左右，至湯濃、鴨舌浮起，下味精和火腿片，放熟豬油，即可出鍋倒入湯碗內，淋入麻油少許即成。

◎掌握關鍵：

必須用活鴨的鴨舌，刮去舌上的白膜，用清水反覆洗淨。以濃鮮湯燒煮。

它似蜜

棕紅油亮，外酥裡嫩，鮮香可口。

◎簡 介：

「它似蜜」原是清宮的一款傳統名菜。據傳，清朝慈禧太后在執政時期，嘗食各種口味的菜餚，所以宮廷廚師總要設法經常變換菜餚的花樣。一次御廚用羊的里脊肉加甜麵醬和白糖製成一道又香又甜的菜餚。慈禧品嘗後非常滿意，便傳令廚師前來，詢問廚師：「這叫什麼菜？」廚師因剛試製，還來不及給菜定名，一時語塞，隨口說「我給太后試做的這道甜菜，不知口味可好？」慈禧笑著回答說：「這菜甜而入味，它似蜜。」從此，該菜就稱「它似蜜」，一直流傳至今，成為北京和全國各地清真菜館的一款特色名菜。

◎材 料：

羊後腿肉或里脊肉300克，白糖30克，甜麵醬、麻油各15克，香醋、醬油各5克，紹酒、薑汁、調水太白粉各10克，豆油500克（約耗50克）。

◎製 法：

①將羊肉切成4.5公分長、1.5公分寬、0.15公分厚薄片，用甜麵醬、調水太白粉、清水少許拌和上漿。取小碗一個將醋、醬油、紹酒、薑汁、調水太白粉調成滷汁待用。

②炒鍋上旺火，用油滑鍋後下油，燒至六成熱，放入羊肉片，用竹筷迅速劃開，炸約1分鐘，見肉呈灰白色取出，倒入

漏勺瀝油。鍋中留油15克，將白糖放入稍炒，至糖溶化，把碗中滷汁倒入炒和呈漿汁狀，將羊肉片倒入連翻幾個身，使滷汁緊包肉片，淋上麻油，即可出鍋裝盤。

◎掌握關鍵：

羊肉片上漿時吃粉不要過多。用溫油炸製。白糖入鍋剛溶為糖汁即放入羊肉稍炒，連續顛翻幾次，動作要迅速，避免糖汁黏鍋發焦。

荷包里脊

色澤金黃，形似荷包，皮酥餡嫩，味道鮮香。

◎簡 介：

「荷包里脊」是清宮中較早的一款傳統菜餚。清代的王公大臣們身上都佩帶一種金色緞繡的煙荷包，它小巧玲瓏，上面繡有各色圖案。一次御膳房中的一個老廚師，用豬里脊肉、香菇、玉蘭片和蛋皮等原料，製成一道形似一隻隻煙荷包的菜餚，很受歡迎，成為宮廷的一道名菜。因其形似荷包，故名「荷包里脊」。現在它是北京「仿膳」飯莊的傳統名菜之一。

◎材 料：

豬里脊肉50克，雞蛋3個，水發香菇、水發玉蘭片、乾玉米粉、豬肥膘肉，麵粉各25克，火腿末15克，油菜葉250

克，紹酒5克，花生油500克(約耗75克)，鹽、味精各適量。

◎**製法：**

①將豬里脊肉、香菇、玉蘭片分別切成末，加紹酒、鹽、味精拌勻成餡。

②將雞蛋磕入碗中，加調水玉米粉和鹽少許打勻，鐵勺放小火上燒熱，用一塊豬肥膘肉將鐵勺內擦勻，然後倒入一小匙調好的雞蛋液，攤成杯口大小的蛋皮，將蛋液全部攤完為止。在每塊蛋皮的一邊抹上一小塊兒肉餡，將蛋皮的另一邊趁熱夾起翻蓋在抹肉餡的蛋皮上，用筷子輕輕按一下呈半圓形，再用筷子豎著將適量肉餡夾入蛋皮當中，夾緊成荷包形狀。如此連續做24只，擺放盤中。將剩下的蛋液加麵粉調成蛋糊，用筷子蘸少許蛋糊點在每個荷包的凸處，撒上火腿末和油菜末。

③將油菜葉切成細絲。炒鍋上火，加花生油，燒至四成熱，放入菜絲炸成菜鬆，在盤內撒上一圈。再將荷包生坯用溫油炸熟，放在盤中即成。

◎**掌握關鍵：**

製好肉餡。蛋皮要攤得圓而完整。荷包製成後入溫油鍋炸熟。

清燉肥鴨

鴨肉酥爛，湯濃肥鮮，香氣四溢。

◎簡　介：

「清燉肥鴨」原是清代慈禧太后最喜歡吃的一款佳餚，現為北京名菜。

鴨在我國歷來被當作家禽中之珍品，它營養豐富，具有滋補身體之功效。據清代《隨息居飲食譜》記載：「鴨，甘涼。滋五臟之陰，清虛勞之熱，補血行水，養胃生津，止嗽息驚，消螺螄積。雄而肥大極老者良，同火腿、海參煨食，補力尤勝。」所以歷代帝王將相都喜歡食用鴨餚，從唐朝以來，宮中宴會多備全鴨，宮廷御醫也用鴨和冬蟲夏草共煮製作藥膳。當年慈禧太后就很喜歡吃「清燉肥鴨」。

但是，清宮御膳房燉鴨的方法與眾不同。它是把治淨的鴨子加調味，裝在一個瓷罐裡，再把瓷罐裝在一個盛著半鍋清水的罐鍋裡，蓋嚴鍋蓋，不使漏氣，用文火連蒸3天，鴨便完全爛了。爛得不必用刀切割，筷子去夾可以毫不費力地夾開。慈禧太后食用時，雖然有時也夾些鴨肉吃，但大都是夾鴨皮吃的，因為她認為那層鴨皮才是「清燉肥鴨」最鮮美可口的部分。後來這款菜也成為「滿漢全席」中的大菜。直到我國歷史上最後一個皇帝——愛新覺羅·溥儀執政時，他幾乎天天都吃鴨子，但名稱不叫「清燉肥鴨」，而叫「三鮮鴨子」。這種清燉鴨子，後來各地菜館都普遍製作供應，在用料上又加了香菇和火腿作配料。

◎材料：

活肥鴨1隻（重1750克左右），水發香菇5只，生火腿片50克，精鹽、味精、紹酒各適量，蔥結2個，薑2片。

◎製法：

①活鴨宰殺，淨毛、去內臟，洗淨，放入開水鍋中稍焯撈出，再用清水洗淨。

②取陶製瓷罐或大砂鍋一個，將鴨子敲斷腳和腿骨後放入，加清水（至淹沒鴨身為度），酒、蔥、薑，把香菇和生火腿片放在鴨上，蓋上鍋蓋，中火燒開，再用小火燒6小時左右，至肉爛湯濃，加精鹽適量、味精少許即成。如果需要食用更加酥爛脫骨之鴨，可用微火燉12小時再食。

◎掌握關鍵：

必須選肥壯嫩鴨烹製，洗淨污血後放入開水鍋中略焯，成菜後便鮮味純正無膻味。重用文火燉爛。

雞米鎖雙龍

雞丁色白鮮嫩，鱔段和海參肥濃入味。

◎簡介：

「雞米鎖雙龍」是乾隆年間的一道清宮名菜，相傳有一年乾隆皇帝下江南回宮後，御廚景啓用海參、黃鱔和雞脯肉為其製作了一道菜，叫「雞米鎖雙龍」。此菜上桌後，乾隆見盤四周是潔白的雞肉，中間是紅燒的海參與鱔段，十分驚奇，連忙叫景啓前來詢問該菜為何冠以此名。景啓回答說：「雞丁即雞米，鱔魚和海參即雙龍，萬歲爺乃當今真龍天子，年號又帶隆（音同龍），故名雙龍。中間用鎖字，是祈大清江山永固。」乾隆聽後大喜，當即賜景啓三品頂戴。景啓首創此菜，並得乾隆重賞，曾一時轟動宮庭。後來景啓年老告退後，曾被北京「致美樓」聘為首席名師，專門烹製「雞米鎖雙龍」等宮廷名菜。現在，北京「致美樓」飯店仍有此菜供應。

◎材 料：

雞脯肉150克，水發大烏參200克，大黃鱔250克，雞蛋1個，紹酒25克，醬油120克，白糖10克，味精2克，精鹽1.5克，蔥結5克，薑末10克，蒜泥5克，乾太白粉1克，調水太白粉20克，熟豬油500克（約耗100克），濃鮮湯600克。

◎製 法：

①將黃鱔宰殺，去除內臟，清水洗淨，切成6公分長的段。水發大烏參去除肚內白衣，清水洗淨，切成6公分長的小段。雞肉切丁，加蛋精、精鹽、味精、乾太白粉，拌和上漿。

②炒鍋上火，下豬油15克，燒至七、八成熱，先下薑末、蔥結、蒜泥煸香，再下鱔段煸炒，加紹酒、醬油、白糖、味精、濃鮮湯500克左右，旺火燒沸，移小火燜燒20分鐘左右。取另一炒鍋放油燒熱，下海參稍炒後，加紹酒、薑末、醬油、白糖、味精、濃鮮湯60克，燒開後倒入鱔段鍋內，再一起燜燒20分鐘左右，至鱔段肉爛時，用旺火收緊滷汁，下調水太白粉勾芡，澆熟豬油少許，出鍋裝盤。

③炒鍋上火，下豬油，燒至五成熱，放入雞丁滑熟，取出瀝油。鍋內加鮮湯40克和精鹽、味精適量，燒開後用調水太白粉勾芡，倒入雞丁炒和，淋熟豬油少許出鍋，放在盤四周圍邊。

◎**掌握關鍵**：

海參必須洗淨去除腥味。鱔魚要用活的大黃鱔，燜燒至肉爛，其味才佳。雞丁用溫油滑熟，以保持鮮嫩。

萬字扣肉

色澤紅中泛黃，肉質酥爛，香濃味厚，老年人食用尤佳。

◎**簡　介**：

「萬字扣肉」是清宮御膳房為慈禧太后做壽時必用的菜品。清宮歷代皇帝、皇太后做壽，需百菜陳列，菜名都要帶有吉祥喜慶之意。慈禧太后做壽就更加隆重，所備菜點達120多樣，雞、鴨、魚、肉和山珍海味齊全，菜名要有「龍鳳」、「八寶」、「萬壽無疆」之類，「萬字扣肉」就是其中之一。它是用豬五花肉煮至硬酥，加滷汁稍煮後，剞上萬字形，扣入碗內，加調味蒸製而成，刀口呈現萬字花紋，味厚肉爛，異常適口。此菜後來傳至民間，有的稱「太后肉」，現在北京「仿膳」飯莊仍有供應。

◎**材　料**：

豬五花肉1方塊（重750克左右），紹酒5克，白糖10克，醬油、鹽、味精、蔥、薑、熟油各少許，滷湯、清湯各300克，調水玉米粉15克。

◎**製　法**：

①肉刮淨毛，入鍋水煮40分鐘，再放入滷鍋（滷湯用雞湯或肉湯加醬油、糖、茴香、桂皮等香料熬成）煮15分鐘，撈出晾涼，改成4.5公分見方的塊，放在砧板上，在下邊0.3公分厚的地方橫片，片到角時不要片斷，旋轉式地一直片到肉中心。然後將肉原樣捲好，整齊地放入碗中，加醬油少許、清湯50克、蔥、薑片，上籠蒸至酥爛，取出瀝去湯，皮朝上扣入大盤中。

②炒鍋上火，倒入清湯200克，燒開後加味精、白糖、紹酒、鹽少許，用調水玉米粉勾稀芡，淋熟油少許，倒在扣肉上即成。

◎**掌握關鍵**：

豬肉刮洗乾淨，入鍋煮硬酥後再剞刀。必須蒸酥爛才入味。

黃燜魚翅

魚翅柔潤軟嫩，湯味香鮮醇和。

◎簡　介：

「黃燜魚翅」原是清宮常用菜，是取用大魚翅為原料，加火腿等配料，用濃雞湯烹製，經文火燜燒而成。它現在為北京風味名菜。

◎材　料：

熟鴨脯絲75克，水發魚翅500克，熟火腿25克，清湯750克，雞湯1000克，蔥、薑各50克，紹酒30克，精鹽3克，味精5克，雞油25克，熟豬油75克。

◎製　法：

①熟火腿切成細末。蔥30克切成5公分長的段，15克切成細絲，5克切成末。薑30克切成塊，20克切成末。

②水發魚翅放入涼水鍋裡，在微火上燒開，撈出再用冷水泡涼，洗淨後放在大碗裡。炒鍋內放入豬油25克，在旺火上燒到八成熱，下蔥絲5克、薑末5克，再放入雞湯500克、紹酒10克。燒開後，倒入盛魚翅的大碗內，加入蔥段、薑塊各15克，用旺火蒸到八成爛（約蒸3小時），撈出魚翅（湯不要），用開水洗3次，初步去掉腥臭味。接著，在炒鍋裡放入豬油25克，在旺火上燒到八成熱時，下入蔥絲5克、薑末5克，放入雞湯500克、紹酒10克、蔥段15克、薑塊15克，再放入用薑末5克製成的薑汁和蒸洗過的魚翅。燒開後，移到微

火上燉1小時，撈出魚翅（湯不要），再用開水洗去腥臭味。

③炒鍋裡放入豬油25克，在旺火上燒到八成熱時，加入蔥末5克、薑末5克，隨後下入清湯、紹酒10克、味精、精鹽和雞油，再放入魚翅、鴨肉絲，燒開後倒在砂鍋裡，移到微火上燉（一直要保持微開狀態），約燉20分鐘後，倒入湯盆，撒入火腿片即成魚翅。

◎掌握關鍵：

魚翅必須發透、蒸軟，除淨腥味。重用雞湯微火煮透，其味才佳。

中・國・名・菜・精・華

滬菜即上海菜，是我國的主要地方風味菜之一。它的形成和發展除了與本地人民生活習慣和豐富的物產資源有關外，同當地的政治、經濟和文化的發展也緊密相連。近百年來，由於上海地處祖國大陸海岸中部的長江口，氣候溫和，物產豐富，工業發達，商業繁榮，上海菜也隨之得到迅速發展，並逐漸形成了自己的特色。

上海菜的發展，首先是從本地菜開始的。據史書記載，上海早在南宋和元初時就有酒菜館出現，當時飯店與酒店統稱「酒館」。唐天寶十年（公元751年），在松江設立了華亭縣，上海屬華亭縣管轄，那時上海的貿易中心在松江南岸、清浦東北的青龍鎮。由於商業和航運業發展較快，青龍鎮在北宋熙寧十年時，已成爲我國東南沿海通商大鎮，煙火萬家，衢市繁盛，可與南宋京城臨安相媲美。據方志載，青龍鎮規模之大，有三十六坊、二十二橋、三亭、七塔、十三寺院，鎮上設有官署、學校、茶樓、酒肆，鱗次櫛比，熱鬧非凡。後來，因松江上游不斷淤淺，航道越來越狹，大船出入不便，於是原在青龍鎮的貿易中心就移到上海舊城區內，這就使上海逐漸發展起來。南宋末年設立了「上海鎮」，並興建官署、學校、商店、酒館等。元代至元二十九年（公元1292年），設立「上海縣」。那時，上海經濟已有了新的發展，到明代嘉靖年間，上海縣城已初具規模。至清初，上海已經發展成爲一個中等城市，當時的十六鋪附近已形成上海最早的商業區，土布店、鹽行、菜館、茶館、戲院林立。那時，當地的筵席、宴會用菜十分豐盛，菜館及官場設宴排場較大。

鴉片戰爭後，外國資本主義勢力侵入，在一定程度上，刺激了上海民族工商業的發展，當地飲食業迅速繁榮起來。全市大街小巷店攤成群。據1876年出版的《滬遊雜記》記載，當時上海從小東門到南京路已有上海菜館一二百家之多。那時上海菜館經營的有名菜餚中已有「紅燒魚翅」、「蔥油海參」、「清蒸鰣魚」、「八寶鴨」、「清湯鮑魚」、「一品燕窩」、「蛤蜊黃魚羹」、「蝦腦豆腐」等等。酒席中海錯山珍樣樣都有，還有「魚翅席」、「海參席」等高貴筵席。可見在清代初期至中期，上海菜已經發展到較高的水平。在上海本地菜館發展的同時，外地飲食業經營者及其廚師也紛紛赴滬，競相開設菜館。到清末民初時，已有11個地方風味菜館在上海出現，從民國初期到30年代末，又先後增加了杭州菜、潮州菜、湖南菜等，於是形成了滬、蘇、錫、寧、徽、粵、京、川、閩、湘、豫、魯、揚、潮、清眞、素菜等16個地方風味聚於一地的格局，爲發展和豐富上海菜創造了良好的條件。

由於上海本地菜（包括蘇錫菜）與外地菜長期共存，相互影響，便在原本地菜的基礎上逐漸發展成以上海和蘇錫風味爲主體並兼有各地風味的上海風味菜體系。上海菜具有許多與眾不同的特點：首先講究選料新鮮。它選用四季時令蔬菜，魚蝦以江浙兩省產品爲主，取活爲上，一年四季都有活魚供客選擇，當場活殺烹製。第二菜餚品種多，四季有別。第三講究烹調方法並不斷加以改進。上海菜原來以燒、蒸、煨、窩、炒並重，逐漸轉爲以燒、生煸、滑炒、蒸爲主，其中以生煸、滑炒爲最多，特別善烹四季河鮮。第四口味也有了很大變化。原來上海菜以濃湯、濃汁、厚味爲主，後來逐步變爲滷汁適中，有清淡素雅，也有濃油赤醬，講究鮮嫩、色調，鮮鹹適口。特別是夏秋季節的糟味菜餚，香味濃郁，頗有特色。40年代的上海，菜館林立，名菜薈萃，山珍海味集海內外之精華。全國解放後，上海菜又有了新的發展，不僅保持和發展了大批傳統的名菜名點，而且還創製了大批新的特色名菜，受到國內外顧客的稱讚。如今，上海菜進一步具有選料新鮮、品質優良、刀工精細、製作考究、火候恰當、清淡素雅、鹹鮮適中、口味多樣、適應面廣、風味獨特等優點。其主要名菜有「青魚下巴甩水」、「青魚禿肺」、「醃川紅燒圈子」、「生煸草頭」、「白斬雞」、「雞骨醬」、「糟缽頭」、「蝦子大烏參」、「松江鱸魚」、「楓涇丁蹄」等一、二百種菜餚。

松江鱸魚

色澤潔白帶紅點，湯汁薄膩，肉嫩味鮮，回味無窮。

◎簡 介：

上海松江縣是著名的歷史古城，這裡出產的松江鱸魚也天下聞名。

《三國演義》中左慈擲杯戲曹操寫的就是與食鱸魚有關的故事。說的是有一年冬天，曹操在許昌大宴群臣，這時忽然來了不速之客左慈，他看見席上有一道魚菜，就說「吃魚一定要吃松江鱸魚」。曹操說:「許昌離松江千里之遙，那兒去取呢？」左答:「我能替大王釣來。」說著就拿了一根釣魚竿跑到宴廳前的池子邊，一會兒就釣上了幾十條鱸魚來。曹操說:「我的池子裡本來就養著鱸魚。」左說:「天下鱸魚都只有兩鰓，唯獨松江鱸魚有四鰓，不信請看！」大家一看，果然都是四鰓。雖然這是小說中編寫的事，但松江四鰓鱸魚卻早已名揚天下。

相傳松江鱸魚產於松江縣城北秀野橋，後來雖然產地逐漸擴大，但秀野橋附近歷來是四鰓鱸魚貿易成交的中心。松江鱸魚所以被視為魚中珍品，是因為它肉質潔白肥嫩，無刺無腥，是野生魚類中最鮮美、肥嫩的一種，它與長江鰣魚、太湖銀魚、黃河鯉魚並列為我國四大名魚。松江秀野橋飯店曾以烹製四鰓鱸魚出名，後來其它有名的飯店也有「紅燒鱸魚」、「清燉鱸魚湯」等菜餚供應。

松江鱸魚的營養價值在諸魚之上，其頰部之肉及肝特別鮮美。鱸魚的吃法一般有紅燒、清蒸、汆湯、清燴或製魚羹等。

◎**材 料**：

鱸魚肉250克，冬筍薄丁100克，熟雞脯肉末、熟火腿末、麻油、紹酒、蔥、薑各少許，熟豬油、調水太白粉各50克，精鹽1克，雞湯750克。

◎**製 法**：

①將鱸魚肉去骨，切成丁。筍丁用開水汆熟。

②炒鍋上火，放熟豬油，燒至五成熱，下蔥、薑煸香撈出，倒入魚丁稍炒，烹紹酒，加雞湯、筍丁和鹽，湯滾後用調水太白粉著芡，淋麻油少許，出鍋倒入湯盤，撒上熟雞肉末和熟火腿末即成。

◎**掌握關鍵**：

魚肉必須洗淨，去骨。用雞湯烹製。吃火時間要短，魚肉斷生即出鍋，以保持其質地鮮嫩。

三黃油雞

色澤金黃油亮，滋味鮮美可口。

◎**簡 介**：

「三黃油雞」俗稱「白斬雞」。它選料考究，製作精細，皮脆肉嫩，味鮮異常，歷來是人們餐席上不可多得的冷盤菜。

用嫩雞製作冷盤菜，古已有之，早在《楚辭・招魂》中就有「露雞」之名，它類似今日的「滷雞」，就是製法不同。到清朝時，這種菜餚的製法仍各有不同。「白斬雞」始於上海。清末，隨著上海工商業的發展，食攤、酒店日益增多。酒店的經營者為了適應顧客下酒的需要，開始烹製供應「白斬雞」。後來上海的熟食店也紛紛製售「白斬雞」，生意興隆。熟食店中以南京東路「馬永齋熟食店」經營的「三黃油雞」最著名。這家店的創始人馬永梅原是常熟城裡燒雞鴨野味、醬雞醬鴨等滷味的名廚，曾在常熟、蘇州等地開設熟食店。1937年馬永梅的繼承人在上海開設了「馬永齋熟食店」，他們根據當時上海人都喜歡吃「白斬雞」的特點，聘請著名廚師來滬製作，選用腳黃、嘴黃、皮黃的新母雞，每隻重1500克以上，並要求豐滿肥壯、腳趾無繭、腿上無斑痕，故稱「三黃油雞」。在40年代，「三黃油雞」曾馳名上海和江蘇各地。如今，上海「小紹興」雞粥店烹製的「三黃油雞」已聞名中外。

◎材　料：

重1500克以上新的活母雞1隻，紹酒1.5克，麻油少許，蔥、薑各10克，熟醬油或蝦籽醬油1碟。

◎製　法：

①雞宰殺治淨，先放入開水鍋中燙幾下，使雞皮緊縮，然後再放入另一只鍋內，加水適量，放蔥、薑、紹酒，煮至斷生取出，放在涼開水中稍浸撈出，全身搽上麻油即成。

②食用時改刀裝盤，並隨熟醬油或蝦籽醬油一碟供蘸食。

◎**掌握關鍵：**

①必須用活的三黃嫩母雞為原料，它肉嫩味鮮。②烹製時，先入開水鍋中燙一下，再入鍋煮熟，可以保持其皮脆肉嫩的特色。

蝦籽大烏參

烏光發亮，軟糯酥爛，汁濃味厚，香醇可口，風味獨特。

◎**簡 介：**

海參是我國的一種名貴海產品。在我國的渤海、黃海和南海都有出產，種類繁多。海參分為光參和刺參兩類，營養價值都很高，含蛋白質達60%以上，均在魚肉及蛋類之上，並具有滋補作用，歷來是我國製菜的珍貴原料。在中外聞名的「滿漢全席」中，「紅燒大烏參」是大菜之一，它同燕窩、魚翅等山珍海味，經常並列於各種宴席之上。

「蝦籽大烏參」是上海最著名的特色菜餚。它始於20年代末，由上海南市區十六鋪「德興館」廚師所創。當時，上海十六鋪有很多商行，經營南北土產、山珍海味，南北貨及鹹魚之類生意很好，而海參則銷路不暢，因為當時上海人喜歡吃河鮮，不喜歡吃海參。當時「德興館」經營本地風味菜餚，顧客盈門，生意興隆。那些海味行經營者為了在上海打開海參的銷路，就積極與之聯繫，設法將海參製成美味佳餚出售。當時的「義昌海味行」和「六豐海味行」的老板，首先將外地買來的乾海參樣品無償送給「德興館」試製菜餚。「德興館」的本幫廚師蔡福生和楊和生將海參水發後，加乾蝦籽、筍片和鮮湯及調味料製成味道鮮美的「蝦籽大烏參」一菜出售，一舉使此菜馳名全市。幾十年來，此菜一直盛名不衰，始終保持肉質軟糯酥爛、口味濃厚、鮮滑可口的特色。

◎材 料：

水發大烏參300克，乾蝦籽2.5克，蔥結1個，紹酒15克，蔥段少許，醬油10克，白糖4克，豆油650克（約耗25克），熟豬油65克，紅燒肉滷30克，味精2克，肉湯200克，調水太白粉25克。

◎製 法：

①用火鉗夾住大烏參，放在火苗上烤，至參的四周及凹進部分呈焦炭狀時離火，用鏟刀刮去硬殼，放入冷水中浸八九小時，再換清水在旺火上燒開，端鍋離火，使其自然冷卻，然後取出放在冷水中，剖肚挖去內臟，用剪刀剪去四邊硬皮，再入鍋加清水燒開，端鍋離水，待冷卻後取出洗淨，再放入清水中，浸至發胖柔軟，即可使用。

②炒鍋上中火，放豬油65克，燒至六成熱，放入蔥結炸出香味，製成蔥油待用。

③炒鍋上旺火，放入豆油燒至八成熱，將水發好的大烏參皮朝上放在漏勺裡浸入油鍋，並輕輕抖動漏勺，炸到爆裂聲減弱時即撈出瀝油。

④炒鍋內留油5克，放入大烏參（皮仍朝上），加紹酒、醬油、燒肉滷（指紅燒肉塊的濃汁滷）、肉湯、白糖、乾蝦

籽，加蓋燒開後，移小火上燜燒5分鐘左右，再端回旺火上，用漏勺撈出大烏參，皮朝上放入長盤裡。鍋裡滷汁加味精，用調水太白粉勾芡，邊淋蔥油邊用鐵勾攪拌，把蔥油全部攪進滷汁後，撒入蔥段，將滷汁澆在大烏參上即成。

◎掌握關鍵：

①海參必須浸軟發透，內外洗淨，否則會有腥味。

②烹製時要先將海參放入熱油鍋中炸一下，使之皮酥，再加調味燒透。

牡丹蝦仁

製作精美，蝦仁潔白，肉質細嫩，滋味清鮮。

◎簡　介：

「牡丹蝦仁」是上海「莫有財廚房」的一款創新名菜，是高級宴會上常用的頭道熱炒菜。它選料求鮮，製作精細，以熟冬筍等輔料製成牡丹花圍邊，是一款色香味形俱佳的花色功夫菜，頗受中外顧客的歡迎。前幾年一批墨西哥外賓在上海揚州飯店品嘗此菜，極為滿意，特地用攝像機將它拍下來，稱讚「『牡丹蝦仁』製作精巧，形象逼真，中國烹調是超等藝術」。

◎材　料：

大鮮河蝦1500克，冬筍50克，精鹽15克，雞蛋1個，櫻桃4顆，鮮湯50克，蔥白1克，薑汁5克，熟豬油700克（約耗60克），胡椒粉少許，味精2克，紹酒15克，乾太白粉20克，豌豆苗或綠葉菜少許。

◎**製　法：**

①大鮮活河蝦去殼，取蝦仁500克左右，用清水漂洗乾淨，瀝乾水分，再用潔淨毛巾裹包吸水。將450克蝦仁放入盛器，加雞蛋清、精鹽、味精、乾太白粉拌和上漿。

②將50克蝦仁斬成茸，加雞蛋清、薑汁、紹酒、精鹽、味精少許拌勻，做成4個扁圓餅作花蒂。冬筍煮熟，雕刻成牡丹花瓣形的片，並一片片地插在蝦茸上，形成一朵牡丹花，共做四朵，上籠蒸熟取出，在每朵花的中心各放一顆櫻桃。

③炒鍋上火，下熟豬油，燒至五成熱，下漿好的蝦仁滑熟，取出瀝油。鍋內留油少許置火上，下蔥白、蝦仁、紹酒、鮮湯少許，撒胡椒粉，翻炒幾下，出鍋裝盤。將已經製作好的四朵牡丹花放在盤的四周，並加一些經開水燙熟的豆苗或綠葉菜即成。

◎**掌握關鍵：**

①必須用鮮活大河蝦烹製，其肉質白嫩結實、味鮮，切勿用海蝦代替。②蝦仁上漿前必須吸乾水，才能掛得上漿，否則滑油時蝦仁與漿粉便會分離，影響蝦仁嫩度及色澤美觀。

紅燒鮰魚

色澤紅亮，滷汁稠濃，魚肉肥嫩，味道鮮美。

◎簡 介：

「紅燒鮰魚」是上海最著名的特色菜餚之一。鮰魚也是一種珍貴的魚，頭呈錐形，尾長、嘴小、肚子大，無鱗、少刺，肉質細嫩，含有較多的蛋白質和各種維生素，其所含脂肪由不飽和脂肪酸組成，容易被人體吸收，故從古至今一直被列作魚中上品。宋代文學家蘇東坡在黃州時也非常喜歡食用鮰魚，並賦詩稱讚鮰魚的美味：「粉紅石首仍無骨，雪白河豚不藥人，寄語天公與河伯，何妨乞與水精鱗」。明代文學家楊慎也讚美它說：「河豚有毒能藥人，鰣魚味美但刺多，鮰魚兼有河豚鰣魚之美，而無兩魚之缺陷」。可見鮰魚在古代就已成為席上佳餚。近百年來，「紅燒鮰魚」一直聞名上海，馳名全國。

◎材 料：

新鮮鮰魚1條（重約600克），熟青筍片、豆油各50克，紹酒15克，醬油40克，精鹽1克，白糖25克，味精2克，蔥段15克，肉清湯750克，熟豬油55克，胡椒粉少許。

◎製 法：

①鮰魚去鰓、去內臟，洗淨，切成5公分長、2.5公分寬的長方塊。筍切成滾刀塊。

②炒鍋上旺火，用油滑鍋後下豆油，燒至七成熱，下魚塊油煎，輕輕晃動炒鍋，煎至魚皮發硬呈黃色時，加紹酒、醬

油、精鹽、白糖，至魚肉上色後，再加肉清湯燒開，蓋上鍋蓋，移中火上燒到湯汁稠濃時，加熟豬油20克，移小火上燜燒10分鐘左右，至滷汁稠黏時，放入筍塊，再加熟豬油20克，略燒至魚肉熟透、汁呈膠狀，端回旺火上，放味精、胡椒粉、熟豬油15克，晃動炒鍋，使滷汁裹包魚塊，放入蔥段，出鍋裝盤。

◎掌握關鍵：

①要選用新鮮中等條子的鮰魚，其肉質肥嫩。②入鍋燜燒時先用旺火、中火，後以小火略煨，再上旺火收汁。要適時掌握好火候，燜燒時間過長會使魚肉酥爛，失去其鮮嫩飽滿的質地。

水晶明蝦片

晶瑩透明，形似水晶，蝦片香鮮，是夏令涼菜佳品。

◎簡介：

「水晶明蝦片」是上海的名菜之一。明蝦又稱對蝦，為自係蝦中的優良品種，是我國黃海、渤海的主要大型蝦類。因它是一雌一雄成對而聚，故稱「對蝦」。我國的對蝦與墨西哥棕蝦、圭亞那白蝦齊名，被稱為世界三大名蝦。墨西哥棕蝦以色澤紅亮馳名，圭亞那白蝦以鮮嫩味美著稱，中國對蝦兼有二者之長，不僅色澤清亮、白裡透紅，而且脆甜細嫩，富有彈性。對蝦含有大量蛋白質，營養十分豐富，每100克對蝦中，含水分77克、蛋白質20.6克、脂肪0.7克，還含有人體需要的鈣、磷、鐵、維生素A等多種營養成分。目前我國對蝦遠銷世界各國。用明蝦製作的菜餚有100多個品種，清蒸、紅燒、乾燒、煙熏、鹽水、鍋貼、蛋煎、紅燜、水煮等，但各地以乾燒、炸烹、炒片、茄汁烹製為多。上海也有多種製法，「水晶明蝦片」是其中之一。

◎材　料：

明蝦400克，洋菜（瓊脂）10克，熟火腿25克，雞蛋1個，水發香菇、乾太白粉、紹酒各15克，精鹽2克，味精、食鹼各1克，雞清湯350克，熟豬油1000克（約耗30克），青豆少許。

◎製　法：

①明蝦去鬚、腳，摘下頭（另用），剝去蝦殼，剔去脊背上的沙腸，洗淨瀝乾，切成3.5公分長的薄片，放入鹼水裡浸洗一下，用清水漂淨鹼味瀝乾，使蝦肉更加透明，然後放入碗裡，加雞蛋清、精鹽、紹酒、乾太白粉，拌和上漿。熟火腿切成七塊菱形薄片。水發香菇去蒂，洗淨擠乾水，入開水鍋中汆熟。

②炒鍋上旺火，用油滑鍋後倒出，再下豬油，燒至四五成熱，放入蝦片，用竹筷輕輕劃散，溜熟後倒入漏勺瀝油。取中碗一個，將香菇凹面朝上平放在碗底中間，周圍用火腿片、青豆間隔地排成花形，再將蝦片貼在碗內四周。

③洋菜用清水洗淨，同雞湯一起放入鋁鍋內，加鹽、味精，用小火燒開2分鐘左右，待洋菜全部溶化後離火，先倒入

1/3在蝦片碗內，待冷卻後，再倒入1/3，分三次倒完。晾冷後連碗一起放入冰箱內凝結成凍，食用時取出扣入盤內即成。

◎掌握關鍵：

①明蝦要用新鮮、肥壯的，冰凍時間較長的勿用，因為其鮮味不足，肉質已酥。②必須待蝦片與洋菜滷汁完全冷卻後，才能入冰箱冷凍，否則熱冷交叉會使菜餚產生異味，並影響色澤透明。

青魚禿肺

色澤金黃，肥糯不膩，嫩如豬腦，整塊不碎，味道鮮美。是冬令最佳補品，尤其適合老年人食用。

◎簡介：

「青魚禿肺」是上海「老正興」菜館獨創的冬令名菜，全國唯獨上海才烹製供應。該菜純用青魚魚肝製做，又嫩又肥，滋補功效大，歷來深受中外顧客的喜愛。

說起此菜的來歷，還有一段故事。在清朝末期，上海菜館所經營的青魚菜餚，品種單調，都當作便菜供應。隨著上海商業的發展，顧客對菜餚的要求越來越高，飯店經營者都設法增加各式菜餚的品種來滿足消費者的需要，於是就出現了「紅燒全魚」、「紅燒青魚肚膽」等整條魚或整段魚肉製成較為精緻的菜餚。民國初年，上海「楊慶和銀樓」老板的兒子楊寶寶，是「老正興」菜館的常客，他特別喜愛該店製做的青魚菜餚。一次他對該店廚師提出：「青魚肉鮮美絕嫩確實好吃，青魚魚肝既然能製貴重補藥，能否將它製做菜餚？」不久該店便用3500～4000克重青魚的魚肝，配筍片，加蔥、薑、紹酒、醬油、糖等調料，製成菜餚，名「青魚禿肺」（魚肝通常人們稱魚肺，故稱「禿肺」）。由於青魚肝含有大量純魚肝油，成菜嫩而細膩，油而不膩，嫩如豬腦，常食補神明目、強身健體，故不久就聞名全市，到30年代就成為「老正興」最著名的菜餚之一，每到秋冬季節顧客便慕名前往品嘗。現在，日本等國的賓客到滬也經常到「老正興」菜館品嘗此菜，並在中日聯合編寫的《中國名菜譜》中作了介紹。

◎材　料：

青魚魚腸兩邊的魚肝300克，筍片35克，熟豬油、紹酒各15克，調水太白粉、白糖各10克，蔥、薑末各2.5克，醬油20克，味精1克，鮮湯100克，麻油、青蒜葉絲各少許。

◎製　法：

①魚肝洗淨，用刀刮去苦膽處的青色苦肝，切成3公分長的塊。

②炒鍋上火，放油燒熱，先放入蔥段煸香，然後將魚肝放入，把鍋顛翻幾下，使魚肝受熱均勻，隨即烹紹酒，加蓋略燜，解去魚腥味，再加筍片、薑末、醬油、白糖、味精、鮮湯，旺火燒開，再轉小火燒六七分鐘，至魚肝內部成熟、湯汁濃膩時，用調水太白粉少許勾芡，淋麻油，出鍋裝盤，撒上少許青蒜葉絲即成。

◎掌握關鍵：

①必須用 3500 ～ 4000 克重青魚的魚肝製作。②烹製時用旺火熱油略煎後即加調味燜燒，吃火時間勿長。③要保持整塊不碎。

青魚下巴甩水

色澤深紅，下巴和甩水整塊、整條不碎，肉質鮮嫩肥糯，滷汁緊包，入味可口。

◎簡 介：

「青魚下巴甩水」亦是上海「老正興」菜館的一款名菜。青魚又名青鯇魚、烏青魚，是我國特有的一種淡水魚，它含有豐富的蛋白質、脂肪、鈣和維生素等多種營養成分。

在古代，青魚既是人們製作菜餚的佳品，亦是具有食療功效的食物。清代《隨息居飲食譜》記載：「青魚甘平。補氣，養胃，除煩滿，化濕，治腳氣。可燴，可脯，可醉。古人所謂五侯鯖即此。其頭尾烹食極美，腸臟亦肥鮮可口。」

清末，無錫和上海地區盛行食青魚。上海「同治老正興」菜館將青魚的各個部分製成各種菜餚，如青魚頭和尾製作「燒頭尾」，肉段製作「青魚肚襠」，魚臟製做「湯卷」、「炒卷菜」、「炒禿肺」，其味俱佳。特別是用青魚頭部兩面下巴和魚尾製作的「青魚下巴甩水」一菜，濃油赤醬，形狀美觀，兩爿整塊不碎的下巴，扒在幾條魚尾兩旁，似活魚浮在水面甩水一樣，其味醇厚，肉質肥嫩鮮美，深受人們喜愛。此菜在民國初年就聞名上海，到30年代馳名中外，成為上海最著名特色菜餚之一。前不久已被列入中日兩國烹飪界聯合編寫的《中國名菜譜》中。

◎材 料：

青魚下巴200克，青魚甩水(魚尾部)100克，筍片25克，醬油30克，白糖、紹酒、調水太白粉各15克，味精1.5克，蔥段、薑末各1克，青蒜葉絲0.5克，熟豬油50克，鮮湯200克，麻油少許。

◎製 法：

①青魚甩水（魚尾部）切成2條，取青魚下巴2塊，分別放在盤內待用。

②炒鍋上旺火燒熱，用油滑鍋後，先投入蔥段煸出香味，隨即推入下巴、甩水稍煎，端鍋晃動使原料翻身煎勻，立即烹酒加蓋稍燜一下，加薑末、筍片、醬油、白糖、鮮湯，燒開後改用小火燜燒七八分鐘左右，至魚下巴呈青灰色、魚眼珠發白凸出時，將炒鍋端回旺火，放味精，燒濃湯汁，用調水太白粉勾芡，然後端起炒鍋不斷轉動，並在鍋中懸空連翻兩個身，使下巴和甩水的正反兩面都緊包滷汁，淋熟豬油，澆麻油少許，出鍋裝盤，撒上青蒜葉絲即成。

◎掌握關鍵：

烹製時要重用調味，湯量恰當，中途不能再加湯，以免使滷汁淡味。吃火不宜過長，否則會使魚肉糊爛。

竹筍鱔糊

色澤醬紅，滷汁濃厚，鮮嫩味香。

◎簡 介：

鱔魚通稱黃鱔，我國古代一直將它列為魚中上品。它含有豐富的營養素，具有補五臟、療虛損等功效，歷代名醫常用其治病補身，南朝陶弘景的《名醫別錄》和明朝李時珍的《本草綱目》中都有記載。它既能藥用，又能入饌，是食療合一、營養豐富的魚類食品。

用黃鱔製作菜餚，在我國有悠久的歷史，早在漢朝就有記載。那時，將其用於紅燒者較多，而製成炒鱔糊、炒鱔片之類，則是在南北朝和唐宋時期，再到後來，「酥炒鱔」、「炒鱔糊」、「南炒鱔」等菜餚才紛紛出現，成為各地的著名菜餚。

上海最早是製作「紅燒鱔段」，稱「鱔大烤」，清朝後期出現了「清炒鱔糊」。不過當時吃的人少，並不出名。直到20年代初，上海菜館根據滬上顧客喜歡食用時令菜的特點，每到春季，就在「清炒鱔糊」中加早春上市的嫩竹筍共燒，它不僅營養豐富，而且更加鮮美清香，頗受顧客歡迎。這樣該菜就在上海地區盛行，幾十年來成為當地春季的一道時令名菜。由於「清炒鱔糊」或「竹筍鱔糊」在製好後需要在鱔糊中間摁一個窩，放蔥花、澆熱油，上桌時滾油燙得蔥花吱吱作響，故又稱「響油鱔糊」。

◎材 料：

鱔絲400克，竹筍絲、熟豬油各100克，紹酒15克，麻油25克，醬油50克左右，白糖10克，味精2克，蔥花和薑末各少許，調水太白粉75克，鮮湯適量。

◎製 法：

①鱔絲洗淨，瀝乾水分，切成長3公分左右的小條。

②炒鍋上旺火，用油滑鍋後，加熟豬油75克，燒至七八成熱，倒入鱔絲煸透，下竹筍絲略炒，加紹酒、薑末、醬油、白糖、味精、鮮湯，燜燒七、八分鐘，至滷汁剛收緊時，用調水太白粉著膩，倒入盤中，用鐵勺在鱔絲上摁一個窩，放入蔥花，用乾淨炒鍋加麻油25克後澆在窩中即成。吃時撒上胡椒粉，其味更佳。

◎掌握關鍵：

鱔絲初入鍋不要煸得過熟，以保持不糊不爛。鱔絲要旺火煸炒，炒乾水分後再加調味烹製。用芡要恰當。

松仁魚米

色澤鮮艷，魚米潔白細嫩，松子金黃香酥，鮮鹹適口。

◎簡 介：

「松仁魚米」是十幾年前上海揚州飯店在其所創製的「松子蝦仁」的基礎上，借鑒四川名菜「小煎雞米」的製法，加以創新的菜餚。它是以鱖魚或青魚肉段作魚米，選東北肉厚的松子作輔料，用青紅辣椒米配色，用雞油、雞湯小炒而成，顏色美觀，味道鮮嫩，極受中外顧客的歡迎。1979年美國婦女代表團赴滬，在該店用餐，當服務員將一盤「松仁魚米」送上時，她們圍著這個菜欣賞了很久，並將它攝影留念。餐畢她們在留言簿上寫道：「我們特別喜歡『松子魚丁』一菜，除了在美國西部山區的科羅拉多州，我們從來沒有見過這種形美味鮮的菜。」國內許多品嘗過此菜的顧客評價說，它是一道色、香、味、形俱佳的好菜。1983年在商業部於北京舉行的全國烹飪名師技術表演鑒定會上，揚州飯店特級廚師李躍雲製作的「松仁魚米」等菜受到高度稱讚，他被授予全國優秀廚師稱號。

◎材 料：

鱖魚（或青魚）淨肉300克，青、紅辣椒各1個，雞蛋1個，乾太白粉、紹酒各15克，精鹽2.5克，味精、胡椒粉、白湯各少許，麻油5克，調水太白粉10克，雞湯25克，熟豬油500克（約耗50克），生油250克（約耗25克）。

◎**製 法：**

①鱖魚（或青魚）去鱗、去內臟，洗淨，取肉段去骨、去皮，切成細粒，加紹酒、精鹽、味精和少量胡椒粉、麻油拌和，再加蛋清、乾太白粉，調勻上漿。青、紅辣椒分別切成細粒。

②炒鍋上旺火，下生油燒至四五成熱，下松子氽至斷生，色呈金黃時，取出瀝油。

③炒鍋置火上，下豬油燒至四成熱，下魚米，用筷子劃散，倒入辣椒粒，至油六成熱、魚米水分蒸發時，倒入漏勺瀝油。

④炒鍋留油25克上火，倒入松子、魚米和辣椒粒稍炒，加味精、精鹽、白湯和少量雞湯，開鍋後用少量調水太白粉勾芡，淋上麻油，出鍋裝盤。

◎**掌握關鍵：**

①必須用新鮮魚。魚米上漿時要掌握好用鹽量，魚米即飽滿、鮮嫩，太淡了魚米受熱後飽脹不起來。②要吃準火候。魚米本身既嫩又白，所以必須用潔白的豬油，溫油滑熟，可保持魚米潔白而鮮嫩，如油溫過高，魚米就會變黃、致老。③調味要準。魚米口味是鹹鮮為主，炒時只用鹽、味精與鮮湯，不放蔥、不放糖。用少量調水太白粉勾芡，使滷汁正好黏上魚米，芡過多會影響魚米色澤。

炒蟹黃油

蟹黃香糯，蟹油肥而不膩，色澤鮮紅，蟹油、蟹肉紅白分明，口味細膩鮮美。秋冬季節食用最佳，營養極其豐富。

◎簡 介：

「炒蟹黃油」亦是上海地區獨有的秋冬季名菜，早在40年代就馳名中外。

食蟹在我國歷史悠久，據說在西周時代就有蟹醬之類食物，在以後的各個朝代也都有食蟹的記載，自唐以來，以蟹製菜已很盛行。但以清水煮食為多，那時人們吃蟹往往是一大盆整隻的熟蟹上桌，大家邊剝邊食。宋朝著名詩人陸游詩云：「傳方那鮮烹羊腳，破戒尤慚擘蟹臍。蟹肥暫擘饞涎墮，酒淥初傾老眼明」。他這詩的大意是說剛動手剝開肥蟹時，饞得口水流，持蟹把酒，昏花的老眼也明亮起來了。它既說明了蟹味的鮮美，也說明了當時食蟹是剝殼而食。以蟹肉製做菜餚則是在明清時期，特別是清康熙和乾隆時代，才盛行起來的，出現了「蟹肉燉蛋」、「蟹粉獅子頭」之類著名的菜餚。

上海在30年代，首先盛行「清水大閘蟹」。但是，由於上海當時商業發達，達官商賈較多，他們喜歡食蟹，又嫌手剝不便，上海的一些菜館就設法改用熟蟹肉製菜，食用方便，又不失其鮮嫩，十分受人歡迎。故到40年代，上海所有飯店，差不多都一邊經營「清水大閘蟹」，一邊拆蟹肉製菜，如「炒蟹粉」、「炒蝦蟹」等，都很有名。

「炒蟹黃油」一菜是在30年代末40年代初出現的。上海「老正興」菜館為適應顧客需要，用農曆九、十月間捕的肥壯大蟹，水煮後拆出蟹肉，取蟹黃和蟹油，經熱油滾炒，加調味製成「炒蟹黃油」。此菜色澤金黃，鮮美異常，因而更受顧客的歡迎，不久它的聲譽便遠遠超過了「炒蟹粉」、「蓉蟹斗」之類的蟹菜，成為上海最著名的蟹類菜餚。

◎材 料：

新取蟹黃、蟹油各100克，紹酒15克，醬油、調水太白粉各10克，白糖5克，米醋2.5克，胡椒粉0.5克，蔥段、薑末各1克，熟豬油70克，肉清湯75克。

◎製 法：

①炒鍋上旺火，用油滑鍋後，放豬油25克燒熱，下蔥段煸出香味，放入蟹黃、蟹油，用鐵勺輕輕攤平稍煎，接著烹紹酒，加蓋稍燜一下去腥，隨即加入薑末、醬油、白糖、肉清湯，用小火略燒二、三分鐘，使蟹黃、蟹油入味。然後將鍋端回旺火，淋入調水太白粉著膩，邊淋邊將鍋晃動，使滷汁不結粉塊，再用鐵勺輕輕推勻，加米醋、熟豬油和蔥花，即可出鍋裝盤，撒上胡椒粉少許即成。

◎掌握關鍵：

必須用大蟹的蟹油與蟹黃。吃火時間要短。保持蟹黃完整不碎。

菊花套蟹

色澤鮮艷，蟹肉鮮肥，蟹黃四溢，味美適口。

◎簡 介：

「菊花套蟹」相傳始於清康熙年間。最早流行於江蘇揚州等地，為官府菜。30年代又盛行於上海，成為宴席上的名菜。此菜是用蟹肉調味烹製後，裝入蟹斗內，上籠蒸製而成，形似盛開的菊花，故名。它形狀美觀，肉質細嫩，滋味鮮美，一直深受中外顧客的歡迎。1978年一批墨西哥記者在上海揚州飯店品嘗了此菜後曾給予極高的評價，讚揚它「形象逼真，滋味佳美，不愧為古國的精美藝術！」

◎材 料：

清水大蟹肉500克，蟹殼24只，精鹽2克，味精1.5克，熟豬油175克，粉絲、紹酒各25克，蔥末5克，薑汁15克，綿白糖、胡椒粉各少許，調水太白粉10克，雞清湯150克，生油500克（約耗100克），胡蘿蔔1個。

◎製 法：

①蟹殼洗淨，入開水鍋中略燙，撈出晾乾，用熟豬油25克分別抹在蟹殼內，背朝下排列在盤中。

②炒鍋上火，放豬油100克，燒至五成熱，下蔥末煸香，放入蟹肉，輕輕炒和，加紹酒、精鹽、薑汁、綿白糖、胡椒粉少許，雞清湯，燒沸後加蓋，移小火上焖3分鐘，再移旺火上燒，用調水太白粉調稀勾芡，放味精，淋熟豬油25克，起鍋分別裝入12只蟹斗內即成。

③將裝滿蟹肉的蟹斗放入盤裡，用12只空蟹殼蓋上，上籠用旺火蒸15分鐘取出，去除蓋殼，分別排放在盤四周，蟹背朝上。同時將粉絲剪成寸段，分別用線紮成一小束，下油鍋炸成菊花形，擺放在盤中間，上放用胡蘿蔔絲雕成的小菊花一朵即成。

◎掌握關鍵：

①要用鮮活蟹肉製作。裝入蟹斗前必須先經煸炒，加調味燒透，才肉嫩味美。②上籠蒸時，放有蟹肉的殼上必須各加一隻空蟹殼作蓋，以防汽水流入，既可保證其鮮味不受影響，還可防止蟹油溢出。

清湯鯽魚

魚肉細嫩，湯清味鮮，是夏令季節的美味佳餚。

◎簡 介：

「清湯鯽魚」是上海揚州飯店夏季的時令名菜，為50年代「莫有財廚房」的一款創新菜，魚肉鮮嫩，湯清味美，很受顧客歡迎。該「廚房」搬到南京路擴大成揚州飯店後，此菜遂成為該店的主要名菜之一。

◎材 料：

活鯽魚1條（重約350克），小青菜心10棵，紹酒75克，精鹽2克，味精1.5克，熟豬油50克，蔥結1個，薑2片，鮮湯750克，鎮江米醋25克，胡椒粉、薑末各少許。

◎製 法：

①鯽魚去鱗、去鰓、去內臟，用清水內外洗淨，除淨肚內的黑衣。

②炒鍋上火，下豬油燒至六成熱，下蔥結、薑片煸出香味，撈去蔥薑，放入鯽魚略煎，烹酒，加蓋略燜一下，加鮮湯用旺火燒滾後，加蓋用小火燜燒5分鐘左右，加入菜心、鹽、味精，用旺火燒滾，撒胡椒粉，起鍋倒入大湯碗內。上桌時，隨帶鎮江米醋、薑末各一小碟供蘸食。

◎掌握關鍵：

必須用活鯽魚烹製，成菜後才肉嫩味鮮，否則便鮮味不足，還會有腥味。

紅燒圈子

色如象牙，酥爛肥糯，肥而不膩，滷汁緊濃，嫩如麵筋。

◎簡 介：

圈子即豬直腸。清代上海許多人都不大喜歡食用豬腸，嫌其太髒，故菜場上豬腸的價格最廉，於是許多飯館便取其製作熟食和炒菜出售。當時熟食店中的「燒大腸」和飯店、飯攤上的「大腸線粉湯」、「腸血湯」、「紅燒圈子」、「圈子草頭」

等曾一度聞名上海。

「紅燒圈子」始於清末。開初由上海最早的「老正興」菜館以豬直腸作炒菜，名叫「炒直腸」。後來大家嫌其名稱不雅，因直腸圓徑大，焯熟切開，便成一個個小圈，所以就美稱它為「紅燒圈子」。其味香肥鮮美，頗受顧客歡迎，20年代已盛名全市。當時上海出版的《老上海》專集記載：「飯店之佳者，首推二馬路外國墳山對面，飯店弄堂之正興館，價廉物美。炒圈子一味尤為著名」。

以後該店廚師考慮圈子肥厚，又將其配以草頭和豆苗烹製，稱「圈子草頭」、「圈子豆苗」等，這樣該菜就肥而不膩，清香鮮美，以致後來它們都成為上海的風味名菜。

◎材 料：

生豬直腸500克，筍片50克，紹酒25克，醬油40克，白糖15克，味精1.5克，麻油1.5克，肉湯100克，調水太白粉10克，精鹽適量，熟豬油少許。

◎製 法：

①將生直腸放在溫水中，一邊灌水，一邊把腸翻轉過來，剝淨腸壁上的污物（腸內白油肥嫩，不要剝光），洗淨後再放入清水鍋中燒開，即撈入盆內，加鹽，用手捏揉搓，除去黏液，清水過清，放入鍋內，加水煮熟取出。

②圈子冷卻後，切成約2公分長的小段，用筍片一起放入鍋中，加醬油、白糖、紹酒、味精和肉湯，用中小火燒煮五六分鐘，湯汁收緊時，用調水太白粉勾芡，放入熟豬油，顛翻幾下，淋麻油少許，即可出鍋裝盤。

◎**掌握關鍵**：

豬直腸要反覆洗淨，去除異味。先整節煮透，再切小段，加調味烹製。

楓涇丁蹄

色澤紅亮，外形完整，肉質細嫩，熱吃酥爛濃香，冷食鮮美可口，久吃不厭。

◎**簡　介**：

「楓涇丁蹄」與「鎮江肴肉」、「無錫肉骨頭」一樣，在江浙享有盛名。

楓涇是上海金山縣的一個小鎮，原名白牛村。相傳宋代有一個姓陳的進士，曾任山陰縣令，為民上疏不遂，被罷去官職，隱居於此，自號「白牛居士」，後憂鬱以終。當地人民敬仰他的清風亮節，將白牛村改名為清風涇，繼而又稱「楓涇」，並種植荷花以表哀思。

「楓涇丁蹄」相傳始於清代，由鎮上「丁義興酒店」的兄弟倆，用楓涇豬蹄創製的。楓涇豬是著名的太湖良種豬，它細皮白肉，肥瘦適中，骨細肉嫩，一煮就熟。此菜取其後蹄，用嘉善姚福順三套特曬醬油、紹興老窖花雕、蘇州桂園齋冰糖以及適量的香料，經柴火三文三旺後，再以溫火燜煮而成。外形完整，色澤紅亮，熱吃酥而不爛，冷吃噴香可口，湯濃不膩，很受歡迎，人們稱它為「丁蹄」。於是該酒店及其所製蹄菜的名氣越來越大，到同治初年，就名揚滬杭等地，不久又製成「丁蹄」罐頭，遠銷南洋，受到中外人士的稱讚，曾先後獲得20多個國家的獎狀。1954年在德國萊比錫博覽會上曾獲得金質獎章。

◎材 料：

豬後蹄1隻（重1500克左右），優質醬油、紹酒各100克，冰糖50克，桂皮、丁香各2.5克，味精1克，蔥、薑各適量。

◎製 法：

豬蹄用溫開水刮洗乾淨，抽掉管骨，放入開水鍋中略焯，去除污血，修削外形，然後放入湯鍋，加清水，放丁香、桂皮、紹酒、蔥、薑，燜燒至半熟，湯緊時，加優質醬油、冰糖。旺火燒開後，文火燜煮（俗稱「三文三旺」，「以文為主」），使豬蹄外酥內熟，滷汁滲入豬蹄內層。如加隔年老滷汁，應濾去油膜和肉屑，以保持湯味醇厚。出鍋前用旺火燒煮，並放味精，使滷汁稠濃，緊包豬蹄而入味。食用時，切片上桌。

◎掌握關鍵：

要取用肥瘦適中的良種豬豬蹄為原料。經清水反覆洗淨後，再放入濃滷汁中烹製。掌握好火候，至豬蹄外酥內熟即可，不要過爛。

糟缽頭

湯汁濃厚，糟香四溢，具有江南風味。

◎簡 介：

「糟缽頭」是全國唯上海獨有的一款地方名菜。它用料獨特，製作考究，口味清鮮，糟香濃郁。「糟缽頭」據說始於清同治年間，原是上海郊區的農家便菜，後來傳至城鎮成為熱門菜。用香糟和香糟滷製菜，一向是上海菜烹調方法的一個特點。在30年代，上海菜館用香糟製做的「青魚煎糟」、「川糟」、「香糟扣肉」、「糟豬腳爪」等菜餚日益增多，而先於此類的「糟缽頭」，自然就成為一些飯店的名菜了。

那為什麼取名為「糟缽頭」呢？這是因為此菜是用豬內臟、豬腳爪和鮮湯，加香糟滷，共放在小缽頭裡，蒸製而成，故此得名。近百年來，此菜用料和製法已一再改革，比原來取料更精，配料除豬內臟外，又增加了火腿，口味更為鮮美。

◎材 料：

豬肺750克，豬直腸、豬肝、豬腳爪各100克，筍片25克，火腿片、糟滷、熟豬油各50克，油豆腐10只，鮮肉湯750克，味精2.5克，精鹽10克，紹酒、蔥結、薑片各適量，青蒜葉、食鹼各少許。

◎製 法：

①豬內臟和豬腳爪洗淨，入鍋煮熟撈出，分別切成小條或小塊。火腿煮熟切成片。油豆腐用淡鹼水稍泡，清水過清。

②取大砂鍋一只，放入豬肺、豬肚、豬直腸、豬腳爪、油豆腐、蔥結、薑片和肉湯，旺火燒開，撇去浮沫，加入熟豬油

25克，蓋上鍋蓋，燒開後移小火燜燒3小時，待酥爛後，撈出蔥結、薑片，加豬肝、筍片、熟火腿片、味精、精鹽、紹酒，再用中火燒三、五分鐘後，淋熟豬油少許，放入糟滷，撒上青蒜葉即成。

◎掌握關鍵：

各種豬內臟必須反覆洗淨，去除異味。烹製時用鮮湯小火煨煮。離火前一兩分鐘再放糟滷，以保持糟香味。

蜜汁湘蓮

滷汁濃厚，粒粒完整，入口酥爛，甜而肥鮮。

◎簡 介：

「蜜汁湘蓮」是上海「莫有財廚房」和揚州飯店最著名的甜菜，亦是莫氏兄弟最拿手的名菜之一。這款甜菜為莫氏兄弟所創。它用優質蓮心和白糖烹製，酥而不碎，甜中帶鮮，極受顧客歡迎。1963年朝鮮金日成首相到滬訪問時，莫氏兄弟曾前往他下榻的賓館烹製揚州風味菜，其中就有此菜。金日成首相品嘗後連連稱讚中國廚師技術高明，飯後還派人詢問該菜的製法。

◎材 料：

湖南湘蓮250克，白糖200克，豬板油50克，食鹼30克。

◎**製 法**：

①取盆一只，放入沸水 750 克，加食鹼 15 克，倒入蓮子，用竹帚攪打去皮，瀝去鹼水，再換入沸水750克，加食鹼15克，繼續攪打去盡皮。取出洗淨，削去兩頭，用竹籤頂去蓮心，再漂清洗淨。

②將蓮子放入砂鍋中，加清水（水量以淹沒蓮心為度），置中火上燒沸後移小火上燜1.5小時，至蓮心燜爛，下白糖、豬板油，再用小火燜約 30 分鐘至滷汁熗乾、緊包蓮子，即可出鍋裝盤。

◎**掌握關鍵**：

①蓮子必須反覆擦洗去除外皮，先煮爛後，才能加糖審汁。如果蓮心未爛就加糖審汁，就會出現甜汁已乾甚至發焦，但蓮心不爛，硬而無味。②蓮心酥爛加糖審汁，應用小火稠濃糖汁。因糖與豬板油溶化後，容易黏鍋發焦，故必須注意火候，勿使黏鍋。

蜜汁火方

滷汁透明，香味濃郁，火腿酥爛，口味鮮甜。

◎簡 介：

「蜜汁火方」是上海「莫有財廚房」最拿手的一道名菜。它用料考究，製作精細，口味鮮甜異常，品嘗過此菜的中外食者，無不表示讚賞。50年代末，毛主席到上海視察，所住上海大廈曾邀莫氏兄弟烹製此菜，毛主席品嘗後非常滿意。跟隨毛主席的有關工作人員還特地找莫氏兄弟詢問此菜的製作方法。近幾年日本、美國等國家的來賓在上海品嘗該菜後稱讚「菜式新穎，花樣逼真，調味佳美，不愧為古國精美藝術」。

◎材 料：

上方火腿750克，白糖250克，清雞湯適量。

◎製 法：

①取用整隻火腿（重約3000～3500克）入水浸兩天，使其肉質疏鬆，鹹味減少(整隻浸泡可保持火腿內含鮮味不受損失。如家用，可直接取小塊火腿浸水)，然後切成三大塊，入開水鍋中稍焯，取出削去表面黃色油膩、耗膘肥邊，取其上方淨精火腿一整塊750克，入湯鍋裡煮至八成爛取出，除去筒骨，用盆子壓平，冷卻後入冰箱冷一下，取出刮淨皮上油污，並在皮上劃幾條菱形花刀，翻過來再在精肉上改刀切骨牌塊（刀深0.7公分左右），不切斷，精肉仍然連在皮上。

②取砂鍋一只，放入火腿，加清雞湯煨煮，以除去其鹹味。如口味仍過鹹，則瀝去原湯，另用清雞湯再煮，至火腿鹹味除淨，將湯瀝去。

③煮火腿的砂鍋內加清水50克、白糖200克，小火煨燒1小時，至滷汁稠濃、色澤光亮即成。

◎**掌握關鍵：**

①火腿要用淨精肉，不能帶肥肉。用糖煨燒前必須先煮爛。②要掌握好火候，用小火煨燒，因糖汁黏稠，容易黏鍋燒焦。

枸杞竹筍

色澤碧綠潔白相映，清香味鮮。

◎**簡　介：**

每到春暖花開、枸杞發芽和竹筍上市的時候，上海一些風味菜館的春季時令名菜「枸杞竹筍」、「枸杞炒肉絲」等便陸續應市。它碧綠、鮮嫩、清香、味鮮，深受顧客的歡迎。

此菜歷史悠久，據說始於山家寺院。古時隱居山間和寺院的人喜歡採食山上的綠葉蔬菜。枸杞全身是寶，曾有「天精」、「地仙」等美稱。枸杞的嫩頭和嫩葉，含有各種維生素和營養成分，有補中益氣、健身明目等功效。古人歷來將它作為一種貴重藥物和珍貴的時蔬。在宋代的《山家清供》一書上列有一款宋朝名菜「山家三脆」，就是用枸杞嫩頭、嫩竹筍和小香菇烹製而成的。到清朝時期，用枸杞製菜在江南地區和官府已很普遍。在《紅樓夢》述及的賈府春季一次筵席上也有「油鹽炒枸杞菜兒」這道名菜。

這道菜在上海出現於清朝後期。由於枸杞新鮮，經熟油煸炒後，清香碧綠，異常鮮嫩，上海顧客十分喜愛。在民國初期，它就成為當地最著名的時鮮菜餚之一。

◎材 料：

枸杞頭200克，嫩竹筍150克，豬油110克，鹽2.5克，白糖15克，味精0.5克，麻油、鮮湯各少許。

◎製 法：

①枸杞頭用水洗淨，瀝乾水分。竹筍切成火柴梗長的細絲。

②炒鍋置旺火上，用油滑鍋後，再放油100克燒熱，下筍絲煸炒幾下，放入枸杞頭煸炒至柔軟變綠，加鹽、味精、白糖和鮮湯少許，淋麻油，炒勻即成。

◎掌握關鍵：

要用枸杞嫩頭，旺火急煸，以保持其色澤、嫩度和清香味。

生煸草頭

碧綠油潤，柔軟鮮嫩，清香入味。

◎簡 介：

「生煸草頭」是全國唯上海獨有的特色名菜，而上海以「老正興」菜館烹製的最佳。它顏色碧綠，鮮嫩清香，富有營養。

草頭又名苜蓿，俗稱金花菜，係豆科植物，一年可出幾次，但以春天所生為佳，是我國古老的蔬菜之一。它含有糖、脂肪、蛋白質及維生素A、B、E等營養素。中醫取其根和全草入藥。據《本草綱目》記載，它有「利五臟、輕身健人、洗去脾胃間邪熱氣、通小腸諸惡熱毒」等功效。

用草頭製菜在古代就有。當時人們把它作為一種上品蔬菜食用，並常被列入筵席。後來上海和江浙兩省農村普遍作為日常蔬菜食用。民國初期，上海的一些菜館在民間製法的基礎上，加以改革，取其嫩頭嫩葉，旺火熱油煸炒，加白糖、高粱酒、醬油、味精等調味製成「生煸草頭」。因其色澤碧綠，鮮嫩入味，很受顧客歡迎，不久就聞名全市，並成為上海的特色名菜之一，數十年來一直盛名不衰。

◎材 料：

新鮮草頭250克，醬油15克，白糖5克，豬油110克，味精1克，高粱酒5克。

◎製 法：

①草頭摘去細梗，只取嫩葉和嫩頭一段，洗淨瀝乾。

②炒鍋上旺火，用油滑鍋後，放豬油100克燒熱，放入草

頭，旺火急煸，用鐵勺快速攪拌，將鍋不斷顛翻，使之均勻受熱，隨即加白糖、味精、醬油和高粱酒，炒至草頭柔軟碧綠，即可出鍋，平攤在盤內。

◎**掌握關鍵：**

必須取草頭嫩頭與嫩葉為原料。用旺火急煸成熟，以保持其清香鮮嫩的特色。

杏仁豆腐

紅黃潔白，質地細嫩，甜而清香，是消暑的著名甜菜。

◎**簡　介：**

「杏仁豆腐」是由古代製作的杏仁菜演變而來的，現在它是江南地區的一款名菜，在全國許多地方也常見到。杏仁具有潤肺脾、消食積、散滯氣的功效，歷來都將其入藥或用於食療。

用杏仁製菜歷史悠久。在班固的《漢書》中有「教民煮術為酪」的記載（煮術即做杏酪）。南北朝時，高陽太守賈思勰在《齊民要術》中也記載了煮杏酪粥的方法，但盛行食用杏仁是在明代。當時北京人將杏仁磨成細粉，加糖煮成杏仁茶，聞名全國。

上海揚州飯店製作的「杏仁豆腐」用料考究，製作精細，色澤鮮艷，口味極佳，深得中外顧客的好評。

◎**材 料：**

牛奶500克，洋菜10克，杏仁霜25克，綿白糖300克，櫻桃6粒，橘子6瓣。

◎**製 法：**

①洋菜洗淨，放入湯碗內，加清水250克，上籠蒸至呈深紅色，取出濾去渣，將液汁倒入鋼精鍋中，加牛奶、杏仁霜、綿白糖100克，燒開後濾去渣，倒入大湯碗內冷卻，加蓋放入冰箱速凍成杏仁豆腐。

②炒鍋洗淨上火，加開水750克，下綿白糖200克，溶化後倒入碗內冷卻，加蓋入冰箱冷成糖冰水。

③食用時，用小刀將杏仁豆腐劃成菱角塊，盛入大湯碗中，加糖冰水，將櫻桃放在杏仁豆腐當中，橘瓣圍邊即成。

◎**掌握關鍵：**

①洋菜與糖煮溶化後，必須過濾去渣，否則凝結成豆腐後色澤不佳。②洋菜糖汁和純糖水必須完全冷卻後才能放入冰箱冷凍，否則會出現異味，並影響成菜色澤。

煙鯧魚

魚呈紅棕色，配上奶黃沙拉醬，入口鮮香，具特殊煙味。

◎簡 介：

「煙鯧魚」是上海新雅粵菜館首創的特色名菜。新雅粵菜館是上海最著名的菜館之一，它經營各式粵菜深受中外顧客的歡迎。在40年代初，該店借鑒西菜煎、烤等烹調方法來烹製魚類菜餚，使菜餚形象美觀，可口入味，「煙鯧魚」就是其中之一。它是用大鯧魚中段為原料，經調味後入烘箱煙熏而成，香味濃郁，肉質鮮嫩，不久，便成為上海最著名的特色菜餚之一，數十年來一直深受中外顧客歡迎，英、美、法、日等許多國家的一些上層人士都曾在該店品嘗過此菜，稱讚它是「風味獨特的魚味佳餚」。

◎材 料：

鯧魚1條（重約500克左右），大麴酒10克，醬油、沙拉醬各50克，精鹽6克，白糖30克，飴糖6克，味精2克，薑片10克，蔥花、熟花生油各5克。

◎製 法：

①鯧魚刮鱗，去鰓和內臟，洗淨，斜刀片成三段，放在盛器裡，加蔥花、薑片、大麴酒、白糖、醬油、飴糖、味精、精鹽，浸漬1.5小時。

②在鐵絲網架上抹熟花生油2克（以免黏皮），然後將浸漬過的魚平放在鐵絲網上，放進烤爐烤10分鐘左右，再在烤爐裡加木屑，關上爐門，任其燃燒冒煙，使魚塊在爐內邊受熱邊煙熏，約六分鐘後，表面呈紅棕色、魚塊熟透，取出用排筆

刷上熟花生油3克，拼擺成整魚裝盤，盤子兩邊放沙拉醬即成。

◎**掌握關鍵：**

要用新鮮大鯧魚烹製。熏前先用調味浸透，使其充分吸入調味。掌握火候要恰當。

羅漢全齋

取料豐富，口味多樣，香鮮肥滑。

◎**簡介：**

「羅漢全齋」又名「羅漢菜」。

據傳此菜始於唐宋時期。那時我國佛教發展較快，寺廟眾多，且均自設膳房，自辦素菜和飲食，佛門稱之為「素齋」或「齋菜」。「羅漢菜」是用上品原料烹製而成，並以佛門得道成仙的羅漢定名。一般用料在十種左右的稱羅漢菜，用料達十八種時稱為「羅漢全齋」。歷代帝王將相和名人居士在佛門辦素齋時，均採用此菜，因而它聞名全國，歷代相傳。

在清代，清宮御膳房也常烹製此菜。因慈禧信佛，御廚就經常為她製作「羅漢菜」、「羅漢菜心」、「羅漢大蝦」、「羅漢麵筋」等菜餚，特別是「羅漢菜心」，已成為她吃齋時最喜歡的一道素菜，在她臨死前幾天，還要膳房為她做「羅漢菜」。

清代名人薛寶辰所著的《素食説略》一書中，就載有「羅漢菜」、「羅漢豆腐」、「羅漢麵筋」等菜餚的製法，其中説到「羅漢菜」的用料與製作：「羅漢菜，菜蔬瓜蓏之類，與豆腐、豆腐皮、麵筋、粉條等，俱以香油炸過，加湯一鍋同燜。甚有山家風味。太乙諸寺，恆用此法。鮮于樞（元代書法家）有句云：『童炒羅漢菜』，其名蓋已古矣」。
在清朝後期，各地素菜館也供應此菜，但用料與製法不一。

◎**材　料**：

髮菜40克，水發冬菇、熟冬筍、熟栗子、素雞、鮮蘑菇各50克，黃花菜、白果、菜花、胡蘿蔔、木耳各25克，紹酒1.5克，調水太白粉10克，熟花生油75克，醬油35克，鮮湯150克，薑末1.5克，白糖、味精各2克，芝麻油25克。

◎**製　法**：

①髮菜用冷水洗淨，擠乾水分。冬菇、鮮蘑菇、冬筍、胡蘿蔔均分別切成骨排塊。菜花切成栗子塊。白果拍碎。黃花菜切成3公分長的段。素雞切成3公分長的片。將菜花、白果、胡蘿蔔放入開水鍋中汆熟。木耳去蒂，用清水洗淨，瀝乾水分。

②炒鍋上火，放熟花生油，燒至八成熱，將除髮菜以外的所有原料下鍋煸炒，加醬油、薑末、白糖、味精、紹酒、鮮湯，炒拌均勻，再下髮菜，見湯汁起滾，用調水太白粉勾芡，淋麻油，即可裝盤上桌。

◎掌握關鍵：

要用蘑菇等植物性鮮料熬煮的鮮湯烹製。滷汁要濃而緊，使原料入味。髮菜軟嫩，入鍋勿久煮。

茄汁蘆筍

清鮮嫩滑，酸甜適口。

◎簡 介：

蘆筍又叫石刁柏、龍鬚菜，是一種高檔的蔬菜，世界公認的健康食品之一。在歐美各國的高級宴會上，多備此菜。蘆筍原產地中海東部及小亞細亞，美國及我國台灣省出產也較多。蘆筍肉質潔白細嫩，口味香郁，含有較多的蛋白質，不含脂肪，清爽可口，盛行世界各國。我國古代也曾食用蘆筍。宋人肖天山有一首以蘆筍為題的詩：「江客因貧識荻芽，一清塵退雜魚蝦，燒成味挾濠邊雨，掘得身離雁外沙。春饌且供行釜菜，秋江莫管釣船花，食根思到蕭騷葉，痛感邊聲咽戍笳」。上海「功德林」素菜館從30年代開始，就用蘆筍製作菜餚。

◎材 料：

罐裝蘆筍400克，番茄醬30克，油麵筋50克，精鹽2克，熟花生油40克，白糖、味精、紹酒各1.5克，鮮湯150克，調水太白粉10克。

◎**製　法**：

①蘆筍開罐瀝去水分，每條蘆筍切成三段，再切斜刀片。油麵筋切成小方塊。

②炒鍋中下油30克，燒至六成熱，放入番茄醬煸炒，加鮮湯、油麵筋、紹酒、蘆筍、白糖、精鹽、味精，燒滾後用調水太白粉勾芡，淋熟油10克，起鍋裝盤即成。

◎**掌握關鍵**：

蘆筍為鮮嫩之物，略為燒煮即熟，吃火過長會影響鮮嫩特點。滷汁要濃，使蘆筍淂味起鮮。

菊花火鍋

用料多樣，肉質鮮嫩，湯味鮮美，熱氣騰騰。

◎**簡　介**：

中國的火鍋歷史悠久，它始於南北朝，距今已有1400多年歷史。

火鍋最早流行於我國北方地區，人們用來涮豬、牛、羊、雞、魚等肉食品。到唐宋時，火鍋已經比較流行，官府和名人家中設宴都備火鍋。唐朝著名詩人白居易在其冬季所發請客赴宴的請帖上曾寫一詩：「綠蟻新醅酒，紅泥小火爐，晚來天欲雪，能飲一杯無？」詩中所說的「紅泥小火爐」就是一種火鍋。到清朝，各種涮肉火鍋已成為宮廷冬令佳餚。嘉慶元年

（公元1796年）新皇帝仁宗登基時，在清宮盛大的慶賀宴席上，除了山珍海錯、水陸並陳以外，還用了1550個火鍋來宴請賓客，成為我國歷史上最大的「火鍋宴」。

「菊花火鍋」的出現與慈禧太后有關。每當深秋菊花盛開的時候，慈禧喜歡採摘菊花瓣製菜食用。其做法是：先把菊花採下一、二朵，並把花瓣摘下，浸在溫水內漂洗一二十分鐘取出，再放入溫稀礬水內漂洗，取出瀝乾。當膳房裝有滾開雞湯或肉湯的小火鍋及肉片、魚片、雞片等生食端上餐桌後，她便將少量肉食片先放入鍋內燙煮五、六分鐘，再投入洗淨的菊花瓣，過三分鐘後邊撈邊吃。肉食原料放在雞湯裡燙熟後的滋味本來就夠鮮的了，再加上菊花透出的那股清香，便分外覺得鮮香可口，而且菊花本身具有清肝明目的作用，所以慈禧很喜歡吃這道菜。

清朝後期，隨著宮廷官員出巡各地，「菊花火鍋」也流傳到民間，首先在上海、廣州、安徽、江蘇等地盛行。上海的「菊花火鍋」用料及製法更加考究，用雞湯再加蝦米、冬筍、蘑菇吊湯，生肉食片增加至「八生」或「十二生」（生肉食片每盤算一生）。

◎材　料：

青魚肉、河蝦、雞脯肉、鴨脯肉、肚尖、豬腰（去臊）、豬里脊肉、淨肫肝、淨目魚各200克，雞蛋10個，菠菜500克，乾粉絲100克，豬油50克，鹽15克，味精2.5克，紹酒25克，雪菜梗、冬筍、開洋、蘑菇、魚丸各50克，青菜葉、雞湯或鮮湯各適量。

◎製　法：

①青魚去骨，切成薄片，放盤裡成蝴蝶形。河蝦去頭，

擺放在小盤中成蟹形。肚尖剞花刀，放小盤中成鶴狀。里脊肉切薄片，用青菜葉包成青蛙狀。腰子剞花刀，批成片，擺在小盤中成野鴨形。雞脯、鴨脯、目魚、肫肝都批成薄片，分別排列在小盤中。雪菜梗浸淡切段，菠菜洗淨切段，乾粉絲用油炸酥，分別裝在小盤中。

②鍋置火上，將雪菜、冬筍、開洋、魚丸、蘑菇入鍋，加雞湯或鮮湯燒開，加鹽、紹酒、味精、豬油燒開後，倒入菊花鍋內，上桌點燃酒精盞，繼續加熱燒沸。將生肉食片分別投入菊花鍋內燙煮二、三分鐘即可撈出食用，邊吃邊煮。最後將雞蛋磕入，煮熟食用。

桌上另備熟醬油、麻油、甜麵醬、醋等調味小碟蘸吃。同時準備鮮湯750克供隨時添加用。

◎掌握關鍵：

所有雞、鴨、魚、肉等肉食原料，都必須去淨骨頭，要片得薄而均勻，使一燙即熟。火鍋用湯要濃鮮，使各種食物入燙後既熟又鮮。

全家福

選料精細，色澤金黃，口味多樣，鮮嫩爽滑。

◎簡　介：

「全家福」在上海早就享有盛譽。此菜上至宮廷御廚，下至各地菜館，都會調製，但究竟始於何時何地，無從考證。

據傳說，它的來歷與清朝乾隆皇帝有關。說乾隆第六次下江南時，首先來到南京城，駐守南京的兩江總督一面率領地方官員迎接聖駕，一面命廚師製作精美豐盛的筵席進奉。上席時，雞鴨魚肉、山珍海味樣樣都有，乾隆並不愛吃，因為沒有江南風味的好菜而感到有些掃興。總督見此情景，連忙與廚師商量，再做一些好菜。廚師便用海參、雞脯肉、火腿、海米、蝦仁等近20種原料，加調味烹製成一道炒菜，並將蝦仁蓋在上面。上桌時，熱氣騰騰，香味撲鼻，乾隆用勺一嘗，覺得滋味鮮美，就笑著說：「這個菜好」。當乾隆詢問菜名時，廚師回答說：「皇上到此，我們全家都有福，特製作了一個全……」。話未講完，乾隆說：「那就叫『全家福』吧」從此它便成為江南名菜並流傳各地，清代官員每到江南巡訪，頭一道菜都是「全家福」。

另一傳說，此菜始於秦朝，秦始皇焚書坑儒時，有一個名叫方財的儒生，黑夜從坑裡偷偷爬出來，便遠奔他鄉。多年後秦始皇死去，方財和妻子兒女幾經周折，最後終於全家團圓，為了慶賀方家大難後的團聚，當地有位鄉廚，用各種原料烹製了一道團圓菜「全家福」，受到眾人稱讚，此菜便歷代沿傳。

上海早在清代後期，就烹製供應此菜，並把它作為一道特色名菜，列於筵席之上。

◎材　料：

油發魚肚75克，豬腰片、雞肫片、豬腿肉片、水發海參、熟雞片、熟肚片、已漿蝦仁各50克，熟火腿粒、香菇、筍片各25克，青豆、白糖、紹酒各15克，醬油25克，精鹽、味精各1.5克，石鹼0.5克，肉清湯65克，調水太白粉60克，熟豬油750克（約耗150克）。

◎**製　法：**

①油發魚肚用溫水浸發，放在石鹼水裡去淨油污，再用清水洗淨捏乾，先片成條，再切成3公分長的段。海參漂洗乾淨後，切成3公分長的段。香菇浸發，去蒂，擇洗乾淨，切成3公分見方的片。

②炒鍋置旺火上，用油滑鍋後倒出，放熟豬油（150克），燒至四成熱，下蝦仁滑熟，倒入漏勺瀝油。鍋裡放入剩下的熟豬油，燒至八成熱，下腰片、肚片、雞肫片、肉片、筍片、雞片、香菇、魚肚、海參，用鐵勺劃散，熟後倒入另一個漏勺瀝油。炒鍋留餘油（20克），下已過油的腰片等原料，隨即加入紹酒、醬油、精鹽、白糖、味精、肉清湯（50克）燒開，用調水太白粉（30克）勾芡，再加入熟豬油（30克），顛翻幾下成什錦裝盤。

③炒鍋洗淨，上火燒熱，放入肉清湯（15克），下蝦仁、青豆、火腿，放味精，用調水太白粉（30克）勾芡，淋入熟豬油（10克）推勻，蓋在什錦上面即成。

◎**掌握關鍵：**

魚肚和海參必須發透。注意刀工均勻。蝦仁蓋在食物之上。

乾燒鱖魚鑲麵

色澤紅潤，魚肉鮮嫩入味，麵條蘸魚汁食用，爽滑可口。

◎簡介：

「乾燒鱖魚」是四川的一種傳統名菜。但此菜汁濃油膩，不適應上海及南方人的口味特點。為此上海梅龍鎮酒家對其作了改進，創製出了這款具有上海特色的名菜，頗受中外顧客的歡迎。

◎材 料：

鱖魚1條（約重400～500克），麵條300克，薑末、蔥花各5克，泡辣椒末15克，豆瓣辣醬25克，甜酒釀30克，紹酒15克，精鹽2克，米醋50克，醬油25克，白糖10克，調水太白粉30克，花生油150克，清湯適量。

◎製 法：

①鱖魚挖去內臟，用清水洗淨，在魚身兩面橫豎各剞七八條刀紋，用精鹽、醬油略醃。

②炒鍋上火，下油至八、九成熱，將魚入鍋，煎至兩面呈金黃色時，倒入漏勺瀝油。

③原鍋留油少許上火，下蔥花、薑末、泡辣椒末，煸出香味，再加豆瓣醬煸炒，下酒釀炒散，加紹酒、白糖、精鹽、醬油、米醋、清湯適量，將魚放入鍋中，加蓋燒開，用小火略燜片刻，用旺火收汁，下調水太白粉勾芡，淋熱油少許，出鍋裝盤。

④在烹魚的同時，另取炒鍋加開水，將麵條下鍋煮熟，撈起瀝水，放在魚的兩旁即成。

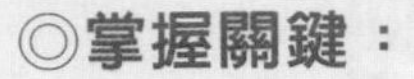

◎掌握關鍵：

滷汁要濃而寬。麵條要熟但不爛。

佛手冬筍

色澤金黃，鮮嫩可口。

◎簡　介：

「佛手冬筍」是上海素菜中的一款特色名菜，因在製作時將冬筍切成佛手狀，再加調味烹製而成，故名。多年來它已成為上海「玉佛寺素齋」的名菜。

◎材　料：

冬筍200克，調水太白粉、醬油、精鹽各0.5克，白糖、味精各1克，紹酒1.5克，素鮮湯75克，熟花生油50克。

◎製　法：

①冬筍斬根、剝殼、去老皮，洗淨後取中段，切成約3公分長、1公分寬、0.5公分厚的長方條，然後逐個切成佛手狀。

②炒鍋上火，放油40克，燒至七成熱，下佛手煸炒，加鮮湯、紹酒、醬油、白糖、精鹽、味精，燒滾後用調水太白粉勾芡，淋上熟油，裝盤即成。

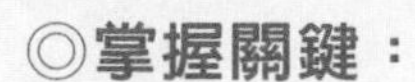

◎掌握關鍵：

用料要精，取冬筍嫩段製作。

炒蟹粉

紅黃相映，形似蟹粉，味鮮可口。

◎簡　介：

「炒蟹粉」是用馬鈴薯和胡蘿蔔泥烹製而成，形似蟹粉，是頗受顧客歡迎的一道特色菜餚。

◎材　料：

熟馬鈴薯200克，胡蘿蔔100克，熟筍30克，水發冬菇50克，豌豆苗25克，紹酒6克，精鹽5克，米醋7克，味精1.5克，蔥白少許，薑末1克，熟花生油140克。

◎製　法：

①熟馬鈴薯去皮，壓成泥。胡蘿蔔洗淨，去皮煮熟，也剁成泥，放在紗布裡擠乾水分，與馬鈴薯泥放在一起。冬菇去蒂洗淨，與熟筍、蔥白一起分別切成細絲，放入馬鈴薯、胡蘿蔔泥中，加薑末0.5克，拌勻成素蟹粉生料。

②炒鍋上旺火，放入花生油100克，燒至八成熱，下素蟹粉煸炒2分鐘，加入熟花生油40克和適量精鹽、味精攪勻，再放入紹酒、豆苗、米醋、薑末，攪拌幾下，出鍋裝盤即成。

◎**掌握關鍵：**

精心製好馬鈴薯泥，吃火時間要短，以保持色澤鮮艷。

海參排翅

色澤鮮艷，形狀美觀，肉質細嫩，清鮮入味。

◎**簡　介：**

「海參排翅」是上海「玉佛寺素齋」色、形、味俱佳的一道特色名菜，它是用玉蘭筍和髮菜精心烹製而成的。許多中外來賓品嘗之後，都給予高度評價，稱讚它雖不是真的海參、魚翅，但其形酷似，其味勝似海參和魚翅。

◎**材　料：**

玉蘭筍300克，髮菜50克，精鹽2克，紹酒、乾太白粉各15克，味精1克，花生油15克，麻油5克，素鮮湯150克，調水太白粉少許。

◎**製　法：**

①玉蘭筍先批成薄片，再切成細絲，入開水鍋中略焯取出。髮菜用清水浸發，洗淨剁碎，放入盛器，加紹酒、精鹽、味精、乾太白粉拌和，將其捏成海參狀，上籠用旺火蒸5分鐘，製成素海參坯。

②炒鍋上火，放油燒熱，下玉蘭筍，加精鹽、味精、素鮮

湯，燒沸後下海參，再用小火燴3～5分鐘，將玉蘭筍取出排列在盤子四周，將海參放在中間，鍋內滷汁用調水太白粉勾芡，淋麻油，出鍋澆在海參與筍絲上即成。

◎**掌握關鍵：**

刀工要精細，筍絲必須粗細均勻。裝盤時要排列整齊。

椒鹽排骨

色澤金黃，外面脆香，裡面鮮嫩。

◎**簡　介：**

「椒鹽排骨」是上海的一道名菜。它始於宋代，稱「炙肉骨頭」。據《東京夢華錄》記載，它曾經是宋代宮廷名菜，在宋皇壽宴上也有此菜。到清代也是官府名菜，《紅樓夢》中所稱的「炸焦骨頭」即指該菜。清代後期，上海本地菜館用豬大排切塊，加醬油和雞蛋液等調味醃漬，入油鍋炸熟後蘸椒鹽食用，又香又鮮，頗受人們歡迎。

◎**材　料：**

豬大排500克，紹酒、花椒鹽各10克，醬油20克，味精1克，乾太白粉15克，雞蛋1個，豬油1000克（約耗75克）。

◎**製　法：**

①將豬大排橫放在砧板上，脊骨朝下，肋骨朝上，用刀剖

至骨凹，拉開刀紋斬斷骨頭，斬成0.6～0.7公分厚的大片，用刀剁去一點大骨，使排骨不要帶骨太多，再將大片排骨斬成1.5公分寬、厚薄均勻的條，每條都要均勻地帶上骨頭。

②將排骨條放碗裡，加入紹酒、醬油、味精、乾太白粉和雞蛋液，用手捏和均勻。

③炒鍋上火，下油燒至八成熱，投入排骨炸製。排骨放入時要四面分散，以防黏連。全部投入後用漏勺翻動，炸至呈金黃色、排骨浮起，用漏勺撈出裝盤，隨帶花椒鹽蘸食。

◎掌握關鍵：

必須先將大排切成小塊，用調味醃透，再入油鍋炸至呈金黃色、肉質斷生即可，不宜久炸。

中·國·名·菜·精·華

秦菜即陝西菜，也是我國最古老的地方菜系之一。
陝西省位於黃河中游。這裡土地肥沃，物產豐富，是我國古代經濟文化的發祥地之一。

周朝至秦朝是秦菜菜系的形成期。西漢和隋唐是秦菜發展的兩個高峰。西漢「武帝之初七十年間，國家亡事，非遇水旱，則民人給家足，都鄙廩庾盡滿，而府庫餘財。京師之錢累百巨萬，貫朽而不可校。大倉之粟陳陳相因，充溢露積於外，腐敗不可食」，以致「守閭閻者食粱肉」。那時的民間酒食宴客「殽旅重疊，燔炙滿案，臑鱉膾鯉，麑卵鶉鷃橙枸，鮐鱧醢醯，眾物雜味」，眞可說是水陸雜陳了。而富家更是「鮮羔䍮、几胎肩、皮黄口。春鵝秋雛、冬葵溫韭」，豪華到了極點。當時的京城長安有八街九市，「殽旅成市」，飲食業已經到了樣樣俱全的地步。

隋朝從文帝到煬帝，雖然只有短短37年，和秦朝一樣，在歷史上影響很大。史稱隋朝「中外倉庫，無不盈積」，「庫藏皆滿」、「府帑充實」(《隋書·食貨志》），積穀之多，到唐朝用的還是隋糧。到了唐玄宗時代，李唐王朝的統治達到鼎盛時期，當時的長安城內東、西兩市商業集中的地方，店鋪林立，飲食烹飪技術也隨之得到發展和提高，宮廷膳食飲饌的烹調技術達到比較精湛的水平。明清時期，西安是歷史重鎮，飲食業比較興旺。1933年，隴海鐵路通車西安，特別是抗日戰爭爆發後，西安又成爲西北重鎮，華北各地和江淮兩岸人民紛紛西遷，淮揚等名幫菜館相繼在西安開業，使陝西菜有了新的發展和變化。

陝西菜是由陝北、關中、漢中三種地方菜餚所組成，在烹飪風格上各有特點。關中菜是陝西菜的代表，取料以豬、羊肉爲主，具有料重味濃、香肥、酥爛的特點；陝北菜則以滾、爛著稱，取料多以羊肉爲主，而以羊肉、豬肉合煮爲多，烹調方法多爲蒸燴兼製、肉菜合烹；漢中菜味多辛辣，具有辣、鮮的特點。秦菜的主要名菜有「帶把肘子」、「葫蘆雞」、「奶湯鍋魚」、「三皮絲」、「燴肉三鮮」、「白玉金魚湯」、「商芝肉」等。

商芝肉

色澤紅潤，肉質軟嫩，肥而不膩，香味濃郁。

◎簡 介：

「商芝肉」是陝西商洛地區的一道歷史名菜。

傳說該菜的成名，與商芝和「商山四皓」隱居商山有關。陝西商山（今商縣東南）盛產商芝，俗稱商山芝、紫芝。據《爾雅・翼》記載：此物「蕨生如小兒拳，紫色而肥」，所以又稱「小兒拳」，當地人叫「拳頭」或「拳芽菜」。每年到清明節前後採摘的商芝質量最好，經過蒸製，加工成乾菜，可供常年食用。據史書記載，秦末東園公、角里先生、綺里季、夏黃公四人，因避秦亂，攜妻帶兒，隱居商山，採芝而食，年皆八十餘，時稱「商山四皓」。漢高祖劉邦聽說後，非常敬仰，曾詔令他們下山做官，他們不為所動，仍在商山過著清貧的隱居生活。商芝由此更為著名。

商芝肉是商縣地區廚師用商芝和帶皮豬肉烹製的，因其色澤紅潤，質地軟嫩，清香濃郁，沁人心脾，耐人回味，故馳名陝西。經歷代流傳，如今商芝肉的用料和製法比古時都更為考究，現在是陝西商縣特有的一種風味名菜。

◎材 料：

帶皮去骨豬五花肉500克，商芝50克，蔥、醬油、芝麻油各10克，薑2克，八角3粒，蜂蜜15克，醋5克，紹酒15克，味精1.5克，攤好的雞蛋皮15克，精鹽1.5克，雞湯200克，熟豬油2000克（約耗75克）。

◎**製法：**

①將肉刮洗乾淨，入湯鍋煮至六成熟撈出，趁熱用蜂蜜、醋塗抹肉皮。炒鍋上火放豬油燒至八成熱，把肉塊皮朝下放入，炸至呈金紅色撈出，放入涼肉湯鍋中泡軟，取出放在砧板上，切成9公分長、0.2公分厚的片，皮朝下、茬壓茬整齊地擺入蒸碗內。

②大蔥5克切成0.8公分寬的段，5克切成0.8公分寬的斜形片。薑去皮洗淨，1.5克切成片，0.5克切成末。雞蛋皮切成0.8公分長的象眼片。

③商芝入沸水鍋中煮軟撈出，去掉老莖雜質，淘洗乾淨，切成3公分長的段，放入碗中，加薑末、醬油5克、精鹽1克、熟豬油10克拌勻，蓋在肉片上。另將雞湯100克放入小碗中，加薑末、醬油5克、精鹽0.5克和紹酒攪勻，澆入蒸碗內，加入薑片、蔥段（片）、八角，上籠用旺火蒸約半小時，轉小火繼續蒸約1.5小時，至肉熟爛後取出，揀去蔥、薑、八角，瀝去原汁（待用），將肉放入湯盤。炒鍋內放雞湯100克，加入原汁、雞蛋皮，放味精，淋芝麻油，澆入湯盤內即成。

◎**掌握關鍵：**

豬肉必須刮淨豬毛，肉塊油炸時，火要旺，必須裡外炸透，但不能炸焦。同各味相配後，重用小火蒸製，其味才佳。

枸杞銀耳

色澤紅白相映，香甜可口，具有滋補健身功效。

◎簡　介：

「枸杞銀耳」紅白相映，香甜可口，是西安地區深受人們喜愛的一道傳統名菜。

枸杞是一種名貴的中藥材，也是營養豐富的健身佳品。唐代著名詩人劉禹錫曾用「上品功能甘露味，還知一勺可延齡」的詩句來稱讚它。枸杞含有人體必需的蛋白質、粗脂肪、胡蘿蔔素及鈣、磷、鐵等營養成分，有滋肝補腎、生精益氣、祛風明目等功效。銀耳亦是珍貴的滋養補品，有生津潤肺、滋陰養胃、活血補腦和強心等作用。古人多用銀耳和枸杞作為延年益壽的補品，既作藥用亦作菜餚食用，一直流傳至今。

傳説漢高祖劉邦登上帝位後，張良被封留侯，後來他看到有些開國功臣被害，便辭官隱居別處，經常用當地所產的銀耳清燉為食以示清白。到唐朝初年，房玄齡等掌權，他們認為大丈夫決不能只圖自己清白的名聲，只要死得其所，即使拋頭灑血也無所畏懼，所以在「清燉銀耳」中又加了色紅似血的枸杞，這樣就形成了後來的「枸杞燉銀耳」。

◎材　料：

銀耳15克，枸杞5克，冰糖150克，白糖50克，蛋清少許。

◎製　法：

①枸杞用清水洗乾淨。將銀耳放入溫水中漲發一、二小時，取出摘去根蒂雜物，清水洗淨。

②取砂鍋一隻，放入銀耳，加適量清水，旺火燒開，小火煨煮2小時左右，加冰糖、白糖、枸杞再煮20分鐘，下蛋清攪和，稍燉片刻即成。

◎**掌握關鍵：**

銀耳反覆洗淨，去除雜質。重用文火煨透。滷汁要稀而稠濃，突出甜味。

葫蘆雞

形如葫蘆，香味濃郁，皮酥肉嫩。

◎**簡 介：**

「葫蘆雞」在古都西安久負盛名。相傳此菜始於唐代，由唐玄宗時擔任過禮、史二部尚書的韋陟之家廚所創。韋陟出身於官僚家庭，對膳食飲饌極為講究，為了吃到味美酥嫩的全雞，他命家廚用先煮後炸的方法烹製。韋陟嘗後，嫌肉質太老，味也不合他的要求，竟令家丁將廚師重打50大板致死。又叫第二位廚師再做。這位廚師採用先煮後蒸再入油鍋炸的方法烹製。雞肉酥嫩的要求達到了，但雞肉脫骨、皮肉鬆碎，雞不成形。韋陟認為這樣好吃的雞，所以不成形，一定是廚師偷吃過了，結果不問情由，又將這位廚師趕走。最後第三位廚師吸取了前兩位廚師的教訓，把雞捆紮起來，先蒸至斷生，再油炸，這樣做出來的雞，不但雞肉鮮香酥嫩，而且形似葫蘆。這次，韋陟十分滿意，就稱它為「葫蘆雞」。此菜後來流傳到酒肆、飯店，至今一直受到人們的歡迎。

◎材　料：

肥母雞1隻（重1250克左右），蔥段15克，薑塊10克，桂皮7克，八角四粒，醬油100克，紹酒25克，精鹽10克，花椒鹽25克，肉湯1500克，菜油1500克（約耗150克）。

◎製　法：

①將雞宰殺，洗淨，放水中漂30分鐘，除去血污，剁去腳爪，投入沸水鍋中煮約30分鐘撈出，割斷腿筋，放入蒸盆，注入肉湯，加紹酒、醬油、精鹽，將蔥、薑、桂皮、八角放雞身上，入籠用旺火蒸約2小時取出，揀去蔥、薑和香料，刺破眼珠，瀝乾水，順脊骨剖開。

②炒鍋上旺火，放油燒至八成熱，將雞背向下推入鍋內，用手勺撥動，炸至呈金黃色，撈出瀝油。將雞的胸部向上，用手拼攏，呈葫蘆形，裝入盤中，上桌時隨帶花椒鹽一小碟供蘸食。

◎掌握關鍵：

必須用活的嫩草雞作原料，宰殺後用清水漂和開水汆的方法，反覆洗淨，去除污血。加調味料和香料上籠蒸爛時必須加蓋，以保持原汁和香味不散失。

奶湯鍋子魚

色白如玉，魚肉細嫩，湯濃味鮮，爲冬令佳餚。

◎簡 介：

「奶湯鍋子魚」是西安最古老的一款傳統名菜，據說是由唐代珍饈「乳釀魚」演變而來的。「乳釀魚」曾是宮廷筵席上的名餚。唐代韋巨源向唐中宗進獻的「燒尾宴」上也有「乳釀魚」一菜。此菜是用黃河鯉魚為主料，用特製的火鍋烹製，其汁濃如乳，魚香四溢，鮮嫩肥美。後來逐漸演變為「奶湯鍋子魚」。如今西安市各大飯店都經營此菜，以西安飯莊所製為最好，成為中外顧客喜愛的冬令佳餚。

◎材 料：

活鯉魚1條（重1000克左右），水發玉蘭片、水發香菇、熟火腿各25克，豆腐、菠菜各200克，薑片7克，蔥段、精鹽、紹酒各15克，醋50克，白胡椒粉1克，香菜2.5克，肉湯500克，奶湯1500克，熟豬油100克。

◎製 法：

①鯉魚宰殺治淨，從頭至尾剖成兩爿，剁去魚頭，切成瓦塊形，洗淨待用。

②菠菜去老葉，洗淨，從根部劈開，；切成3公分長的段，用開水燙過，撈出瀝乾水分，放在碗中。豆腐切成0.2公分厚、0.5公分見方的片，放在碗中。加肉湯，上籠蒸15分鐘，取出倒入另一湯盤中。火腿、玉蘭片、香菇分別切成片。

③炒鍋上旺火，放豬油燒至六成熱，下蔥薑、魚塊，顛翻幾下，加紹酒、精鹽後再顛翻幾下（先後約半分鐘），放奶湯

1000克，再下火腿片、玉蘭片、香菇片，燉約兩分鐘，盛入火鍋內，加蓋上桌。另帶豆腐、菠菜、薑醋汁小碟。

④火鍋上桌後立即點燃。燒沸後揭去鍋蓋，下香菜和白胡椒粉。吃時，將魚肉夾出，蘸薑醋汁。吃過一半後，向鍋內續放奶湯，下菠菜、豆腐，繼續燒沸，連菜帶湯一起吃。

◎掌握關鍵：

魚必須鮮活，並洗淨污血，以去腥味。重用鮮湯烹製，使魚肉與湯均具有濃厚的鮮味。

金錢髮菜

髮菜綿軟，肉嫩湯鮮。

◎簡　介：

髮菜是我國西北的著名特產，主要分布在寧夏、甘肅、陝西等地的荒漠地帶，是一種營養豐富的珍貴藻類野蔬，是宴席菜品的上等原料。清代李笠翁在《閑情偶寄．飲饌部》中說：「菜有色相最奇，而為本草食物志諸書之所不載者，則西秦所產之頭髮菜是也。予為秦客傳食於塞上諸侯……詢之土人，知為頭髮菜。浸以滾水，拌以薑醋，其可口倍於藕絲、鹿角等菜。攜歸饗客，無不奇之，謂珍錯中所未見」。髮菜具有較高的營養價值，其所含蛋白質高達20%，還含有鈣、磷、鐵等多種礦物質，確為菜中上品。

「金錢髮菜」始於唐代。相傳當時長安商人王元寶嗜吃髮菜，後來成為國中豪富。許多商人以為他是吃了髮菜才發財致富的，所以大家都模仿他吃髮菜。廚師們特意將髮菜做成金錢形狀，寓意發財致富，這樣「金錢髮菜」便聞名於世，歷代相傳。到明清時代，它不僅是官府的佳餚，而且成為聞名中外的一種珍饈美味，每當春節，海外華僑及香港同胞在宴會上總要擺上髮菜，互道「發財」，以祈富貴吉祥。

◎材 料：

髮菜20克，雞脯肉100克，雞蛋4個，水發玉蘭片5克，嫩菠菜葉5克，精鹽2.5克，紹酒15克，味精1克，調水太白粉10克，熟豬油15克，肉湯15克，雞清湯1000克，菜油少許。

◎製 法：

①雞脯肉剁成細茸，放入碗中，加豬油10克、1個雞蛋的蛋清，攪拌成雞釀子。髮菜用水漂洗乾淨，撕開，放入雞釀子裡攪勻。玉蘭片切成薄片。嫩菠菜葉洗淨。

②將雞蛋1個磕入碗中，加涼肉湯、調水太白粉5克，攪打均勻，上籠用中火蒸10分鐘取出晾涼，切成1公分左右見方的蛋糕條。另將雞蛋2個磕入碗中打散，炒鍋用油擦過，置小火上，將雞蛋液分兩次攤成蛋皮兩張。

③雞蛋皮平鋪在砧板上，將已拌上雞釀子的髮菜分別攤在兩張蛋皮上，再將蛋糕條放在上面，然後提起雞蛋皮將髮菜和蛋糕條捲起，用調水太白粉黏好，成直徑約2.8公分的圓柱形髮菜卷兩個。取平盤一個，在盤內抹上一層菜油，放上捲好的髮菜卷，入籠用旺火蒸約10分鐘取出，切成1公分厚的段，整齊地放在湯碗內。湯鍋內放雞湯，旺火燒沸，加鹽、紹酒、玉蘭片、嫩菠菜葉、味精，撇去浮沫，澆入湯碗即成。

◎掌握關鍵：

髮菜必須浸透，反覆洗淨。蛋皮要完整，裹包食物後，用調水太白粉封口。蒸的時間要恰當，不能過長。

炸鵪鶉

鵪鶉鮮香酥脆，箸觸即脫骨。

如喜食香脆者，只需上漿後炸熟即可食用。

◎簡　介：

「炸鵪鶉」又名「箸頭春」、「炙活鶉子」，為唐代官府和宮廷名菜。鵪鶉是我國的一種野生候鳥，其味甘，溫平，具有益氣，補五臟、實筋骨、耐寒暑、清結熱等功效，還含有豐富的營養素。

用鵪鶉製作菜餚，在我國已有3000多年歷史。《禮記·曲禮》中就有「鶉為上大夫禮羞」的記載。唐代《韋巨源食單》中，就有「炸鵪鶉」一菜，當時稱「箸頭春」。在唐代，朝廷大臣升官時，都盛行給皇帝進獻「燒尾宴」。據史料記載，韋巨源晉升尚書右僕射（大臣）時，就向唐中宗進獻了一席「燒尾宴」共58種珍饈名點，其中便有「箸頭春」。此菜後來便成為宮廷名菜，並歷代相傳，在宋、元、明、清宮廷中都常烹食此菜。清代曹雪芹所著《紅樓夢》描述的酒宴上也有「炸鵪鶉」一菜。現在食用鵪鶉已極為普遍，成為頗受人們歡迎的野味佳餚。

◎材　料：

活鵪鶉3隻，紹酒10克，醬油30克，白糖2克，味精1克，花生油500克（約耗50克），辣醬油少許，鮮湯350克。

◎製　法：

①將鵪鶉宰殺，淨毛、開膛、去內臟，清水洗淨，瀝乾，然後將每隻鵪鶉切成4塊，放入盛器，加紹酒、醬油、味精、醃漬1小時，使其吸入調味。

②炒鍋上火，下油燒至七、八成熱，放入醃漬好的鵪鶉塊，炸至呈金黃色、肉熟取出。鍋內留油少許，下鵪鶉塊，加紹酒、辣醬油、白糖、味精、鮮湯350克燒開，移小火燜爛，起鍋裝盤即成。

◎掌握關鍵：

用活鵪鶉烹製。先用調味醃漬後，再入熱油中炸，使其入味，但不能炸得過老。

三皮絲

蜇皮脆，肉皮韌，雞皮嫩，清爽利口，是佐酒的佳餚。

◎簡 介：

「三皮絲」是古城西安的佐酒風味名菜，始於唐朝。提起此菜來歷，要從唐朝「三豹」說起。在中唐時，殿中御史王旭、監察御史李嵩、李全交，貪贓枉法，作惡多端，京師百姓深惡痛絕，就給他們起綽號，稱王旭為黑豹、李嵩為赤黧豹、李全交為白額豹。長安一酒店姓呂的廚師，用烏雞皮（黑色）、海蟄皮（淺紅色）、豬皮（白色），製成三種皮絲的菜餚，叫「剝豹皮」，供顧客佐酒，暗喻剝「三豹」皮之意。此菜面世後，來酒店吃「剝豹皮」的人越來越多。後來被人告密，這位廚師被「三豹」所殺，但「剝豹皮」一菜卻傳遍了京城。當地酒店為了懷念這位廚師，就將「剝豹皮」改名為「三皮絲」，世代相傳。現在西安的「三皮絲」雖與古時大為不同，做法和質量都提高了，但風味依然。

◎材 料：

熟雞皮、水發海蜇皮各75克，熟豬肉皮、醬豬肘花各100克，熟雞肉75克，蔥絲1.5克，精鹽31克，醬油10克，醋15克，芝麻油25克，花椒油25克。

◎製 法：

①先將熟肉皮片成薄片，連同熟雞皮、海蜇皮分別切成4.5公分長的細絲，再將帶皮醬肘花的皮片成薄片，連同精瘦部分及熟雞肉分別切成細絲，作為裝盤墊底菜。然後將以上各絲分別放入盤中待用。

②碗內放入蔥絲，澆上花椒油，放入雞肉絲、肘花絲、精鹽30克、醋、醬油拌勻，放在一只大的平盤中心，擺成三角形，然後將雞皮絲、肉皮絲、蜇皮絲分別堆起覆蓋在雞肉絲、肘花絲上面。

③碗內放芝麻醬，加精鹽1克，用芝麻油攪拌溶合，澆在堆放好的三絲上即成。

◎掌握關鍵：

雞皮、肉皮和蜇皮三絲均要切得粗細長短均勻，保持形狀整潔美觀。重用調味拌勻，使三種皮絲吸入調味而起鮮。

帶把肘子

肘肉酥爛不膩，肘皮膠黏軟糯，香醇味美，別有風味。

◎簡 介：

「帶把肘子」是陝西大荔（古稱同州）一帶的地方名菜。人們每到過年或宴請都必備此菜。

「帶把肘子」始於明朝弘治年間。當時同州城裡某飯館有個廚師叫李玉山，善於烹製各色菜餚，遠近聞名。這年八月，新任州官要做五十大壽，衙門管家來飯館傳李玉山到府內做菜，李為人正直，不畏權貴，看到這州官搜刮民財十分刻薄，便托辭回絕。不久，陝西撫台鄭時來同州巡視，州官為了討好撫台，又差人傳李到府內做菜。李本想再次回絕，但被正在店裡吃酒的尉能勸住了。尉能曾做過光祿大夫，專管皇家國宴事宜，因為官耿直厭棄官場而告老回鄉的。李玉山不解地問尉為何要他前去做菜，尉說：「我深知鄭撫台的為人，今天你去須如此這般……」。李聽後心中明白，便馬上前往。同州府的何管家，因上次碰了一鼻子灰而懷恨在心。這次見李玉山來了，便不懷好意地隨便買了一些帶骨頭的肉交給李，限時要他做好，企圖陷害他。李玉山就用它燒成一道菜：上面是肉，下面是幾根骨頭。撫台看了便問：「這個叫什麼菜？」州官一看，大吃一驚，急忙傳來李玉山問罪。李面不改色地答道：「撫台大人不知，我們州老爺不但吃肉，連骨頭也吃的！」鄭撫台本來是一位清官，聽了李講的幾句話就知道了他的意思，不等州官發作，就賞了李玉山十兩銀子放他回去。第二天鄭撫台便親自到李玉山的飯館了解州官的罪惡，回去嚴懲了州官，百姓人心大快。鄭撫台到李的飯館訪查時曾問李玉山那道菜叫什麼名字，李說：「因腳爪似把柄，叫做『帶把肘子』」。從此「帶把肘子」便成了當地筵席上的一道必備名菜，一直流傳至今。

◎材　料：

帶腳爪豬前肘（帶腳爪的前蹄）1隻（重1250克左右），紅豆腐乳1塊，甜麵醬150克，紅醬油35克，白醬油、紹酒各25克，蒜片50克，薑末、桂皮各5克，八角3粒，蔥200克，精鹽少許。

◎製　法：

①將肘子刮洗乾淨，肘頭朝外、肘把（腳爪）朝裡、肘皮朝下，放在砧板上，用刀沿著腿骨將皮剖開，剔去腿骨兩邊的

肉（三面離骨），底部骨頭與肉相連，使骨頭露出。然後將兩節腿骨由中間用刀背砸斷，入湯鍋煮至七成熟撈出，用淨布揩乾水，趁熱用紅醬油塗抹肉皮。

②取蒸盆一個，盆底放入八角、桂皮，先將肘把的骱骨用手拉斷，不傷外皮，再將肘子皮朝下裝進蒸盆內，根據肘子形狀，將肘把貼住盆邊窩著裝盆，成圓形，撒入精鹽，用淨紗布蓋在肉上，再將甜麵醬50克、蔥75克、紅豆腐乳、紅醬油、白醬油、紹酒、薑、蒜等在紗布上抹開，上籠用旺火蒸3小時左右，至爛取出，揭去紗布，把肘子放入盤中，揀去八角，上桌時另帶蔥段和甜麵醬各一碟。

◎掌握關鍵：

肘子刮淨豬毛，並用熱水和清水反覆洗淨。肘子要蒸爛，但形狀保持原樣完整不碎。

金邊白菜

四邊金黃，脆嫩爽口，具有酸、辣、鹹、鮮四種滋味。

◎簡 介：

「金邊白菜」是西安地區比較流行的一道特色菜，它始於清代。清代末年西安著名文人薛寶辰，曾經在北京做過小官，在他的《素食說略》一書中記載說：「『金邊白菜』，西安廚人作法最妙，京師廚人不及也」、「取嫩菜切片，以猛火油灼之，加醋、醬油……微搭芡，名『金邊白菜』」。相傳庚子之變慈禧太后逃至西安時，每次食用的幾十道菜中也必備「金邊白菜」。可見，此菜在清末已享有盛名。

◎**材　料**：

大白菜500克，乾紅辣絲75克，醬油20克，精鹽6克，醋25克，薑末5克，調水太白粉15克，芝麻油5克，菜油100克，白糖適量。

◎**製　法**：

①大白菜剝去老幫（葉），洗淨瀝水，菜面朝上放砧板上，用刀拍一下，使之發鬆，便於入味，再切成長3公分、寬0.4公分的條。乾辣椒切開去籽切成0.8公分長的段。

②炒鍋上旺火，放菜油燒至七成熱，下辣椒段，炸至發焦，放薑末和白菜，用旺火急速煸炒，烹醋、醬油，加精鹽、白糖，煸至刀茬處呈金黃色時，用調水太白粉勾芡，淋上麻油，顛翻均勻，即可出鍋裝盤。

◎**掌握關鍵**：

要用鮮嫩大白菜製作。菜條要切得粗細長短均勻，入鍋旺火急煸，方能保持脆嫩。

溫拌腰絲

腰絲脆嫩，香鮮爽口。

◎簡　介：

「溫拌腰絲」是西安地區的傳統名菜。宋時曾盛行「酒醋拌白腰子」一菜，並成為宮廷和官府名菜。宋朝司膳內人所著的《玉食批》一書曾將「酒醋白腰子」、「三鮮筍炒鵪子」、「爊石首盆」、「土步辣羹」、「海鹽蛇鮓」列為「玉食」（即美食）。這些美食都是經皇帝與大臣們食用並得到肯定之珍饈。「溫拌腰絲」就是根據宋朝「酒醋白腰子」的製法，加以改進，將原來用酒醋燒煮，改為以腰絲與粉絲用旺火滾水燙熟，加酒、醋、醬油、芝麻油等調味拌製而成，腰絲鮮嫩、爽口，極受人們歡迎。不久它就成為西安市西安飯莊的主要名菜之一。

◎材　料：

淨豬腰150克，水發粉絲50克，水發木耳15克，精鹽2.5克，醋10克，薑末2.5克，紹酒10克，萵筍25克，醬油15克，白胡椒粉1克，蒜末5克，花椒10粒，芝麻油25克。

◎製　法：

①豬腰剝去皮膜，先用刀片成兩半，除淨腰臊，再片成0.3公分厚的薄片，然後順長切成細絲。萵筍、木耳都切成絲，粉絲切成約24公分長的段。

②湯鍋內放清水2500克，用旺火燒沸，投入腰絲，用筷子攪轉，動作要快，待腰絲伸展、顏色發白時，撈出瀝水，放入碗中，加紹酒（5克）、醬油（5克）拌勻。粉絲、萵筍絲、

木耳絲分別用開水焯過，裝入另一碗內，加精鹽、紹酒、醬油、醋拌勻，裝入盤內墊底，將腰絲蓋在上面，撒上薑末、蒜末、白胡椒粉。

③炒鍋上旺火，放入芝麻油，燒至九成熱，投入花椒粒炸出香味，撈出花椒不要，將油潑在薑末、蒜末上即成。

◎掌握關鍵：

必須去淨腰臊，否則會有異味。入滾開水中稍汆即撈起，時間長了肉質會變老。調味要多而濃，其味才佳。

八卦魚肚

魚肚柔軟，雞肉細嫩，湯清味鮮。

◎簡 介：

「八卦魚肚」是陝西的一道特色名菜。魚肚是海味中之上品，歷來為席上珍饈。魚肚主要產於我國沿海及南沙群島等地，分黃魚肚、鮰魚肚和鰻魚肚，以廣東產的廣肚質量最佳。此菜以魚肚和雞脯肉為主料，熟後按古代八卦圖案形狀排列，故此得名。由於該菜製作精巧、滋味鮮美，長期以來一直深受中外顧客的歡迎。

◎材 料：

水發魚肚100克，雞脯肉300克，雞蛋3個，攤好的雞蛋皮1張，薑3片，蔥段15克，熟火腿25克，水發香菇15克，菠菜葉10克，紹酒15克，精鹽9克，味精2克，調水太白粉

10克，雞清湯1250克，熟豬油10克。

◎**製 法：**

①將雞脯肉、蔥、薑放在一起，用刀剁碎，搗成細泥放碗中，加精鹽1.5克、味精0.5克、3個雞蛋的蛋清、調水太白粉，攪成雞釀子。魚肚片成7公分長、0.8公分寬的薄片（越薄越好）。

②取中平盤一個，用熟豬油塗抹內底，將魚肚平鋪在盤內呈圓形，將雞釀子全部蓋在魚肚上，攤平抹光。

③火腿切成0.15公分粗、3公分長的細絲6根，4公分長的細絲12根，7公分長的細絲3根，直徑0.5公分的圓片1片，其餘的剁成細茸。菠菜葉也切成3公分長的細絲6根，4公分長的細絲12根。香菇切成直徑0.5公分的圓片1片，其餘斬成細茸。雞蛋皮切成細絲。

④先用7公分長的火腿絲3根在雞釀子的中心圍成直徑約7公分的圓圈，用雞蛋皮絲在圓圈中擺成兩個首尾相交的魚形圖案，然後將香菇茸、火腿茸分別鋪在兩條魚形圖案裡，再用火腿片和香菇片調開顏色，點綴上眼睛，做成「太極圖」。用火腿絲、菠菜絲圍繞「太極圖」，調開顏色，等距離地擺成八卦圖案，上籠蒸約5分鐘取出。按照圖案花紋，用手勺將「太極圖」剝離，保持原形，推入湯盤內。

⑤湯鍋內放入雞清湯，加紹酒、精鹽（7.5克），用小火燒沸，撇淨浮沫，放味精（1.5克），澆入湯盤即成。

◎**掌握關鍵：**

魚肚必須浸軟，用溫開水加激鹼洗去油膩味。用純雞湯烹製。注意將各種食物原料精心排列成八卦太極圖形。

拾貳

鄂菜

鄂菜也是我國歷史悠久的一個地方風味菜系，自古就有名。湖北是楚文化的發祥地，早在先秦時，荊楚名饌就流行於長江流域。春秋戰國時期，湖北曾是當時楚國的疆土，所以又以「楚地」爲別稱，聞名的楚國故都紀南城就位於江陵縣境內。自古以來，湖北就是著名的「魚米之鄉」，戰國時代的思想家墨子曾驚嘆楚地的富饒，他說「荊有雲夢，犀兕麋鹿盈之，江漢魚鱉黿鼉爲天下饒」(《戰國策》卷三十二)。西漢時期的大歷史學家司馬遷在《史記・貨殖列傳》中用「飯稻羹魚」四字形象地概括了當時楚地人民的日常生活。在《漢書・地理志》中又有楚鄉「蠃蛤，食物常足」之說。由於地利物產的優勢，因而當地烹飪技術比較發達。這裡烹製的鯿魚(即武昌魚)，早在距今1700多年前的三國期間就已出名，北魏賈思勰在其所著的《齊民要術》中，就詳細記錄了鯿魚的蒸、煮、炙三種烹製方法，可見當時湖北地區已經有了比較精湛的烹調技術。後來他們又不斷吸收南北各地烹調方法的長處，豐富發展自己的烹調技術，使鄂菜具有了更多的新特色。

湖北菜是由武漢、荊州和黃州三種地方菜所組成。其烹調方法以蒸、煨、炸、燒、炒爲主。菜餚大都汁濃、芡稠、口重、味純，具有樸素的民間特色。其中武漢菜花色品種較多，注重刀工，講究配色造型，尤其是煨湯技術有獨到之處。荊州菜以烹製淡水魚鮮見長，以各種蒸菜最具特色，用芡薄，味清純，善於保持原味。黃州菜擅長燒、炒，用油較寬，火功恰當，汁濃口重，味道偏鹹，富有鄉村風味。湖北地區的主要名菜有「清蒸武昌魚」、「沔陽三蒸」、「冬瓜鱉裙羹」、「瓦罐雞湯」、「響淋海參」、「蝴蝶過河」、「雞泥桃花魚」等二、三百種。

清蒸武昌魚

鯿魚潔白並有紅、黃、褐、綠色配料相映，五彩繽紛；魚肉細嫩肥美，湯汁鮮濃，清香可口。

◎簡 介：

「清蒸武昌魚」是湖北歷史悠久的一款傳統名菜。武昌魚即團頭魴，俗稱鯿魚。此魚早在古時就很有名，《詩經》中說：「豈其食魚，必河之魴」。《湖北通志》中記載：「鯿魚……產樊口者甲天下」。樊口位於今湖北省鄂城縣境內，梁子湖通長江的水道上。古時的武昌即現在的鄂城縣，所以團頭魴又稱武昌魚。

烹食武昌魚在三國時代就很盛行。在《吳志・陸凱傳》中，記述了三國鼎立時代，吳主孫皓由建業（今南京）遷都武昌，陸凱上疏諫阻，引當時民謠「寧飲建業水，不食武昌魚」。清代同治年版《江夏志》上寫：「得失任看塞上馬，依棲且食武昌魚」。

武昌魚肉質細嫩，味道十分鮮美，所以從三國時代起就一直馳名天下。1956年毛澤東主席視察武漢時，曾品嘗「清蒸武昌魚」，並在所作的詞中說「才飲長沙水，又食武昌魚」，從此武昌魚更是名聞遐邇。

◎材 料：

鮮武昌魚1條（約重1000克），熟火腿片25克，水發香菇、冬筍片、豬油、雞油各50克，味精1.5克，精鹽2.5克，紹酒、蔥結各10克，薑塊5克，雞湯150克，胡椒粉少許。

◎**製 法：**

①將魚去鱗、鰓，剖腹去內臟，洗淨，在魚身兩面各剞四刀，盛入盤中，撒上精鹽。香菇去蒂洗淨，和熟火腿片一起分別擺放在魚上面，冬筍片鑲在魚的兩邊，再加蔥、薑和紹酒。

②鐵鍋置旺火上，加清水燒沸，將整魚連盤上籠蒸15分鐘左右至魚眼突出、肉質鬆軟，取出去掉蔥結和薑塊。

③炒鍋上旺火，下豬油燒熱，瀝入蒸魚的原湯汁，加雞湯，放味精、雞油燒濃，起鍋澆在魚上，撒上胡椒粉即成。

◎**掌握關鍵：**

必須用鮮活之魚烹製。烹製前要除盡肚內血筋，否則成菜會有腥味。

紅菜薹炒臘肉

色澤紫紅，菜薹鮮香脆嫩，臘肉醇美柔潤，富有濃厚的鄉土風味，是冬春季節的時令名菜。

◎**簡 介：**

紅菜薹又名芸菜薹、紫菜薹，產於武昌洪山一帶，故又叫洪山菜薹。它是湖北地區的著名特產，早在1000多年前就已馳名，曾作為向皇帝的貢品，被封為「金殿王菜」。清代慈禧太后聽政時，經常派人到洪山索取此菜。歷代許多著名人士都慕名前往品嘗。據說北宋蘇軾偕蘇小妹遊黃鶴樓後想品嘗洪山菜薹，因時令寒冷沒有此菜，他們便特意暫留武昌，直到品嘗到此菜後才盡興離去。清代《漢口竹枝詞》中曾寫道：「不須考究食單方，冬月人家食品良。朱酒湯元宵夜好，鯿魚肥美菜薹香」。古時，洪山菜薹與武昌魚一樣被譽為「楚天」的兩大名菜。因它是用紅菜薹與臘肉共炒而成，故名「紅菜薹炒臘肉」。

◎材 料：

紅菜薹1000克，熟臘肉100克，芝麻油75克，精鹽2.5克，薑末5克，味精少許。

◎製 法：

①取紅菜薹嫩的部分用手折斷成4.5公分長的段，用清水洗淨瀝乾。臘肉切成3.3公分長、0.3公分厚的片。

②炒鍋上旺火，放芝麻油燒熱，下薑末稍煸後，放入臘肉再煸炒1分鐘，用漏勺撈出。

③原炒鍋連同餘油上旺火，燒至七成熱，再放入菜薹煸炒2分鐘，放鹽和臘肉片再合炒1分鐘，撒味精，用手勺推勻，端起炒鍋顛動幾下，起鍋裝盤即成。

◎掌握關鍵：

烹前將臘肉用溫開水洗淨後煮熟。臘肉片要切得薄而均勻。紅菜薹用旺火急煸至熟。以保持肉和菜的鮮嫩質地。

蟠龍菜

色澤美觀，紅中透黃，鮮嫩爽口。

◎簡 介：

「蟠龍菜」是明朝嘉靖年間的宮廷名菜。它始於湖北省鍾祥縣。相傳明正德十六年（公元1521年），武宗朱厚照臨死前，立詔朱厚熜(世宗)繼位。當時朱厚熜正在鍾祥縣，接旨上京前，特地前往其老師府中辭行。老師十分高興，設家宴招待。老師府上一位姓詹的老廚師，聽說朱厚熜將返京做皇帝，此舉猶如蟠龍升天，於是就用瘦豬肉、豬板油和去骨魚肉，分別斬成肉泥，用乾太白粉、雞蛋清、蔥末、薑末攪和，再用蛋皮，裹成長圓形的蛋捲，皮間飾以銀珠，蒸熟後切成薄片，擺在盤中呈龍形。朱吃後讚不絕口。朱厚熜登基後，便把這位廚師召進宮中。從此「蟠龍菜」就成為明朝宮廷的一道佳餚。明代詩人樊國楷的詩：「山珍海味不須供，富水春香酒味濃。滿座賓客呼上菜，裝成捲切號蟠龍」，就是對「蟠龍菜」的讚揚。此菜現為湖北名菜，當地人都把它稱作「皇菜」，人們喜慶設宴和逢年過節，都要品嘗「蟠龍菜」，以祈富貴吉祥。

◎材 料：

瘦豬肉、豬肥膘肉各500克，雞蛋4個，熟豬油15克，麻油75克，乾太白粉150克，精鹽10克，香菜、蔥末、薑末各5克，火腿末15克。

◎製 法：

①瘦豬肉和肥膘肉一起斬成茸，放大碗內，加水攪混浸泡30分鐘，待肉茸沉澱後瀝去水，換清水再浸30分鐘，再換水

一次，至肉茸呈白色時，倒入紗布袋內，擠去水分，取出盛入碗中。加精鹽、1個雞蛋的蛋清、蔥薑末、乾太白粉100克拌和，再加清水200克，攪成黏稠肉醬。

②雞蛋磕入碗內打勻。炒鍋燒熱，用麻油涮鍋，倒入蛋漿攤成約35公分長的蛋皮2張，從中間切開成4張。然後將蛋皮攤開，用乾太白粉抹勻，再抹上肉醬，捲成約30公分長、4公分厚、4.5公分寬的長筒蛋捲4條，擺在濕布上晾涼、潮潤。籠屜內用麻油15克抹勻，放入蛋捲，旺火蒸20分鐘，取出晾涼，切成1公分厚的蛋捲片。

③取大碗一個，用熟豬油5克抹勻，將蛋捲片互相銜接螺旋形地擺入碗內，上籠蒸15分鐘取出，翻扣在盤中，淋入熟豬油，用香菜及熟火腿末裝飾一下即成。

◎掌握關鍵：

要拌製好肉醬糊，略乾一些，不宜過濕。蛋皮要完整不破。上籠加熱時間勿過長，以保持成菜外形飽滿。

雞泥桃花魚

形如朵朵桃花，浮於湯面，魚肉鮮嫩。

◎簡　介：

「雞泥桃花魚」是湖北宜昌的一道傳統名菜。桃花魚產於彝陵峽口香溪河裡，每當春暖桃花盛開的季節，它就在河裡浮游，其體色白中帶紅，呈半透明狀，十分美麗。「花開溪魚生，魚戲花影亂。花下捕魚人，莫作桃花香」，這是清代詩人對它的描寫。每當桃花凋謝時，桃花魚也隨之消失。

關於桃花魚的產生，當地還有一段美麗的傳説。相傳漢朝以前，這裡尚無桃花魚。漢代昭君臨出塞之前，回家看望父老鄉親，適逢桃花盛開，在離鄉回長安的途中，行至桃林，滿園桃花紛紛落下，撒在昭君的頭上，飄落到河邊和昭君乘坐的龍頭雕花船上。昭君告別相送的父老鄉親，含淚上船，眾鄉親隨船相送。突然，滿天桃花飛舞，飄撒到香溪河裡，匯集在船四周，水面覆滿桃花；木船順流而下，桃花隨船而漂。群山擋住了昭君回望故鄉的視線，她含淚彈起了琵琶，琴聲如泣如訴。昭君的淚水伴著幽揚的琴聲，灑在滿河的桃花瓣上，頓時變成了無數美麗的桃花魚。船至彝陵山峽口，弦斷音歇，桃花魚也游入了桃花潭。從此，每逢桃花盛開時，桃花魚就如期出現。

《荊州府物產考・桃花魚記》上曾記載了它的產地及其特點。很早以前人們就用雞泥同桃花魚一起製菜，名為「雞泥桃花魚」，至今遠近聞名。

◎材　料：

桃花魚150克，雞脯肉、鱖魚肉各100克、雞蛋2個，雞清湯1000克，豆腐粉25克，味精2.5克，精鹽10克，蔥薑汁50克，豬油25克，青豆苗少許。

◎製　法：

①桃花魚治淨，瀝乾水，放入碗內，加蔥薑汁15克、精鹽4克，醃漬待用。
②雞脯肉去皮去筋洗淨，鱖魚肉洗淨，分別斬成茸，盛入碗中，加豆腐粉、2個雞蛋的蛋清、蔥薑汁35克、味精1克，攪拌上勁，分別裝入兩個小碗內。將2個雞蛋的蛋黃放其中一個

小碗內和勻。

③炒鍋上旺火，下雞清湯，燒至六成熱，把兩色雞魚茸分別擠在桃花魚上，邊擠邊下鍋，汆5分鐘後，加鹽6克，放味精，下青豆苗，淋豬油，起鍋裝盆即成。

◎**掌握關鍵：**

要將魚反覆洗淨，去除污血。下滾湯中汆煮的時間不要過長，否則魚肉易碎。

紅燒野鴨

色澤黃亮，肉質肥嫩香酥，鮮甜爽口，湯汁稠濃入味。

◎**簡 介：**

「紅燒野鴨」是湖北省洪湖縣的傳統名菜，距今已有200多年的歷史。洪湖位於長江中游湖北境內，水面在1萬畝以上，水產資源極其豐富，是野鴨棲息、覓食、越冬的理想場所。每年寒露一過，成群的野鴨便從西伯利亞飛到這裡越冬，洪湖漁民便大批捕捉。野鴨肉質肥嫩、鮮香，營養豐富，當地每逢春節家人團聚或款待客人，通常都要烹食野鴨這道美味。因此，用野鴨烹製的菜餚，便逐漸成為這個地區的傳統名菜，而且近百年來它已成為我國著名的野味菜餚之一。

◎**材　料：**

洪湖青頭野鴨1隻（約重1000克），熟豬油25克，芝麻油50克，白糖200克，紹酒100克，硝水50克，精鹽1.5克，胡椒粉1克，蒜白、薑片各25克，蔥花1.5克。

◎**製　法：**

①野鴨宰殺淨毛，剖腹去內臟，洗淨。鴨肫剖開，除去皮雜，切成塊。砍掉鴨頭、尾、腳和脊骨，鴨頸用刀稍拍，剁成4節，其餘切成3.3公分長、1.2公分寬的塊。

②炒鍋上旺火，下芝麻油燒熱，放入鴨塊，加硝水稍煸，待鴨塊血水炒乾時，再加入紹酒炒1分鐘，至鴨肉剛熟起鍋。

③原炒鍋置旺火上，放入鴨塊，加精鹽、薑片、清水（水量以浸沒鴨塊為度），蓋上鍋蓋，燜燒半小時，待鴨塊八分熟、鍋內尚有少量湯汁時，再加蒜白、白糖，繼續燜燒至糖汁能拉絲，起鍋裝盤。把鍋內剩下的糖汁稍煎，加熟豬油，起鍋澆在鴨塊上，撒入蔥花、胡椒粉即成。

◎**掌握關鍵：**

野鴨去淨細毛，去除污血，反覆洗淨。用中火燜燒至爛，味道才鮮香。

冬瓜鱉裙羹

湯清汁醇，裙邊柔糯，冬瓜熟爛，原汁原湯，夏令佳餚。

◎簡 介：

「冬瓜鱉裙羹」是荊州古城歷史悠久的傳統名菜。鱉又名甲魚、團魚。用甲魚的裙邊和冬瓜烹製的羹叫「冬瓜鱉裙羹」，歷來為菜中上品。此菜已有1000多年的歷史。《江陵縣志》記載，北宋時期，仁宗召見江陵張景的時候問道：「卿在江陵有何貴」？張説：「兩岸綠揚遮虎渡，一灣芳草護龍洲」。仁宗又問：「所食何物」？張説：「新粟米炊魚子飲，嫩冬瓜煮鱉裙羹」。由此可見「冬瓜鱉裙羹」早在北宋時已成為膾炙人口的名菜了。如今荊州著名的「聚珍園」菜館仍按傳統方法烹製此菜，頗有特色，一些到荊州古城品嘗過此菜的人稱讚説：「荊州處處魚米香，佳餚要數鱉裙羹」。

◎材 料：

雄甲魚肥大裙邊750克，去皮嫩冬瓜300克，熟火腿片、熟豬油各50克，精鹽2.5克，味精1.5克，胡椒粉1克，蔥花、薑末、紹酒各25克，雞湯750克。

◎製 法：

①甲魚裙邊洗淨，切成塊。去皮冬瓜切成塊。

②炒鍋上火，下豬油燒熱，下裙邊塊煸炒斷生，加紹酒、雞湯，燜煮至七、八分熟，倒入燉缽中，加冬瓜、鹽、味精、蔥花、薑汁、熟火腿片，清燉至熟，撒上胡椒粉，起鍋裝盤即成。

◎**掌握關鍵：**

甲魚裙邊必須收拾乾淨，將其先用沸水浸泡一下，然後刮去厚衣，用清水洗淨，成菜後就無異味。

燒春菇

香菇呈褐色，清鮮柔軟，鮮甜香脆、四味俱全。

◎**簡 介：**

「燒春菇」是湖北黃梅縣古剎五祖寺著名的「五祖素菜」之一。「五祖素菜」是唐代禪宗五祖弘忍用來宴請朝廷官員和僧侶貴客的素味佳餚。據史書記載，五祖寺當時設有大燎、小燎（即大小廚房）和齋堂，可供1000名僧徒和香客就膳。它的「煎春捲」、「燙春菜」、「燒春菇」、「白蓮湯」頗有名氣，統稱「五祖素菜」。「燒春菇」是用寺旁松林中的鮮松菇為主料，加荸薺、胡椒、生薑等配料烹製而成，鮮甜香脆，四味俱全，很受人們歡迎。解放後長期中斷，前幾年五祖寺為了適應中外佛門人士的需要，特請過去製作「五祖素菜」的主廚海妙和尚掌灶，恢復了「五祖素菜」的製作和供應。

◎**材 料：**

鮮香菇150克，荸薺50克，生薑10克，胡椒粉1克，調水太白粉25克，芝麻油50克，素湯100克，精鹽、味精各適量。

◎**製 法：**

①鮮菇切成片，用溫開水略泡後清水洗淨。荸薺洗淨，去皮，切成薄片。

②炒鍋上旺火，下麻油25克，燒至七八成熱，下鮮菇旺火煸炒片刻，放入荸薺片，加薑片、精鹽、素湯100克，燒開後用小火煨煮5分鐘，然後用調水太白粉勾芡，放味精，撒胡椒粉，淋麻油，起鍋裝盤即成。

◎**掌握關鍵：**

香菇必須先用水浸洗乾淨。烹製時必須掌握好火候，吃火時間不要過長，否則將影響其新鮮脆嫩的質地。

瓦罐雞湯

雞肉軟爛，湯濃味鮮，營養豐富，尤宜老人和產婦食用。

◎**簡 介：**

「瓦罐雞湯」是武漢市小桃園煨湯館的著名特色風味菜餚。1946年，武漢市有一個姓陶的和一個姓袁的工人，為了維持自己生活，在武漢蘭陵路擺了一個小吃攤，開始只經營油條、麵窩、豆漿之類的小吃；後來增加各式煨湯，如「母雞湯」、「八卦湯」、「排骨湯」、「牛肉湯」、「鴨子湯」等，特別是「母雞湯」，用瓦罐煨煮，汁鮮味濃，異香撲鼻，深受顧客歡迎。當時這個食攤取二人之姓稱「小陶袁」，後改成

「筱陶袁」，聞名全市。解放後幾經擴建，成為面目一新的筱陶園煨湯館，他們經營的「瓦罐雞湯」亦隨之更加著名，許多中外人士路經武漢，都慕名前往品嘗。「文革」期間停業，1978年恢復營業，改名為小桃園煨湯館，「瓦罐雞湯」聲譽日高，成為遠近聞名的特色菜餚。

◎材　料：

黃陵、孝感地區出產的黃色老母雞淨肉250克（另加雞肫、肝和心），豬油25克，味精1.5克，精鹽1.5克，蔥花5克，薑末2.5克。

◎製　法：

①老母雞宰殺治淨，取淨雞肉1塊（250克），切成3.5公分寬、4.5公分長的小塊。雞肫、肝、心分別收拾乾淨。

②炒鍋上旺火，下豬油燒熱，下雞肉塊、肫、肝、心和蔥花、薑末爆炒，至香氣撲鼻、呈黃色時，加入味精、精鹽，起鍋盛入瓦罐中，加清水500克，置小火上，敞開蓋，煨至湯汁濃稠時（嫩雞煨2小時，老雞煨3小時），離火倒入湯盤中即成。

◎掌握關鍵：

重用文火煨製，火功到家，其味才鮮。

八卦湯

湯汁乳白，肉爛汁鮮，具有較高的營養價值。

◎簡　介：

「八卦湯」又名「龜肉湯」。它是湖北武漢市「小桃園」的特色名菜之一。烏龜生命力很強，連續數月不食，也照樣可以生存，其壽命可達幾百年甚至上千年，曾被古人視為神靈。因而，我國民間歷來將其作為一種滋補與食療佳品，常食可延年益壽。因龜背上的紋形似古八卦圖，故人們又稱其為「八卦」。「八卦湯」在清末就已馳名中外，長期以來一直享有盛譽。許多中外人士到武漢，都要前往「小桃園」品嘗此菜。

◎材　料：

烏龜1隻（約重750克），豬油12.5克，熟芝麻油0.5克，味精2克，精鹽5克，蔥段5克，薑塊（拍鬆）2.5克。

◎製　法：

①將活烏龜擊斃，捶開殼，去掉底板和膽，將龜腸剖開，砍掉頭、腳，剝去皮尾，切成3.5公分長、1.5公分寬的塊，與內臟一起洗淨。

②炒鍋上旺火，放豬油燒熱，先下蔥段、薑塊煸2分鐘，再下龜肉、內臟、精鹽、芝麻油，一起爆炒5分鐘，起鍋盛入砂鍋，一次放足清水450克，置旺火上煨2小時後，加入龜蛋，繼續煨到湯汁稠濃、透出香氣時，加入味精，起鍋裝入湯碗內即成。

◎**掌握關鍵：**

烏龜有濃腥味，必須用熱水與清水反覆洗淨，用旺火加蔥、薑煸炒去腥後，再入砂鍋煨爛，其肉汁方具有純正鮮味。

蝦仁筆架魚肚

色澤悅目，魚肚鬆軟如綿，柔嫩有韌性，湯汁清鮮可口。

◎**簡 介：**

筆架魚肚是湖北省石首縣的特產之一。石首地處長江中游「九曲回腸」地段，河道曲折，回流密布，從蚊子淵到塔市驛100多公里的流域裡，生長著特有的鮰魚，一般重約5000克左右，它的魚肚很特別，每個重約100克左右，曬乾後光潔晶瑩，隱約可見裡面像嵌有石首繡林筆架山的圖案，故稱筆架魚肚。這種魚肚具有較高的營養價值，每100克乾魚肚含蛋白質80克，用以製菜，滋味極為鮮美，歷來被稱為「世間珍味」，古時曾被列作貢品，聞名全國。

◎**材 料：**

乾筆架魚肚1個（重約100克），蝦仁、水發香菇各25克，白木耳5克，雞蛋1個，豬油2000克（約耗175克），雞湯300克，味精2克，調水太白粉40克，純鹼15克，醬油5克，精鹽3克，胡椒粉0.5克，蔥段25克，薑末10克。

◎製 法：

①香菇去蒂，洗淨，切成片。雞蛋攤成薄蛋皮後切成丁。白木耳用清水浸泡後取出，用乾淨布搌乾水分。

②乾魚肚洗淨抹乾，用油炸三次：

第一次：炒鍋置中火上，下豬油2000克，燒至二成熱，放入魚肚，邊炸邊慢慢翻動，約炸15分鐘，至魚肚上呈現珠點、體積漲泡鬆軟時撈出，用淨布按住（防燙手），剖成八塊。

第二次：原鍋置中火上，將油燒至五成熱，下魚肚炸10分鐘，見魚肚比原來炸得更鬆泡、略帶黃色時撈出，用淨布按住，將每塊再剖成兩塊。

第三次：原鍋仍放在中火上，將油燒至五成熱，下魚肚繼續浸炸，待油溫升至八成熱時，即端鍋離火汆炸5分鐘，隨後點入少許清水，促使油分子加快運動（須先後點三次），待魚肚炸得更泡更透、呈金黃色、肚內出油珠時撈起。

③將炸好的魚肚盛入缽內，放入溫水浸泡約15分鐘（上面壓蓋一塊布，以免魚肚漂起難以泡軟），加入純鹼和適量的沸水，用手捏擠，然後撈出用溫水清洗。如此反覆用鹼捏和溫水透洗三次，直到去淨魚肚上的油質、呈白色、像海綿一樣鬆軟時，取出擠乾水分，切成4.5公分長、3.5公分寬、0.3公分厚的片，放在清水缽裡漂著（可在清水中漂兩天，隨用隨取）。

④炒鍋上旺火，放豬油50克燒熱，下薑末稍煸，再將魚肚（擠去水分）下鍋，加雞湯、蝦仁、香菇、白木耳，一起燒煮3分鐘，然後再加醬油、精鹽、味精、蔥段燒沸，用調水太白粉調稀勾芡，淋入熟豬油25克，起鍋盛入湯盤內，撒上雞蛋丁、胡椒粉即成。

◎掌握關鍵：

首先要精細張發好魚肚，使之內外發透。烹製前要將魚肚浸軟，並用鹼水和清水反覆清洗，去除油膩味。然後用雞湯燴製，其味才佳。

沔陽三蒸

◎簡 介：

「沔陽三蒸」(即蒸魚、蒸肉、蒸菜藕)是湖北地區最著名的傳統風味菜。

據傳該菜始於元朝。當時朝廷腐敗，官吏不理民事。沔陽堤防連年失修，十年淹九水，人民過著「一年兩水魚當糧，螺螄蚌殼糊肚腸」的苦日子。許多百姓沒錢買米，只好用少許雜糧磨成粉，拌和螺螄、河蝦、藕塊蒸熟食用。後來農民起義軍領袖陳友諒在沔陽起兵後，士兵也常以生粉拌糊野菜、螺螄、蚌殼為食，但因鍋大菜多翻炒不勻，成菜時有夾生、焦糊、散爛現象，士兵難以入口。陳友諒的妻子羅娘娘主管後勤。她便與廚師商量，逐步摸索改進烹製方法，使米粉蒸菜香味濃郁，鮮美可口，士兵們食慾大增，因而在與元兵打仗時連續獲勝。自此米粉蒸菜便盛行沔陽。

到了明代，「沔陽三蒸」便在湖北城鎮中的一些菜館出現，但它的用料與製作方法已有所改進，由生米粉改用炒熟的五香大米粉，使香味更濃，在用料上以肉、魚、菜為主。清朝末年，「沔陽三蒸」已在武漢和京城等地盛行，粉蒸菜餚很多，但最著名的還是「沔陽三蒸」，即「粉蒸肉」、「蒸珍珠丸子」、「蒸白丸」。下面就介紹這三種菜的製法。

(一) 粉蒸肉

滋味鮮美，肉質糯潤，肥而不膩。

◎材 料：

豬五花肉500克，淨老藕150克，味精1.5克，白糖2.5克，大米50克，紹酒1克，醬油30克，精鹽4克，紅腐乳汁20克，八角2克，丁香1.5克，桂皮1.5克，胡椒粉0.5克，薑末1克。

◎製 法：

①將豬肉切成4公分長、2.5公分寬、1公分厚的長條，用布吸乾水分盛缽，加精鹽（3克）、醬油、紅腐乳汁、薑末、紹酒、味精、白糖，一起拌勻，醃漬5分鐘。大米淘淨瀝乾，放入炒鍋，在微火上炒約5分鐘，至呈黃色時，加桂皮、丁香、八角，再炒3分鐘起鍋，磨成魚子大小的粉粒。老藕刮洗乾淨，去掉藕節，切成1.5公分寬、1公分厚的條，加精鹽1克和炒過的五香大米粉拌勻，放入缽內。

②將醃漬好的豬肉用五香大米粉拌勻，皮朝下整齊地碼入碗內，兩邊鑲滿肉條，與盛藕條的缽一起放入籠屜內，用旺火蒸1小時取出。先將蒸藕放入盤內墊底，然後將蒸肉翻扣在藕上，撒上胡椒粉即成。

◎掌握關鍵：

豬肉切成條塊後，先用調味醃漬，使之吸入調味，然後再用旺火蒸透。

（二）蒸珍珠丸子

色澤晶瑩潔白，米粒豎起如珍珠，肉丸酥軟鬆糯。

◎材料：

瘦豬肉400克，肥豬肉、鱤魚肉、糯米各300克，雞蛋2個，味精5克，荸薺100克，調水太白粉50克，紹酒、精鹽各2克，胡椒粉2.5克，蔥花35克，薑末15克。

◎製法：

①將瘦豬肉和100克肥豬肉一起剁成茸，剩的肥肉切成黃豆大的顆粒。鱤魚肉剁成茸。荸薺削皮，切成黃豆大的丁。

②糯米淘洗三次，用溫水浸泡2小時後，撈出瀝乾。

③肉茸和魚茸混合盛缽，加雞蛋液、味精、精鹽、胡椒粉、蔥花、薑末、紹酒、調水太白粉，一起調勻，邊攪邊加水、邊放入肥肉丁和荸薺丁，一起搓揉攪勻，擠成直徑約1.5公分的肉丸(60個)，逐個放入盛有糯米的篩內滾動，使其全部黏上糯米，整齊地放入籠屜，在旺火沸水鍋上蒸10分鐘，取出裝盤即成。

◎掌握關鍵：

魚茸與肉茸必須拌勻。調味要適中。需旺火蒸透。

(三) 蒸白丸

色澤乳黃，質地軟嫩，油潤酥鬆，滋味鮮美。

◎材 料：

瘦豬腿肉550克，豬肥肉200克，鱤魚肉250克，去皮荸薺100克，雞蛋3個，味精5克，調水太白粉50克，紹酒25克，精鹽20克，胡椒粉2.5克，五香粉0.05克，蔥花35克，薑末15克。

◎製 法：

①瘦豬肉切成綠豆粒大的丁。豬肥肉煮熟，與荸薺一起分別切成黃豆大的丁。

②鱤魚肉剁成茸(越細越好)，盛缽，加雞蛋液、精鹽、味精、紹酒、薑末、蔥花、五香粉、胡椒粉、調水太白粉，邊攪邊加清水。最後再加豬肉丁、荸薺丁，一起攪勻，擠成丸子60個，逐個放入墊有紗布的細格籠屜內(邊擠邊放入)，置旺火沸水鍋中蒸10分鐘，取出裝盤即成。

◎掌握關鍵：

肉丁大小要切均勻。肉丁與魚茸、調料要攪拌均勻，使丸子飽滿、緊密、入味。

龜鶴延年湯

肉質酥爛，湯味鮮美。

◎簡 介：

「龜鶴延年湯」又名「萬壽羹」，是湖北荊楚地區的一款名菜。龜與鶴都是壽命較長的動物，據說它們皆有千年之壽。史書《抱朴子・對俗》記載：「知龜鶴之遐壽，故效其道引以增年」。郭璞在《遊仙詩》中也有「借問蜉蝣輩，寧知龜鶴年」句。用龜鶴合烹製菜有悠久的歷史。早在戰國時代，楚國大宴上就有以雞代鶴，龜雞合烹的佳餚了，「鮮蠵甘雞和楚酪隻」(見《楚辭・大招》)。由於該菜營養豐富，又象徵吉祥長壽，故從古至今，一直深受人們喜愛。

◎材 料：

淨母雞1隻（重約2000克），斷板龜肉750克，薑片、蔥段各25克，熟豬油50克，精鹽適量。

◎製 法：

①母雞肉剁成4公分見方的塊，洗淨瀝乾水分。

②斷板龜肉用沸水燙後稍燜，然後去掉粗皮和黑腸、剁去龜頭和爪、甲，將肉剁成與雞塊一樣大小的塊，洗淨，瀝乾水分。

③取淨炒鍋上火，放豬油，燒至八成熱，下蔥段、薑片炸香，然後速下雞肉、龜肉，炒乾水分，下鹽（三成）入味，炒勻後倒入砂鍋（或瓦罐）內，同時加入沸水2000克，在旺火上煨至湯汁乳白、原料約八成熟後，將砂鍋端離火口靜置，待

湯涼後，再將砂鍋置中火上，煨至酥爛，調準味，盛入品鍋中上桌。

◎掌握關鍵：

龜肉必須除盡四周外圍老皮和內臟，用開水與清水反覆洗淨。注重火功烹製，使湯濃肉爛。

中·國·名·菜·精·華

豫菜是河南風味菜，河南地處中原，境內有山有水，土地肥沃，氣候溫和，故我國南北方之穀物、蔬菜、乾鮮果品、山珍、水產等，均有出產。豫菜主要肉料多用豬、牛、羊、雞、鴨、魚，《洛陽伽藍記》中說：「羊者是陸產之最，魚者乃水族之長。所好不同，並各稱珍」。歷史上，河南航運十分發達，據《大業拾遺》記載，它在隋代已有海產供應，再加上本地豐富的自然資源，就構成了豫菜一套完整的主料、副料、小料和調料體系。

黃河流域是我國文化發祥地之一。據對仰韶、後岡（安陽縣）、新鄭等地出土文物的考證，早在五至七千年前，我們的祖先已在此居住，並已發展文化。夏商時代，人們雖不斷遷徙，但其都城多在河南境內。《左傳．昭公四年》稱：「夏啓有鈞台之享」。杜預注：「河南陽翟縣南有鈞台陂，蓋啓享諸候於此」。這是我國最早的宴會。商朝開國相伊尹，出生於伊水之濱（今伊川、嵩縣之間），「耕於有莘之野」（今開封莘口村），「擅割烹」、「善均五味」，被後人推崇爲烹調始祖。《史記．殷本紀》中所載帝紂的酒池肉林和「長夜之飲」，其地點也在當今淇縣、安陽一帶。

我國六大古都，河南有二。自東周到五代，有九個朝代在洛陽建都。周朝建都洛陽之後，初步建立了飲食制度。北宋開國皇帝趙匡胤建都汴梁（開封）後，汴梁就成爲當時我國最大的消費城市。飲食業十分繁榮，烹調技術也有了很大發展。據《東京夢華錄》記載：「凡京師酒店門首，皆縛彩棧歡門……在京正店有七十二户」，「集天下之珍奇，皆歸市易」，「會寰區之異味，悉在庖廚」。在北宋時，豫菜已形成具有色、香、味、形、器五大特點的完整體系，包括宮廷菜、官府菜、市肆菜、寺庵菜和民間菜等不同種類的菜餚。

當今的河南菜主要由開封、鄭州和洛陽及南陽等地方菜所組成，以開封菜爲主。其主要特點是：鮮香清淡，四季分明，色形典雅，質味適中。主要名菜有：「糖醋軟溜鯉魚焙麵」、「扒猴頭」、「荷花蓮蓬雞」、「道口燒雞」、「鐵鍋蛋」、「洛陽燕菜」、「桂花皮絲」等。

溜魚焙麵

色澤柿紅，外酥裡嫩，甜酸適口，焙麵酥脆。

◎簡　介：

「溜魚焙麵」是開封地區歷史悠久的一種傳統名菜。此菜是由軟溜鯉魚和焙麵搭配而成的。因它是用糖醋滷汁製成，故又稱為「糖醋溜魚焙麵」。據史書記載，汴梁（現開封）在北宋時，已經有「糖醋溜魚」，明朝時又稱「糖醋魚」，雖受食客歡迎，但在河南省及全國不甚出名。在清代「庚子事變」時，慈禧挾持光緒皇帝，倉惶逃往西安，後取道開封回北京，曾在開封品嘗了「溜魚焙麵」。慈禧和光緒皇帝吃後，十分高興，讚賞此菜與眾不同。光緒誇它為「古汴珍饈」，慈禧說「膳後忘返」。一位隨身太監當即寫了「溜魚何處有，中原古汴州」的字句贈給開封府，以示表彰。從此，「溜魚焙麵」就聞名遐邇，不久在北京城中出現的一批河南菜館中，「溜魚焙麵」也隨之應市。直到現在，該菜仍然深受廣大中外顧客的歡迎。

◎材　料：

黃河鯉魚1條（重約750克），白糖150克，醋50克，鹽2.5克，酒15克，雞蛋1個，太白粉25克，麵粉100克，生油750克（約耗150克），鮮湯150克，麻油、蔥花各少許。

◎製　法：

①鯉魚去鱗去鰓，剖腹去內臟，洗淨，剪去划翅和背鰭，用坡刀將魚的兩面剞成瓦楞花紋。將雞蛋打散放入碗內，加鹽少許及乾太白粉拌和，抹勻魚身上漿。麵粉加水和勻，揉透，

拉成細麵，經油鍋炸黃，放在盤裡。

②炒鍋上火，下油燒至六成熱，將魚放入炸至呈金黃色時取出，放在炸好的麵上。

③鍋內留油少許置火上，下蔥花、糖、醋、酒、鮮湯，燒開後用調水太白粉勾成糖醋滷汁，淋上麻油少許，出鍋澆在魚和焙麵即成。

◎掌握關鍵：

魚上漿要均勻。炸魚時要掌握好火候，使其外脆裡嫩。糖醋滷汁要稠濃，酸甜味適中。

道口燒雞

色澤鮮艷，酥軟脫骨，肥而不膩，滋味鮮美，異香撲鼻。

◎簡 介：

「道口燒雞」是河南著名的風味菜餚之一。道口位於河南省北部衛水之濱，素有「燒雞之鄉」的美譽。據《滑縣志》記載，「道口燒雞」始於清順治十八年（公元1661年），由「義興張燒雞店」所創。當時由於製作簡單，配料不多，燒雞缺乏特色，故該店生意清淡。乾隆五十二年（公元1787年），店主張炳在街上散心，偶然碰到一位曾在清宮御膳房做過御廚的老朋友，經傾心交談，御廚非常同情他的困難，便授予十字秘方：「要想燒雞香，八料加老湯」，並將具體製法告訴了張炳。張炳回店如法炮製，果然燒雞色澤鮮美，香味濃郁，於是生意逐漸興隆，燒雞廣銷四方。

清嘉慶年間，一次仁宗南巡路過道口時，聞異香而振神，問左右「何物乃發此香？」左右曰「燒雞」。知縣即將燒雞獻上，仁宗甚喜，吃後稱讚它「色、香、味三絕」。從此，道口燒雞便成為向清廷的貢品。

張炳的世代子孫，繼承和發展了祖傳的精湛技藝，使「義興張」燒雞始終保持其獨特風味。近十餘年，各國駐華使節和國外來賓吃了「道口燒雞」，無不交口稱讚其美味。

◎材 料：

嫩公雞1隻（約重1500克），醬油100克，酒15克，蜜糖50克，八味香料約10克（砂仁、豆蔻、草果、陳皮各1克，肉桂、良小薑、白芷各1.5克，丁香1克），花生油600克（約耗75克），老滷1000克，鹽少許。

◎製 法：

①活雞宰殺，使三管（血管、氣管、食管）齊斷，放盡血液，用開水浸燙後淨毛，掏出內臟，洗淨。

②蜜糖加清水60克調勻，均勻地抹在雞身上。炒鍋上火，放油燒至七八成熱，下雞炸呈柿黃色時撈出。

③鍋內加水和老滷（用量以淹沒雞身為度）、醬油、鹽、酒和八味香料，中火燒開，小火加蓋燜燒，使雞在長時間浸煮中充分吸收各種調味和精料，並產生濃郁香味，至雞爛即可。

◎掌握關鍵：

必須用鮮活嫩雞烹製。重用香料和老滷小火燜燒入味。

扒猴頭

褐、黃、紅、白各色相映，猴頭軟嫩，汁白味鮮。

◎簡 介：

「扒猴頭」是河南地方的一款特色菜餚。猴頭是一種大型真菌，它肉嫩味鮮，含有豐富的蛋白質和多種維生素，歷來被稱為「素中葷」和「植物油」。我國在3000多年前，就開始採食。在河南伏牛山後盧氏縣，至今還流傳著唐朝士卒在小林中採食猴頭的故事。明代科學家徐光啓在《農政全書》中記載的一些食用真菌，其中就有猴頭。猴頭雖然是山珍，但過去很少將它製成美味菜餚，作藥用者較多。清朝時期，河南廚師就用即將成熟、菌刺未放孢子、表面呈白色的猴頭為原料，加香菇和筍片清燉或葷炒，成菜脆嫩香醇，鮮美無比，膾炙人口，不久便成為河南名菜，並傳到宮中，在清宮的宴席上都有此菜。它與熊掌、海參、魚翅並列為四大名菜，聞名中外。

◎材 料：

水發猴頭400克，雞蛋2個，乾太白粉40克，熟火腿片25克，水發香菇50克，水發玉蘭片25克，鹽15克，味精2.5克，紹酒、蔥、薑各10克，鮮湯1100克，豬油100克，食鹼少許。

◎製 法：

①將猴頭放開水鍋中煮發撈出，順毛片成6.5公分長、3.5公分厚的坡刀片，加少量鹼、豬油、鮮湯、鹽、蔥、薑片，上籠蒸10分鐘取出，再放入開水鍋中稍汆撈出，去淨黃水，放在碗裡，加蛋清、鹽、味精少許和乾太白粉，拌勻上漿，再

放入沸水鍋內汆熟。

②將猴菇片、香菇片、玉蘭片、火腿片整齊地擺在鍋墊上，用盆覆蓋。炒鍋燒熱，下豬油，加鮮湯1000克，將盛滿原料的鍋墊放入鍋裡，加鹽、味精、紹酒，扒十分鐘後起鍋，倒扣在湯盆裡，鍋中餘汁用調水太白粉勾薄芡，加熟豬油少許，均勻地澆在猴頭片上即成。

◎**掌握關鍵：**

猴頭菇必須先浸發至透並去淨黃水後再烹製，取用雞湯燒煮。

鐵鍋蛋

色澤紅黃，油潤明亮，鮮嫩軟香。

◎**簡 介：**

「鐵鍋蛋」是河南地方一種古老的傳統名菜。據傳它始於明清時期。當時有一家河南菜館的廚師，為了增加雞蛋菜餚的風味，將蛋打勻後，加蝦米、火腿丁、香菇丁、鮮湯等調和，放入一隻特製的鐵鍋裡，煮至半熟後，再用燒紅的鐵鍋蓋蓋在上面烘烤，將蛋拔起、漲透。成菜鬆嫩鮮香，風味別具，極受人們歡迎，後來就成為河南的一款傳統名菜。因為它是用鐵鍋烹製而成，故名「鐵鍋蛋」。

◎**材　料：**

雞蛋7個，火腿丁、玉蘭片丁、魷魚丁、香菇丁、蝦米各25克，味精2.5克，紹酒10克，豬油50克，精鹽10克，鮮湯250克，青菜葉、香醋各少許。

◎**製　法：**

①將特製的鐵鍋蓋放在火上燒紅。雞蛋磕入大碗裡打勻，放入火腿丁等各種原料，加精鹽、味精、紹酒再打勻，然後添入鮮湯，繼續打勻，倒在特製的鐵鍋內。取搪瓷盤一個，裡邊墊上青菜葉，倒入少許香醋。

②鐵鍋放在小火上，將豬油注入蛋漿中，並用鐵勺慢慢攪動，防止蛋漿黏鍋。待蛋漿八成熟時，再淋入少許豬油，用火鉤鉤住燒紅的鍋蓋，蓋在鐵鍋上，使蛋漿漲至有光澤，烤成紅黃色。然後，揭開鍋蓋，將「鐵鍋蛋」盛在搪瓷盤內的菜葉上即成。

◎**掌握關鍵：**

①蛋液和配料要打勻後，再放入鐵鍋內。②蛋液與食物入鍋後要注意勿使黏鍋燒焦，至半熟後再將燒紅的鍋蓋蓋上。

燒臆子

色澤金黃，肉皮酥脆，肉質肥嫩，香味濃厚，爽口不膩。

◎簡 介：

「燒臆子」是宋朝時期開封的傳統名菜。宋人孟元老的《東京夢華錄·飲食果子》一節中，就有「鵝鴨排蒸、荔枝腰子、還元腰子、燒臆子……」的記載。據說此菜當時曾有一定名氣，後來因時代變遷而一度失傳。清光緒年間，有個在淇縣衙門當廚師名叫陳永祥的人，曾烹製過「燒臆子」，受到一些達官貴人的稱讚。相傳慈禧從西安返京路經淇縣時，吃了陳永祥做的這個菜，倍加欣賞。從此，陳永祥一家就把「燒臆子」作為家傳名菜之一，後來廣泛流傳，沿襲至今。

◎材 料：

豬肋條肉 2500 克，花椒 10 克，鹽 35 克，蔥段 15 克，甜麵醬 100 克。

◎製 法：

①將肉切成上寬 25 公分、下寬 33 公分、長 40 公分的方塊，順排骨間隙穿數孔，把烤叉從排面插入，在木炭火上先把排骨一面烤透，然後翻過來再烤帶皮的一面。邊烤邊用刷子蘸花椒鹽水（事先用花椒與鹽加開水煮成）刷在排骨上，使其滲透入味。約烤4小時左右，肉的表面呈金黃色、皮脆酥香時離火。

②趁熱去叉，用刀切成大片，立即裝盤上席，仍可聽見燒肉吱吱作響。吃時配以「荷葉夾」和蔥段、甜麵醬各一碟。

◎**掌握關鍵：**

必須用嫩豬的肋條肉為原料。注意用文火烤，火力要均勻，使肉裡外烤透，但勿烤焦。

麻腐海參

黑白相映，清香利口，滋味鮮美。

◎**簡 介：**

「麻腐菜」是一道古老的夏令傳統名菜，它風味獨特，別具一格。北宋建都汴梁後，此菜在當地名菜館都有經營，成為夏令季節人們喜愛的時令菜餚。在宋人孟元老的《東京夢華錄．州橋夜市》有「出朱雀門，直到龍津橋，白州橋南去，當街水飯，爊肉，乾脯……夏月麻腐，雞皮麻飲……」的記載。可見，當時已經把麻腐菜列作夏餚之首。麻腐菜筋軟光骨，鮮味醇厚，清香利口，食後解暑提神，頗受人們歡迎。1000多年來，開封地區廚師對麻腐菜的製作不斷加以改進，品種增多，但至今仍保持其原有的特色，現有此類菜餚「麻腐海參」、「麻腐雞皮」、「麻腐鴨片」等十幾種。

◎**材 料：**

特製綠豆粉芡150克，水發海參250克，清湯300克，雞湯200克，味精10克，紹酒20克，薑汁10克，醬油20克，鹽2.5克，芝麻醬100克，芝麻油25克。

◎**製 法：**

①將綠豆粉用清水溶開調勻。淨鍋上文火，加入清湯，放味精5克、紹酒10克、5克、鹽1.5克，燒開後把調勻的粉芡糊陸續倒入鍋內，用勺不斷地攪動，直到芡糊透明光潤，將鍋端離火口，再徐徐對入芝麻醬，攪勻離火，盛入瓷盤裡晾涼(也可再放入冰箱涼透)，此即為麻腐，然後切成大臥刀片。

②水發海參片成大臥刀片。炒鍋上火，加雞湯150克，放紹酒、鹽和海參片，燒開，去除腥味，撈出海參片晾涼。

③將海參與麻腐相互間隔地排放盤中，拼成馬鞍橋形或花邊形。取小碗一個，放入芝麻油25克、醬油15克、紹酒10克、薑汁10克、味精5克、鹽1克，加少許晾涼的雞湯攪勻成濃汁，澆在麻腐海參上即成。

◎**掌握關鍵：**

烹製麻腐時要用小火，待豆粉形成麻腐狀時即成，吃火時間不要過長。海參必須反覆用清水和開水洗淨，去除腥味後再烹製。

固始皮絲

色似桂花，香味濃郁，肉皮軟熟，鮮美可口。

◎簡 介：

河南「固始皮絲」歷史悠久，曾作為中國著名特產參加巴拿馬萬國商品博覽會展出。相傳此菜始於明代，固始縣有一位姓曾的朝廷命官，告老回鄉以後，將豬、狗皮油炸後加料烹製食用，其味極佳，傳出後人們競相仿製。不久，便由固始「滿堂春」飯店老板在民間製法的基礎上加以改進，選料更為精細，製作更加考究，其形似粉絲，故名「固始皮絲」，數百年來一直馳名中外，「固始皮絲」可烹製成各種菜餚，既可製作佐酒涼菜，也可烹製各式熱菜、湯菜。下面僅介紹河南地區較為著名的「桂花皮絲」的製法。

◎材 料：

新鮮豬皮500克，雞蛋2個，韭頭3克，蔥絲、蒜絲各2克，薑絲5克，鹽2克，味精1克，豬油100克，石鹼適量。

◎製 法：

①肉皮刮去皮上毛油，用熱水加石鹼少許，洗去皮上油污、髒物，用清水洗淨，放入鍋中，加水煮至七、八分熟取出，放入冷鹼水中浸泡20分鐘，再用清水洗淨。然後，先將肉皮片薄，再用刀或機器切成細絲，即成皮絲。

②食用時取皮絲200克，入熱油鍋中燒透，至皮絲起泡鬆開、呈淡黃色撈出，放入盛器，加石鹼開水少許浸泡，至皮絲發軟，用清水反覆洗淨，再用熱水洗去油味與鹼水味，瀝乾。將雞蛋放入加工好的皮絲內拌勻。

③炒鍋上火，下豬油燒至五成熱時，將調製好的蛋黃皮絲入鍋稍炒，放入蔥、薑、蒜、韭頭絲，加鹽和味精，略炒幾下即成。

◎掌握關鍵：

①豬肉皮必須先清洗乾淨，煮熟後再製做成皮絲。②皮絲油炸時要掌握好火候。先將皮絲放入溫油鍋中，至油溫達七八成熱，皮絲起泡、呈淡黃色、內外炸透時，即可取出。不要長時間用旺火油炸，否則皮絲會外焦裡僵。

杞憂烘皮肘

肉質酥爛，香味濃郁，甜而鮮美，尤宜老年人食用。

◎簡　介：

「杞憂烘皮肘」是河南杞縣地區的一道傳統滋補名菜。傳說此菜創製與「杞人憂天」的故事有關。故之杞國(即今杞縣)有位老人，因憂天地崩墜，日不思食，夜不夢寐，以致傷及脾胃。這時他的一位好友把他請到家中，除了說理開導外，還特地取豬後蹄用火燒焦外皮，刮洗乾淨，再加枸杞子、黑豆、大棗、冰糖等煨煮成菜款待他。老人吃後食慾大增，腦子裡也解除了憂天傾墜的胡思亂想，從此心情開朗起來。於是烘皮肘就得「杞憂烘皮肘」之名傳揚各地，一直流傳至今。

◎**材　料：**

豬後蹄1隻（重約1000克），蓮子50克，銀耳10克，黑豆50克，枸杞子15克，大棗100克，冰糖150克。

◎**製　法：**

①將豬蹄放在火上烘烤數次至皮焦，然後用刀刮去烤焦的皮層，放入溫開水中浸泡至軟，反覆用清水洗淨。

②銀耳泡軟洗淨。蓮子用開水泡後去衣去心。黑豆洗淨浸胖。枸杞子與大棗用清水洗淨。

③取大瓦罐一個，放入肘子和蓮子、黑豆、大棗、枸杞、銀耳、冰糖，加滿水，加蓋，用旺火燒沸後，用文火煨一、二小時，至肘子爛熟、滷汁濃醇即成。

◎**掌握關鍵：**

豬蹄烘烤時要燒至外層皮焦。重用小火煨煮，切勿用旺火。因銀耳、黑豆、蓮子均需久煮才爛，冰糖容易凝結，如用旺火急煮，食物便會產生外酥裡硬和滷汁黏鍋現象。

煎扒青魚頭尾

色澤棗紅，肉質骨酥，汁濃味鮮。

◎簡 介：

「煎扒青魚頭尾」是河南地方的傳統名菜。用青魚製菜早在漢朝就有，但南方較為盛行，北方比較少見。開封原是宋朝京城，南北風味菜館都有。清末開封「又一新」飯館烹製供應這道名菜，極受商賈及官員們的喜愛。康有為是光緒時代的進士，曾被朝廷授予工部主事之職，也是我國近代改良派的領袖之一。一次他路經開封，慕名前往「又一新」品嘗「煎扒青魚頭尾」一菜，覺得此菜汁濃醇厚，魚肉鮮嫩，非常入味，當即寫了「味烹侯鯖」四個大字贈給店主。從此開封「煎扒青魚頭尾」名聲鵲起，迄今盛名不衰。

◎材 料：

青魚頭尾1000克，冬筍肉50克，蔥段5克，薑2克，水發香菇1個，紹酒15克，醬油35克，豬油250克（約耗75克左右），味精1克，雞湯少量。

◎製 法：

①選用重約2500克以上的大青魚1條洗淨，切下魚鰭、魚頭和魚尾，將頭尾順長剁成1.5公分寬的塊，以原來的形狀皮朝下擺在盤內，四周用魚肉鑲成圓形。

②冬筍切成滾刀塊。蔥洗淨，切成段。把冬筍、蔥段、薑塊和水發香菇放在鍋箅上鋪成圖案。

③炒鍋上火，下油燒至七、八成熱，把青魚頭尾下鍋煎呈柿黃色，瀝去油，順倒在鍋箅上。鍋內下紹酒、醬油、味精，

加雞湯少量，將青魚頭尾用盤扣著放入扒製。先用旺火收汁，再用文火把湯汁煒濃，直到青魚魚腦油全部扒出時，再移至大火上，稠濃滷汁，倒入盤內，澆上原汁即成。

◎掌握關鍵：

必須用活青魚或新鮮青魚為原料，冷凍過的及不新鮮之魚烹製後，只有滷汁鮮，魚肉不鮮。吃火時間要恰當，滷汁要濃，使其緊包魚肉，其味才佳。

洛陽假燕菜

色澤鮮艷，湯清潔白，滋味極其鮮美。

◎簡 介：

「洛陽假燕菜」始於唐代武則天稱帝時期。傳說當時河南洛陽東關有一農民，種了一棵蘿蔔長得特別大，人們把它視為神物，進獻給皇帝。御廚把蘿蔔切成細絲，加上雞肉、蝦米、紫菜、筍絲和雞湯，製成了色澤鮮艷、滋味鮮美的菜餚，供武則天品嘗。她吃後，感到此菜鮮嫩爽口，滋味獨特，可與燕菜相媲美，便稱其為「假燕菜」，並列為宮廷筵席佳餚之一。一時官府紛紛效法，各大小宴會都列入此菜。後來傳到民間，人們便用蘿蔔絲、肉絲、雞蛋、香菜等原料烹製「假燕菜」，其味亦佳，不久它就成為洛陽地區的一道名菜。明清時期，人們稱它為「洛陽燕菜」。如今它是著名的「洛陽水席」中的第一道菜。1973年周總理同加拿大總理特魯多到洛陽訪問時，曾品嘗過此菜。它像色澤潔白、鮮艷奪目的牡丹花浮在湯面，菜鮮花香，貴賓們讚不絕口。周總理說，「洛陽牡丹甲天下，菜中生花了」。自此以後，「洛陽燕菜」又名「牡丹燕菜」。

◎材 料：

大蘿蔔500克，熟雞絲、豬肉絲、玉蘭片絲、水發蹄筋絲、海參絲、魷魚絲、細綠豆粉各50克，雞湯500克，海米15克，紹酒10克，紫菜絲、香菜、韭菜、味精、鹽、麻油各少許。

◎製 法：

①蘿蔔洗淨，先切成薄片，後切成細絲，放入冷開水中浸泡，去除其辣味後，用綠豆粉拌勻，分開攤在籠屜上，上籠蒸四、五分鐘取出，待冷卻後再放入溫開水中泡開撈出，灑上鹽水，再上籠蒸透取出待用。肉絲入開水鍋中略焯去除血水。魷魚和海參絲也放入開水鍋中焯一下，撈出瀝水。海米加酒漲發。

②炒鍋上火，加雞湯，放入肉絲、海米、蹄筋絲、玉蘭片絲、海參絲、魷魚絲、紫菜絲，加紹酒，燒滾，下蘿蔔絲、雞絲，加鹽、味精，再燒滾後，倒入大湯碗裡，淋上麻油，放上香菜和韭菜段即成。

◎掌握關鍵：

蘿蔔絲要切均勻。肉絲要放入冷水中浸或入開水鍋內略焯，去除血水，使其顏色純白。魷魚和海參均必須發透至軟，洗淨去除腥味。要用純雞湯烹製。

中·國·名·菜·精·華

天津是我國重要的工業商業城市之一，早在明代已異常繁榮。明成祖朱棣賜名直沽爲天津，並築城設衛，加速了城市化，使其「舟楫之所式臨，商賈之所萃集」(《津門雜記》)，成爲漕運、鹽務、商業繁盛發達之大都會，並促進了飲食業的發展，民間風味菜日漸繁多。明朝覆滅後，御膳房廚師流散民間，被飯館錄用，他們施展技藝，兼收並蓄，使地方風味菜餚得到進一步發展。

清代，天津的發展更爲迅速，1655年，荷蘭使者途經天津，曾描述道：「這個地方到處被廟宇所點綴，而且人煙稠密，交易頻繁。像這樣的商業景象，實爲中國其他各地所罕見」。康熙初年，漕運稅收衙門「鈔關」、「長蘆巡鹽御史衙門」等自京移駐天津，官府增多，商業更爲發達，市內開始出現大型飯莊，京、津名廚相互切磋技藝，致使津菜不斷豐富。特別是咸豐十年，天津被闢爲對外開放商埠，設置直隸總督衙門、北洋通商大臣衙門、十一國領事衙門，以及數十家洋行，外來資本大量輸入，民族資產開始興起，促使商業迅猛發展，飲食業也隨之達到鼎盛時期。

與此同時，川、蘇、魯、閩、晉等外省風味餐館陸續出現，並在基本保持本幫傳統技法和菜餚特點的基礎上，吸收津菜的烹調技法，採用津門物產，適應津人口味，烹製菜點，增添新品種，使津菜發展成包括漢民菜、清眞菜、素菜的完整體系。

天津臨渤海，界燕山，扼九河，多溝渠，魚、鹽、野味、山貨等製菜原料十分豐富。清人張燾在《津門雜記》中有讚：「津沽出產，海物俱全，味美而價廉。春月最著者有蜆蟶、河豚、海蟹等類，秋令螃蟹肥美甲天下。冬令則鐵雀、銀魚，馳名遠近。黃芽白菜，嫩於春筍。雉雞鹿脯，野味可餐。而青鯽、白蝦四季不絕，鮮腴無比。至於梨、棗、桃、杏、蘋果、葡萄各品，亦以此產者爲佳」。其它如板栗、核桃、柿子、紅果、小站稻、紅小豆、青蘿蔔、韭黃、蔥頭等，均以量多質優而享譽國內外。如此豐饒的資源，爲津菜烹調提供了廣闊的天地，並決定著津菜特色的形成。其特色可概括爲：善用兩鮮，注重調味，講究時令，適應面廣，口味以鹹鮮、清淡爲主，講汁芡，重火候，質地考究。

瑪瑙鴨子

色澤透明，香氣撲鼻，入口脆酥、鮮嫩，肥而不膩。

◎簡　介：

「瑪瑙鴨子」是天津的一道傳統名菜。天津地區周圍蘆葦叢生，野鴨、大雁均多。天津人從古至今都愛吃野鴨。「瑪瑙鴨子」就是野鴨為原料和鮮豆皮一起製成的。因其色澤透明，狀如瑪瑙，故此得名。此菜在清代就享譽京津，馳名中外。

◎材　料：

白洋淀野鴨1～2隻（大的1隻，小的2隻），鮮豆皮2大張，大蔥5克，薑2克，紹酒10克，鹽3克，味精2克，濃鮮湯250克，花生油1500克（約耗50克）。

◎製　法：

①將鴨子宰殺淨毛，開膛去內臟，洗淨，放入清水鍋內，加蔥、薑、紹酒，煮至八分熟，撈出晾乾。將熟鴨斬去頭、腳，取脯肉切成小方塊，入鍋，加鹽、味精、濃鮮湯，上火燒成帶滷汁的鴨塊。

②在燒鴨塊的同時，用另一炒鍋置旺火上，下花生油，燒至四、五成熱，將切成斜棋格形的鮮豆皮入鍋炸脆，與帶汁鴨塊一同出鍋。將鍋內鴨塊和豆皮分別裝盤後立即上桌，用鴨汁澆在皮上，可聽見「吱吱」響聲，滷汁滲到豆皮裡，即可食用。

◎掌握關鍵：

野鴨子要淨毛，開膛洗乾淨。烹製時湯汁濃而薄，並使鴨塊入味。豆皮油炸至脆即可，不要久炸。

鍋巴菜

色澤淡雅，清香撲鼻，「嘎巴」香脆。

◎簡　介：

「鍋巴菜」又名「嘎巴菜」，是天津地區獨有的一種地方風味菜，至今已有300多年的歷史。據説此菜是由一位自山東到津經營食攤的攤主所創。他用綠豆煎餅（天津人稱之為「嘎巴」），切成柳葉形，與燒好的滷汁一起挑著沿街叫賣。出售時把「嘎巴」攪入滷內，放上調味，既可稀食，也可單吃，很受顧客歡迎。到二三十年代它已成為天津食攤普遍經營的一種特色風味菜餚和小吃。後來許多著名的飯店也經營此菜，特別是天津著名的「大福來」嘎巴菜鋪所製更為精細，頗具特色。

◎材　料：

上等綠豆750克，大米500克，香豆腐乾50克，香油30克，蔥花5克，薑末1克，香菜根5克，香菜末3克，醬油50克，辣椒粉5克，麵醬15克，芝麻醬15克，五香粉1克，味精2克，調水太白粉50克，腐乳1.5塊，精鹽適量，鹼粉少許。

◎**製　法：**

①綠豆磨碎，過篩，用清水浸泡，用手揉搓，撈去豆皮、雜質，瀝乾水，同浸泡好的大米一起磨成糊狀，用餅鐺攤成紙一樣薄的鍋巴，改刀切成柳葉形。

②炒鍋上火，下香油燒熱，投入蔥花、薑末、香菜根，炸黃後下醬油、麵醬，燒開後倒入碗內。然後炒鍋內加清水500克燒開，倒入醬油、五香粉、薑末、鹼粉少許，燒開後用調水太白粉勾芡，倒入盛器內。

③腐乳用鹽開水溶開，再加適量鹽水，並放入味精攪勻。辣椒粉用熱油炸呈杏黃色，將油和辣椒糊分開。香豆腐乾切成小象眼片，放入燒熱的香油中炸至外皮發脆，入鍋加適量清水燒煮，燒開後下醬油、味精，再燒開時撈出香豆腐乾。用香油將芝麻醬調稀。

食用時，將「嘎巴」投入盛有滷汁的容器內，適當拌和，盛入碗中，根據各人喜好，分別加入腐乳汁、辣椒油、辣椒糊、香乾片、芝麻醬和香菜末，拌勻即成。

◎**掌握關鍵：**

攤好鍋巴。調製好各種調味料與滷汁。

七星紫蟹

紫蟹擺放猶如七星，蛋羹白嫩，蟹肉鮮香，爲冬令佳餚。

◎簡 介：

「七星紫蟹」是天津最受歡迎的一款特色名菜。紫蟹是天津市郊所產的一種毛腿河蟹，屬中華絨蟹的一種。形似河蟹，大者如銀元，小者如銅錢，每值冬季，聚棲於河堤泥窩之中，須破冰掏捕。此物雖小，但腹內潔白無泥，滋味鮮美，是普通河蟹所不及的。因其蟹黃異常豐厚，透過薄薄的蟹蓋，呈現一層紫色，故此得名。明清兩代，天津紫蟹常與當地的另一特產銀魚一起運京入宮，充作貢品。「七星紫蟹」入口奇鮮，其香無比，為津沽冬令的貴重名菜之一。邊浴禮寫詩讚紫蟹云：「丹蟹小於錢，霜螯大曲拳，捕從津淀水，載付衛河船。官閣疏燈夕，殘冬小雪天。盍簪謀一醉，此物最肥鮮」。

◎材 料：

紫蟹500克，雞蛋7個，精鹽2.5克，醋15克，醬油7.5克，味精2.5克，薑汁、花椒油各5克，涼雞湯250克，豬油少許。

◎製 法：

①紫蟹刷洗乾淨，上籠蒸熟。

②將蛋清與精鹽、味精、雞湯一起攪勻，取一半倒入大湯盤內，上籠用旺火蒸5分鐘左右取出。將7個紫蟹略抹豬油，中間3個、兩邊各兩個成3行擺在蒸好的蛋清上，再將另一半蛋清均勻地澆在上面，入籠蒸3分鐘取出。

③將蛋白羹內的紫蟹取出，連同其它紫蟹一起剝出蟹肉、蟹黃、蟹腿肉、大夾肉，按原部位填入蛋白羹上的蟹形空模內(黃在上，肉在下，腿肉填腿，夾肉填夾），再上籠蒸熟。食用時，淋上醋、醬油、花椒油、薑汁即可。

◎掌握關鍵：

紫蟹要除淨泥沙污物。在剝殼取蟹肉時，應保持蟹粒完整。注意要對位排列成七星形狀。

炸溜鐵雀

鐵雀頭脆，雀脯細嫩，酸甜而鹹，鮮香適口，爲秋冬季節佐酒佳餚。

◎簡　介：

「炸溜鐵雀」是天津地區一道特色名菜。鐵雀，因外形與麻雀差異不大，常被當作同類。其實，鐵雀體形較小，爪黑而羽毛呈暗褐色，有不大清晰的斑駁花紋，到嚴冬季節，羽毛漸豐，肉脯肥嫩，十分可口。在《衛志》、《縣志》、《津門雜誌》、《津門記略》等書中，對其均有「馳名遠近」之類的讚譽。如今，天津市場上可以買到半成品和製成品鐵雀，除宰殺去毛的之外，「天津風味飯莊」常將其製成冷菜醬鐵雀、雀渣等，炸炒菜有鮮嫩鹹香的炸雀脯，外焦裡嫩的乾炸飛禽，頭脆脯嫩、甜酸鹹香的炸溜軟硬飛禽等多款菜式。惜他鄉人未識不食，不至津門，難以一嘗。

◎**材　料：**

鐵雀脯肉和淨鐵雀頭各100克，冬筍、菠菜各25克，水發木耳5克，細青韭、蔥末、蒜末各1克，精鹽2克，白糖15克，醬油、醋、料酒各10克，調水太白粉25克，花椒油5克，花生油1000克（約耗60克）。

◎**製　法：**

①冬筍切成1.8公分長、0.7公分寬、0.2公分厚的片。菠菜去葉、根，切成2公分長的段。細青韭切成2.2公分長的段。大片木耳改刀。將冬筍、菠菜略焯一下。

②將雀脯加鹽、調水太白粉拌勻，醃漬入味後，倒入熱油鍋內滑好。將雀頭放入熱油鍋內炸脆。

③原鍋留底油上旺火，下蔥、蒜末熗鍋，放入冬筍、菠菜、木耳、雀脯，烹料酒、醋、醬油，下白糖，炒勻後，下雀頭，淋調水太白粉掛芡，點花椒油出鍋，撒上細青韭即成。

◎**掌握關鍵：**

將鐵雀宰殺去毛，去除內臟洗淨。烹製用溜炸兩種方法，即雀脯肉用溫油鍋溜熟，雀頭用熱油鍋炸脆。

扒通天魚翅

肉厚質佳，色澤金黃，筋脆肉爛，滋味濃厚，爲高檔筵席大菜、頭菜。

◎簡　介：

「扒通天魚翅」是天津一些高級宴會上的一道特色名菜。魚翅是用鯊魚的鰭乾製而成，是海中之上品。魚翅中大肉翅是質量最好的魚翅，它肉厚，筋層排列在肉內，膠質豐富。魚翅漲發後，成為整隻翅的稱為排翅，屬上品。漲發後散開成一條一條的叫散翅，為次品。一般酒席均用散翅烹製，高級宴會用整隻排翅烹製。「扒通天魚翅」就是用整隻排翅烹製成的，因其係自上至下的整翅製成，故名「通天魚翅」。

◎材　料：

上等乾魚翅1200克（長度約50公分）、芫荽末、蔥、薑各50克，鹽10克，糖20克，味精30克，醬油60克，料酒30克，蔥油80克，調水太白粉60克，雞湯1000克，豬肘2個，雞膀4隻，糖色、熟豬油各少許。

◎製　法：

①魚翅用開水泡漲，用小刀刮去沙子、黑皮，洗淨，繼續反覆浸泡刮洗，直至黑皮、沙子刮淨，上火煮至翅肉離骨，撈出拆去翅骨，將翅肉洗淨理齊。

②將發好的魚翅放入開水中汆洗四、五次，洗去殘沙、碎骨，放入盤內整好形，加豬肘、雞膀、蔥、薑絲、料酒、醬油、糖、味精少許，上屜蒸約6小時，揀出魚翅用開水沖淨。

③勺打底油上火，下蔥、薑末各12.5克熗勺，加鹽5

克、糖10克、料酒15克、醬油30克、雞湯250克、味精15克、糖色少許，燒開後撈去蔥薑，下魚翅（面朝勺底），溫火㸆5分鐘撈出。

④另起淨勺，打底油熗勺，放入剩餘的調料和雞湯，下魚翅，燒開後以小火微㸆。㸆好後，用調水太白粉勾芡，滴入蔥油，大翻勺，點明油，裝盤即成，隨帶芫荽末上桌。

◎掌握關鍵：

魚翅必須張發至透，並用鮮味濃的食物和雞湯蒸透。用純雞汁小火㸆製，使魚翅入味。

扒海羊

色澤金黃，形狀美觀，軟爛適口，滋味濃鮮。

◎簡　介：

「扒海羊」是天津清真菜館中的一道名菜。它以海洋中的鯊魚之翅和羊蹄筋等為原料烹製，故人們稱其為「扒海羊」。此菜在天津已有數十年歷史，深受中外顧客歡迎。

◎材　料：

水發魚翅350克，熟羊蹄筋、熟羊脊髓、熟羊腦、熟羊眼、熟羊葫蘆、熟羊肚蘑菇頭、熟羊肚板、熟羊散丹、蔥段、薑片、紹酒、醬油、芫荽末各50克，鹽、味精各5克，雞油150克，調水太白粉35克，高湯1250克，糖醬色少許。

◎製　法：

①將水發好的魚翅排成扇形，放入大湯盤內，加蔥段、薑片、紹酒、高湯適量，上籠蒸1.5小時，取出待用。

②羊脊髓切成寸段。羊眼和羊腦切成片。羊散丹、羊肚板、羊蹄筋、羊肚蘑菇頭切成小長方塊。然後把羊腦、羊脊髓放在一起，其餘六樣放在一起，用沸水分別焯三遍待用。

③炒鍋上火，下雞油燒熱，放入蔥段、薑片炸呈金黃色，烹紹酒、醬油，下高湯，燜燒10分鐘後，撈去蔥、薑，然後將湯汁分成兩份，一份倒入蒸好的魚翅中，加鹽少許，入鍋用小火燴製。另一份倒入另一只炒鍋內，下羊肚、羊散丹、羊葫蘆、羊蘑菇頭、羊蹄筋、羊眼，加鹽少許，用大火燒開後，用微火㸆，至滷汁將乾時，上大火，下羊腦、羊脊髓，加醬色，味精炒和，用調水太白粉少許勾芡，翻鍋顛炒一下，出鍋放入盤中墊底。

④魚翅入鍋，上大火，下醬色、味精調和，用調水太白粉勾芡，澆雞油，翻鍋，顛炒一下，即可出鍋，蓋在羊八件上面，盤邊放上芫荽末即成。

◎掌握關鍵：

魚翅必須蒸透至軟，並用濃鮮湯烹製，使其起鮮。羊八件必須洗淨，去除異味。

玉兔燒肉

色澤深紅，香味濃郁，鮮美可口，肥而不膩。

◎簡 介：

「玉兔燒肉」是天津的一道傳統名菜，是用豬肉和鴿蛋烹製成的，數十年來一直受到人們歡迎。

◎材 料：

豬肋條五花肉600克，鴿蛋12粒，油菜心100克，八角3瓣，薑2克，腐乳2.5克，紹酒15克，精鹽5克，醬油30克，豬油500克（約耗75克），味精2克，調水太白粉、醬色各少許，鮮湯適量。

◎製 法：

①豬五花肉洗淨，入鍋煮至七分熟時取出，揩去肉皮上的油脂，抹上醬色，放入熱油鍋中炸至皮焦起泡撈起，冷卻後切成梳子片。

②取蒸碗一個，將八角研成末、薑切成細粒放入碗底內，將切好的肉片皮向下整齊地碼放在碗內，放入紹酒、醬油、鹽、腐乳汁，上籠蒸爛取出。

③炒鍋上火，下豬油40克，燒至七、八成熱，下菜心煸炒，加鹽、味精，炒透後倒入盤中墊底，將蒸爛的豬肉反扣在油菜上面。

④將煮熟的鴿蛋雕刻成小兔形狀，擺放在燒肉的四周。用紹酒、味精、鹽、鮮湯、調水太白粉少計勾成玻璃芡，淋在鴿蛋上即成。

◎**掌握關鍵：**

豬肉必須炸透、蒸爛，才鮮香入味。鴿蛋必須隻隻完整、色澤潔白才美。菜心吃火以斷生為度，保持碧綠。

高麗銀魚

色澤淡黃，外脆裡嫩，味道鮮香，鹹而適口。

◎**簡　介：**

「高麗銀魚」又名「炸銀魚」，是天津地區的一種傳統名菜。天津東臨渤海，地處九河下梢，市郊多湖，淡水魚資源豐富，四季不絕。天津銀魚是渤海的特產之一，其體積大於太湖銀魚，色白如玉，通體透明，肉嫩味鮮。《津門竹枝詞》中曾有讚美它的詞句：「銀魚紹酒納於觴，味似黃瓜趁作湯，玉眼何如金眼貴，海河不如衛河強」。明朝中葉，明朝宮廷曾在天津設「銀魚場太監」，專司衛海銀魚進貢事宜。天津人通常將銀魚蘸蛋清後油炸，食之清香無比，汆湯亦佳。

◎**材　料：**

銀魚600克，雞蛋3個，紹酒15克，精鹽5克，花椒鹽和辣醬油各一小碟，花生油500克（約耗65克左右），麵粉100克。

◎**製　法：**

①銀魚去魚眼，清水洗淨瀝乾，加鹽、酒稍醃。取蛋清打

透起泡，倒入麵粉，加水適量，攪成蛋粉糊。

②炒鍋上火，下花生油，燒至五、六成熱，將銀魚裹蛋清糊放入，炸至呈淡黃色、形狀挺起飽滿時，撈出裝盤。花椒鹽和辣醬油碟一起上桌供蘸食。

◎掌握關鍵：

蛋粉糊要攪至稀稠適度，使魚裹上一層薄薄的粉糊即可。銀魚為鮮嫩之物，宜用中火溫油炸熟，切勿用旺火炸，以保持其鮮嫩的特色。

中·國·名·菜·精·華

東北菜包括遼寧、黑龍江和吉林三省的菜餚。它亦是我國歷史悠久、富有特色的地方風味菜餚，自古就聞名全國。東北是一個多民族雜居的地方。據《周禮·職方氏》記載：「東北曰幽州，其山鎮曰醫無閭（今遼寧省北鎮縣境内）……其利魚鹽……其畜宜四種，馬牛羊豕，其穀三種……知三種黍稷稻者」。可見早在周朝，這裡不僅農業有了一定的發展，而且遼寧南部沿海的捕魚、曬鹽等業已有相當水平。與此相適應，烹飪技術也有所發展，在北魏賈思勰所著的《齊民要術》一書中，曾記述了北方少數民族的「胡燴肉」、「胡羹法」、「胡飯法」等餚饌的烹調方法。遼寧的瀋陽又是清朝的故都，宮廷菜、王府菜眾多，又吸收了京、魯、川、蘇等地烹調方法之精華，因而其烹調技術早就具有較高的水平。以上各方面的因素結合在一起，因而形成了富有地方風味的東北菜。

黑龍江省地處我國的東北邊陲，動植物資源十分豐富。馳名中外的飛龍、熊掌、猩鼻、猴頭就是這裡的特產，還有大馬哈魚、鱘鰉魚等一些深受國內外食者歡迎的水產品。黑龍江省菜餚烹調的主要特點：一是用料考究。既有珍禽異獸，又有清鮮的山菜野果。二是製作精細，花色菜較多。三是講究調味。菜餚口味清淡，脆嫩爽口，清香提神。

吉林地處遼、黑兩省之間，朝鮮半島之北。絕大部分地區處於北溫帶。長白山脈縱橫，天池係諸水之源，境内山巒起伏，澗溪奔流，沃野千里，物產極其豐富。自明清以來，吉林地方風味菜得到迅速發展，飲食業出現繁榮景象。「溯自勝清建國，漢人來居斯土者漸多」（《永吉縣志》）。「山東、山西之民，向爲中國北方之精於味餚。故吉林省一般民眾，對於烹調自有相當習性。從此，館店林立，山珍海味，味美東北矣」（《吉林新志》）。可見吉林菜歷史悠久，但它是以雜居於省內的各民族之飲食爲基礎，博採眾長，從而形成了吉林菜的獨特風格，特別是山東烹調技法的傳入，爲吉林菜的形成與發展奠定了基礎。吉林菜主要特點：一是用料廣泛而講究。二是製作精細，刀工、勺工頗爲考究，烹調方法以燒、炸、炒、焖、扒、燉、熗、醬、汆爲主。是品種繁多，菜品油重、色

濃。其口味注重鹹香味鮮
、軟嫩酥爛、清淡爽口。

遼寧盛京是清朝的留都，瀋陽故宮是清太祖努爾哈赤、太宗皇太極兩代皇帝的宮殿。從康熙皇帝開始，五代帝王先後十幾次東巡盛京等地，曾在故宮大政殿多次舉行盛大的宴會，賜宴群臣，山珍海錯，百鮮俱陳。故遼寧飲食風俗，均受滿族影響。到清末民初，其烹飪技術仍處於南北結合、滿漢大融匯時期，奉天一帶飲食市場更加繁榮，多爲京、魯菜館，也有本地名店，名廚雲集，人材薈萃。遼寧地方菜餚，博采群芳，結合本地群眾口味，熔京魯於一爐，分流而出，自成一體。遼寧菜長於蒸、煮、燴、燉、溜、炒、燜、燒、炸、汆等。著名菜餚較多，南有大連的海味美饌，北有瀋陽的珍饈佳餚。口味素以重油偏鹹、脆嫩鮮香、酥爛味濃而著稱。

總括東北菜的特點：烹調方法長於扒、烤、烹、爆；講究勺工，特別是大翻勺有功力，使菜餚保持形態完美；口味注重鹹辣，以鹹爲主，重油膩，重色調；取料著重選用本地的著名特產。其主要名菜有「扒熊掌」、「飛龍湯」、「三鮮鹿茸羹」、「美味猩鼻」、「清蒸大馬哈魚」、「白扒猴頭」、「什錦蛤蟆油」等數百種。

紅扒熊掌

色紅明亮，酥爛滑潤，味鮮濃香，營養豐富。

◎簡 介：

「扒熊掌」是東北地區最著名的一道特色菜餚。熊是我國的一種珍貴野生動物。東北熊大多生活於大小興安嶺和長白山的叢山密林裡，每當入冬或大雪封山後，即隱伏洞穴之中，於冬眠期間，經常用舌舐掌。《本草綱目》說：熊在「冬月蟄時不食，饑時則舐其掌，故其美在前掌，謂之熊蹯」。由於熊掌具有很高的營養價值，其乾品含蛋白質55%以上，脂肪43%以上。成菜味濃、鮮軟，具有較強滋補功效，古人歷來將它作為上等美味佳餚。

我國以熊掌製菜歷史悠久。早在3000多年前，殷商末期的紂王就曾以玉杯飲美酒，用象箸食熊掌。周朝時，熊掌已作為宮中珍饈，號稱「八珍」之一。春秋戰國時期的《孟子》一書中，也有「魚，我所欲也，熊掌亦我所欲也，二者不可得兼，捨魚而取熊掌也」的記載。到秦以後至明、清各代，它都被列作宮廷的席上珍餚。從清康熙時期起，哈爾濱和瀋陽的許多菜館，都掛牌供應「白扒熊掌」、「彩珠熊掌」等名菜，北京和山東等地的菜館也有經營。現在「紅扒熊掌」等此類菜餚已成為舉世聞名的中國珍饈。

◎材 料：

熊掌1隻（重500克左右），生雞架、排骨各100克，水發玉蘭片、水發冬菇各25克，醬油75克，白糖25克，蔥、薑各15克，精鹽1.5克，紹酒50克，味精1.5克，熟豬油50克，丁香5克，桂皮10克，調水太白粉20克，雞湯500克，花椒少許，食鹼適量。

◎製 法：

①將熊掌放在80℃的熱水中浸泡約12小時（鮮熊掌2小時），至回軟為止。取出用鹼水刷去污物，撕去油膘。將熊掌放入焖罐，加涼水淹過熊掌，用旺火燒開後，用文火煮至能摘掉毛時離火，取出趁熱把熊掌上的毛和黑皮全部除淨。再放入罐內復煮，見殼翹起撈出，把殼、爪去淨，再從掌之背部劃開取骨，洗淨，去除土腥味。

②把水發好的熊掌切成片。玉蘭片、冬菇切成片。在每片熊掌上放一片冬菇和一片玉蘭片，碼入蒸碗內，加雞架、排骨及雞湯、丁香、桂皮、花椒，上籠蒸爛取出(拿出雞架、排骨不用）。

③炒鍋加油燒熱，下蔥結、薑塊，炸呈黃色，加白糖、醬油、雞湯、精鹽、紹酒，把蒸熟的熊掌掌面朝下推入鍋內，燒沸後撇去浮沫，放味精，用調水太白粉勾芡，澆上熟豬油，顛鍋讓熊掌在鍋中懸空翻一個身，然後出鍋裝盤。

◎掌握關鍵：

熊掌要浸軟發透，精心加工，去除黑皮與毛，用水洗淨。蒸透後再加調料燒入味。

紅燒猴頭蘑

色澤紅潤，蘑片軟熟，汁濃味鮮。

◎簡 介：

「紅燒猴頭蘑」是用東北的特產猴頭製成的名貴佳餚。被譽為「八珍」之一的猴頭蘑，是東北大小興安嶺深山老林中的一種鴛鴦對蘑菇。蘑體圓形，似拳頭大小，菌蓋有圓筒鬚刺，鬚向上似猴毛，根略圓尖如嘴，像猴頭形狀，故名猴頭蘑。多數生長在深山老林的柞、胡桃、樺樹等乾枯部位及腐木上，喜歡低溫。鮮蘑為白色，乾後為褐色。在明清時期，飯店很少使用，因為不會泡發，所以只在宮廷王府中烹製食用。解放後其製法在東北傳播，各家飯店都有經營。因其為稀有之物，又富有營養，故「扒猴頭」、「燒猴頭」之類的菜餚很快就馳名各地，在北方地區的高級筵席大都備有此菜。現在除了東北地區外，河南伏牛山區也出產猴頭，故河南開封、北京和上海的豫菜館中也經營此類菜餚，慕名前往品嘗的中外顧客也很多。

◎材 料：

猴頭蘑350克，熟豬油50克，醬油25克，紹酒15克，白糖5克，味精3.5克，雞湯200克，胡椒粉1.5克，芝麻油15克，蔥、薑、花椒、八角、調水太白粉各適量。

◎製 法：

①將猴頭蘑放入冷水中浸泡24小時，撈出再用開水泡3小時，取出除去老根，然後放入盆內，加雞湯、紹酒、蔥、薑、花椒、八角，上籠蒸約2小時，至酥爛時取出，切成0.3

公分厚的片。

②鍋內放豬油燒熱，下花椒、八角、蔥、薑煸出香味，撈出花椒、八角、蔥、薑，放入醬油、雞湯、猴頭蘑片、紹酒、白糖、胡椒粉，調好口味，中火燒開，撇去浮沫，再小火燴煮入味，放味精，湯汁收緊時，用調水太白粉勾芡，加熟豬油，淋上麻油，出鍋裝盤即成。

◎掌握關鍵：

猴頭蘑要浸透，洗淨，先用雞湯蒸製，再用雞湯小火燴煮入味。

青蛙麒面

色澤美觀，鮮嫩酥爛。

◎簡　介：

「青蛙麒面」是各種犴鼻菜餚中最好的一道名菜。犴鼻即駝鹿的鼻子。犴頭大而長，頸短，全身呈黑灰色，軀幹粗壯，四肢很長，鼻子特別大。它主要生長在較寒冷的北方混交林和闊葉林地帶，是黑龍江省的特產之一，早在古代就很著名。《黑龍江志》載：「北方有鹿形如駝，駝鹿一名堪達汗，即今之四不像，鄂倫春人養之。用則呼便來，牧則縱之便去，性馴善走，德同良馬。土人（當地人）食之鼻爾，美之，號猩唇」。

駝鹿全身都是貴重藥材，其鼻更是珍貴補品，含大量脂肪和不完全蛋白及人體必需的微量元素和無機鹽，與熊掌、燕窩齊名。清時宮廷筵席常用犴鼻製作上品佳餚。「青蛙麒面」曾是宮廷名菜，現在是黑龍江省的四大名菜之一。

◎材 料：

發好的犴鼻500克，鮮魚250克，雞蛋2個，蔥、薑各15克，精鹽2.5克，味精1.5克，紹酒15克，醬油50克，雞湯250克，胡椒粉、菠菜、調水太白粉各少許。

◎製 法：

⑴發好的犴鼻切成大坡刀片，碼在碗內，加精鹽、味精、紹酒、胡椒粉、蔥、薑絲、雞湯，蒸至酥爛。

⑵將鮮魚片去骨刺剁成泥，調入蛋清和菠菜汁，放在雞蛋殼裡，上屜蒸熟取出，修成蛙形，擺在蒸好的犴鼻四周。調米湯芡加精鹽、醬油、味精、紹酒，澆在犴鼻上即成。

◎掌握關鍵：

烹製前先將乾犴鼻浸發好。加雞湯蒸製入味後，再加配料與調味。

三鮮鹿茸羹

鹿茸極爲細嫩，口味鮮美，營養豐富，並具有療虛勞、益精氣之功效。

◎**簡 介**：

「三鮮鹿茸羹」是東北珍貴的高級菜餚。鹿全身是寶，用鹿製作菜餚，早在唐宋時就有，到清代已盛行全國，特別是北方地區較流行。清代袁枚所著《隨園食單》上就記有吃鹿肉、鹿筋二法，以及清代文華殿大學士兼軍機大臣尹繼善(又名尹文端)烹鹿尾的製法：「尹文端公品味以鹿味為第一。然南方人不能常得，從北京來者，又苦不鮮新。余嘗得極大者，用茶葉包而蒸之；味果不同，其最佳處，在尾上一道菜耳」。遼寧北部的西豐縣，人稱「鹿都」，盛產梅花鹿，清太宗皇太極、聖祖康熙曾多次前往狩獵。據《奉天通志》載，盛京(今瀋陽)及附近幾個縣貢奉鹿品的任務十分繁重，每年需要進貢七次，頭三次為「嘗鮮」，數量較多，均供皇宮食用。食鹿已在當地成為人們的一種時尚，食用鹿肉鹿茸較普通，「三鮮鹿茸羹」是較著名的一道菜。

◎**材 料**：

蒸熟鹿茸、水發海參各100克，熟雞肉、淨冬筍各50克，精鹽1.5克，味精1克，雞湯300克，調水太白粉20克，芝麻油少許。

◎**製 法：**

①海參、雞肉、冬筍分別切成1.2公分見方的片，經開水焯後，撈出瀝乾。熟鹿茸切成0.8公分見方的小丁，放入碗內，加少量鹽和味精，喂好底口。

②炒鍋洗淨上旺火，加雞湯、海參、雞片和冬筍、鹽、味精，調好口，燒沸，撇去浮沫，用調水太白粉勾芡，滴入芝麻油，盛入湯盤內，將鹿茸丁撒在上面即成。

附蒸鹿茸的方法：先將潔淨毛巾用開水煮熱，趁熱擰乾水分，用熱毛巾將鹿茸纏緊，雙手抓住，用力擰搓掉茸毛，用溫開水洗淨。把雪里蕻老根切掉，洗淨泥沙，同鹿茸一起放在碗裡，上籠蒸15分鐘取出，剝淨鹿茸上的雪里蕻，即成熟鹿茸。

◎**掌握關鍵：**

先將鹿茸蒸好。重用雞湯烹製。海參去除白衣，洗淨，否則會有腥味。

清湯鹿尾

湯清尾白，鹿肉酥香，營養豐富。

◎簡 介：

「清湯鹿尾」是東北地區最早著名的一款特色佳餚。用鹿肉、鹿筋、鹿尾為原料烹製的菜餚，歷來是宴席上的珍饈，特別是用鹿尾烹製的湯菜更加名貴。鹿尾具有補腎壯陽、舒筋活血等滋補功效，是冬季最好的補品之一。

◎材 料：

鮮鹿尾3根，紹酒15克，雞湯500克，精鹽3.5克，味精7克，香菜10克，芝麻油1.5克。

◎製 法：

①用錐刀從鹿尾刀口處錐進，把血控在碗裡，加少量水調勻，倒入雞湯中，慢火煮成血湯。將鹿尾放入沸水中燙透，取出去毛、去骨，改刀成20片0.6公分厚的片。

②炒鍋上火，放入雞湯，加精鹽、味精、紹酒、鹿尾片，燒開後撇去浮沫，倒入大湯碗裡，淋芝麻油、撒香菜末上桌。

◎掌握關鍵：

鹿尾腥味大，必須反覆洗淨。要用純雞湯烹製，使鹿尾吸收湯汁而起鮮。

飛龍湯

湯汁清澈，肉質白嫩，滋味鮮美，營養豐富。

◎簡 介：

「飛龍湯」是東北的「禽中珍品」，在國內外享有盛譽。在東北民間，曾有「天上龍肉，地上驢肉」的說法。所謂龍肉，就是指飛龍肉。相傳飛龍曾是皇帝欽定的一種山珍貢品，黎民百姓是吃不到的。飛龍學名松雞，是我國東北大興安嶺特產的一種留鳥，世所罕見，其肉質細嫩，味道十分鮮美。因此，早在十四世紀就聞名於世，作為貢品進獻帝王食用。它可做成「飛龍湯」、「汆飛龍丸子」、「香酥飛龍」等別有風味的各種名貴菜餚。如今，哈爾濱的一些飯店、賓館為了滿足顧客需要，還進一步將飛龍烹製成風味各異的「飛龍宴」、「龍珍宴」、「野味宴」等系列佳餚，深受人們歡迎。現在用飛龍製成的菜餚，已成為我國高級國宴上的珍餚之一。一次柬埔寨的西哈努克親王來中國時，曾經品嘗了「飛龍肉」，他讚揚其味鮮美。許多國內外賓客和華僑到黑龍江，也要求品嘗此菜，他們說：「到黑龍江來，不吃飛龍、熊掌，等於白跑一趟」。

◎材 料：

飛龍2隻（重約750克），水發香菇50克，雞蛋1個，鮮筍片、火腿片各25克，精鹽2克，紹酒15克，味精2.5克，油菜心30克，雞湯750克，調水太白粉、熟豬油各少許。

◎**製 法：**

①將飛龍宰殺，淨毛、去內臟，洗淨，去骨，切成小片，放入碗內，加精鹽、紹酒、蛋清、調水太白粉拌和，入沸水中稍汆，撈出瀝水。香菇切成片。

②飛龍骨架置大碗內，倒入雞湯，上籠蒸20分鐘取出。香菇片、筍片、油菜心，入開水鍋中略焯後取出。

③鍋內倒入蒸飛龍骨的雞湯500克和清水250克，燒沸，將飛龍肉片和筍片、香菇片、油菜心一起下鍋，加精鹽、紹酒，再燒開，撇去浮沫，出鍋倒入湯碗內，放味精，淋熟豬油少許即成。

◎**掌握關鍵：**

飛龍肉質嫩，烹製時湯沸下鍋稍汆即出鍋，以保持其鮮嫩特點。

清燉鱘魚

魚肉細嫩，湯汁鮮美。

◎**簡 介：**

鱘魚又名鰉魚，常稱鱘鰉魚。它是距今一億四千萬年以前延續下來的一個珍貴魚種。據說宋朝皇帝品嘗以鱘魚製作的菜餚後，聞該魚乃魚中之王，故封其為「鰉魚」。它生活在淡水中，有的入海越冬，在黑龍江水域出產較多，魚體大的長達3

公尺，青黃色，腹白色，肉質鮮美。

這種魚全身是寶，魚肉含有豐富的蛋白質、脂肪和多種氨基酸，卵磷脂的含量也較高，其所含營養成分高於牛肉、豬肉，而且肉質細嫩，味道鮮美，確實為魚中珍品。

東北地區歷來將鱘鰉魚視為珍貴魚類，用以製作席上珍饈。據清代《隨園食單》記載，清代文華殿大學士、曾任江蘇巡撫和南方一些省份總督等職的尹文端公曾多次食用鱘鰉魚，並經常自己製作，自誇治鱘鰉最佳。現在東北地區仍保留著這款傳統名菜，經常供應的此類名菜有「清燉鱘魚」、「溜鰉魚片」等多種。

◎材 料：

鰉魚肉1000克，精鹽2克，米醋15克，白糖10克，味精5克，蔥、薑、蒜、香菜各10克，紅辣椒2.5克，豬油50克，鮮湯適量。

◎製 法：

①將鱘鰉魚肉切成7公分寬、9.5公分長的塊，放入盤中，加精鹽醃漬20分鐘。蔥、薑均切絲。蒜拍鬆。紅辣椒洗淨，切成細絲。

②炒鍋上火，下油燒至五成熱，下蔥、薑絲煸香，加鮮湯，下魚塊，放鹽、醋、糖、紅椒絲、蒜瓣、味精，燒開後移小火上燉25分鐘左右即成。香菜洗淨，切成段同時上桌。

◎掌握關鍵：

魚必須裡外洗淨。注意吃火時間不要過長，以保持其肉質鮮嫩。

白松大馬哈魚

色澤銀白，形狀整齊，質地酥嫩，口味鹹鮮。

◎簡 介：

大馬哈魚又名鮭魚，是著名的魚種。它生活在太平洋北部白令海峽，在那裡生長發育成熟後，便成群結隊地西游，最後來到我國烏蘇里江、松花江產卵，行程足有一萬多公里。每到秋季，黑龍江、烏蘇里江沿岸漁民便開始捕撈大馬哈魚。此魚質佳味美，含有豐富的磷酸鹽、鈣質和維生素甲、丁等營養成分，所以，早就聞名中外。東北地區用大馬哈魚製做的菜餚品種很多，「白松大馬哈魚」只是其中之一。

◎材 料：

淨大馬哈魚肉175克，豬肥膘肉25克，雞蛋4個，乾麵粉50克，乾太白粉20克，豬油1000克（約耗75克），精鹽、味精各1克，紹酒15克，蔥、薑各5克，雞湯、椒鹽各少許。

◎製 法：

①魚肉剔淨皮、骨和刺，同肥膘肉一起剁成泥，裝入碗中，加雞湯少許和蔥、薑末攪拌，放入2個雞蛋的蛋清繼續攪勻，再加精鹽、味精紹酒，攪拌均勻，做成1公分厚、4.5公分寬的橢圓形小餅，放入盤中備用。

②取2個雞蛋的蛋清，打成蛋泡糊，加入適量乾麵粉和乾太白粉拌勻。炒鍋上旺火，放豬油燒至四五成熱，將魚肉餅黏乾麵粉、拖滿蛋糊，入溫油鍋內慢火炸製，待兩面炸呈銀白色

時撈出瀝油，放在菜墩上改成一字條或象眼塊，整齊地擺入盤中，撒上椒鹽少許即成。

◎掌握關鍵：

魚茸與肥膘茸放雞湯、蛋清後要反覆攪勻，但不能過濕，否則難以成形。油炸要掌握好火候，用溫火炸成，不能炸得過老，要保持其銀白色澤。

鏡泊鯉絲

魚肉脆嫩，口味鮮美，爽滑可口，清香撲鼻。

◎簡　介：

「鏡泊鯉絲」是黑龍江地區著名的傳統菜餚。黑龍江的鏡泊湖處於原始森林覆蓋的群山之中，向以水清魚肥而馳名海內外。湖中所產的鯉魚金翅金鱗、體大肥嫩、味道鮮美。每條魚小則兩三公斤、大則5～10公斤重，素有「金鯉」之稱。歷代均被視作魚中珍品，清時曾將其作為向皇帝的貢品。鏡泊鯉魚肉絲既可生拌，也可炒食，當地以生拌食用者為多。

◎材　料：

淨鏡泊鯉肉500克，上等陳醋150克，金針菜、黃瓜香(學名莢果蕨，亦稱廣東菜)各50克，精鹽2.5克，味精2克，香菜汁、鮮黃瓜汁、薑汁、糖蒜汁、芝麻油和25克。

◎**製 法**：

①鯉魚肉去骨、刺，切成3公分長的細絲，放碗內，加陳醋，浸至肉色變白，取出裝盤。

②黃瓜香用清水浸泡脫鹽，入開水鍋中略焯，取出用清水浸涼，擠乾切成絲。金針菜用清水洗淨，入開水鍋中焯熟，將黃瓜香絲和金針菜分別放在魚絲盤中。

③將香菜汁、糖蒜汁、鮮黃瓜汁、薑汁、精鹽、味精、芝麻油倒入魚絲盤中，拌勻即可食用。

◎**掌握關鍵**：

魚肉必須除盡骨、刺，用陳醋浸透，然後再加各種滷汁與調味拌勻入味。

溝幫熏雞

色澤棗紅，肉質白嫩，濃香味鮮。

◎**簡 介**：

「溝幫熏雞」是遼寧地區的一道傳統佳餚。相傳清朝光緒二十五年（1899年），安徽穎州（今渦陽蒙城地區）人劉世忠，逃難到遼寧北鎮溝幫子地區，開始做熏雞買賣，人稱「熏雞劉」，他在當地老中醫指導下，在原用烹雞老湯調料花椒、八角、生薑、白糖等的基礎上，又增加了一些健脾開胃、幫助消化的中草藥，如桂肉、白芷、陳皮、砂仁、豆蔻，使熏雞色香味更佳，聞名東北地區。到30年代初，溝幫子鎮的熏雞鋪已經發展到十幾家。1942年，曾在「杜家熏雞鋪」當過學徒的田子成，自立門户開設了「田家熏雞鋪」，他烹製的熏雞更有特色，遠近聞名，人稱「田小雞」。解放以後，溝幫子鎮的熏雞，選料精良，配料講究，調料增至20多種，製作精細，雞肉酥嫩，香味濃郁，馳名全國。1980年被評為遼寧省優質食品，1983年全國「十名雞」評比會上，被評為全國優質食品，同山東「德州扒雞」並列第一名。

◎**材 料：**

當年新公雞1隻（重1500克左右），白糖5克，芝麻油10克，味精1.5克，精鹽2.5克，胡椒粉、香辣粉、五香粉各1克，丁香、肉桂、砂仁、豆蔻、白芷、山柰、陳皮、桂皮、草蔻各0.5克，花椒、八角、鮮薑、煮雞老滷湯各適量。

◎**製 法：**

①活雞宰殺淨毛，從雞的兩膀中間下刀，取出雞膆囊，開膛取出雞內臟，清水洗淨，除淨血污與雜質。用刀背將雞骨敲斷，再敲打各部位肌肉，使其鬆軟，便於熱力滲透和吸收各種調味。用剪刀剪斷雞胸部的軟骨，將雞腿交叉插入胸膛。將雞的右翅從宰殺刀口插入口腔裡，從嘴裡伸出，將左翅扳回。最後，用馬藺將兩腿與蓮花部位連同尾脂捆紮在一起。捆紮時雞身要直，不歪不斜，肥胖豐滿。

②先將花椒、八角、鮮薑等一般調料與草藥調料(其中砂仁、香辣粉、胡椒粉置於紗布袋中紮緊袋口)放入碗中，加沸滾的老滷湯(指連年累用的煮雞老湯)或沸水，浸泡15分鐘。然後，將浸泡的調料連同湯汁一起倒入鍋內，加鹽、味精等調味燒5分鐘左右，將雞放入燒沸後，移小火上煮2小時左右

(新嫩雞1小時左右，隔年老雞4小時左右)，至雞熟透取出。

③將煮熟的雞刷上一層芝麻油，放在中間帶有投糖孔鐵簾的鍋上。用猛火燒鍋，待鍋底微紅時，將白糖投入鍋底，然後蓋緊鍋蓋，焖二三分鐘後揭蓋，速將雞翻一個身，再燒鍋投糖並蓋嚴鍋蓋熏二三分鐘即成。

◎掌握關鍵：

①必須用鮮活嫩雞製作。雞要先放入調味老滷中醃漬，使之吸入滷味，再燒煮成熟，雞肉便香而入味。②此熏雞忌用蔥、蒜、紅糖、醬油之類的調料，因如用蔥、蒜，原湯不易保存；紅糖、醬油屬酸性料，會影響熏雞的質量。

李記罈肉

色澤深紅，肉塊不碎，肥而不膩，香味濃郁。

◎簡 介：

「李記罈肉」是遼寧鐵嶺地區的一款傳統名菜，在東北頗有聲譽該菜始於民國初年，有個叫李學新的天津人到鐵嶺銀川鎮開設了一個飯館，最初用鐵鍋和砂鍋，後來又改用罈罐，煨燉豬肉，入口肥而不膩，瘦而不柴，酥爛味厚，香味濃郁，深有回味，風味獨特，深受當地顧客的歡迎。由於當時該菜是李學新用罈罐製做的，所以被稱作「李記罈肉」。

◎**材 料：**

豬五花三層肉1000克，醬油100克，精鹽5克，腐乳2塊，蔥150克，蒜、麵醬各100克，薑0.5克，大料（或桂皮）10克，糖色30克。

◎**製 法：**

①豬肉清水洗淨，切成2.7公分見方的小塊，入鍋急火爆炒，掛上糖色，至肉塊呈金黃色時，再加麵醬、蔥、薑、蒜、鹽、大料、腐乳（先用溫開水搗成汁）、醬油，急火燒滾後，移中火慢燒，最後用文火燉至肉爛為止。

②將燉爛的肉塊盛入罈罐內，繼續放在文火上燉至肉質透爛即成。

◎**掌握關鍵：**

①要用優質豬肉，一般以50多公斤重豬的五花三層肉為佳，肥瘦適中。②注重火功，重用文火燉爛，使肉脂肪溢於汁中。

牛肉鍋鐵

肉香軟嫩，鹹鮮微辣。

◎簡 介：

「牛肉鍋鐵」是東北吉林的傳統名菜。它歷史悠久，風味非常獨特，頗受當地各族人民的歡迎。相傳此菜始於清朝末年，吉林市的一些回族同胞到蒙古購買牛、羊肉時，見蒙民在野外架火烤牛肉吃，其味鮮嫩可口，但他們對這種帶血的烤肉吃不慣。為此他們就將牛肉洗淨切成薄片，用破鐵鍋片，架在石頭上，用柴火燒，將牛肉片放在鍋片上煎，至肉色變白成熟，取出蘸鹽食用，味道異常鮮美，人們便稱它為「牛肉鍋鐵」，不久便在回民中普遍採用，成了他們進行野餐的常用之法。後來吉林市的一些菜館在烹製方法上又加以改進，成為當地的一款傳統風味名菜，近百年來，一直受到人們的青睞。

◎材 料：

牛里脊、上腦、三叉、腰窩油、尾巴根肉共2000克，水發粉絲250克，醃漬菜400克，海米10克，味精2.5克，辣椒油、蝦油、韭菜花各25克，漬蒜100克，腐乳2塊，芝麻醬、蒜泥各50克，芝麻油、蔥各10克，精鹽1.5克，香菜、花椒粉各1克，鮮湯750克，薑2.5克。

◎製 法：

①分別把牛里脊、上腦、三叉、腰窩油、尾巴根肉頂刀切成大薄片。漬菜切細絲。水粉絲和海米分別洗淨泡好。芝麻醬用涼水攪勻。

②取泥爐一個，把燒紅的木炭夾到爐內，把生鐵平鍋刷淨放在泥爐上燒熱，放幾片腰窩油煸炒，使鍋面黏一層油，然後放肉，隨吃隨放，邊吃邊炒。根據各人喜愛蘸各種調料吃。

③最後平鍋內放鮮湯、精鹽、海米、蔥、薑、味精、漬菜，開鍋時下粉絲、炒匀即可食用。

◎掌握關鍵：

牛肉片要切得薄而均勻。現燒現吃，滋味才佳。

清湯蛤士蟆

色澤雪白晶瑩，蟆肉細嫩，湯清味鮮。

◎簡　介：

「清湯蛤士蟆」是我國的傳統名菜之一。在我國古代的食譜上曾有「參、窩、骨、翅、肚、蟆、筋、掌」八珍之說，其中的「蟆」就是蛤士蟆。它生長在我國黑龍江、遼寧、吉林、內蒙古、河北、山東、四川、甘肅等地，是一種蛙類動物，形似蛤蟆，亦稱「中國林蛙」。遼寧、吉林地區的廚師取其肉和腹中的油烹製成高級名菜，其味鮮美，並有強身健體作用。傳說此蛙以參葉為食，因而人們把它當作珍奇補品。過去這種菜餚是資產階級和達官貴人們的席上珍饈，現在遼寧、吉林的一些飯館賓館將它製成「清湯蛤士蟆」、「什錦蛤蟆油」等各種風味菜餚，供中外顧客品嘗。

◎**材 料**：

蛤士蟆肉100克，蛤士蟆油、猴頭菇各50克，紹酒15克，鹽2克，味精1克，雞清湯750克，芝麻油少許。

◎**製 法**：

①蛤士蟆肉切成小片。猴頭切成片。蛤士蟆油用開水略泡後，取出放碗內，上籠蒸熟。

②炒鍋置旺火上，加雞清湯750克，放猴頭片，燒沸，下蛤士蟆肉，加紹酒、鹽，再燒沸，倒入蒸熟的蛤士蟆油，放味精，撇去浮沫，淋芝麻油少許，出鍋裝盆即成。

◎**掌握關鍵**：

蛤士蟆油是絕嫩之物，用開水泡後略蒸即成。用純雞湯烹製。如用以製作甜菜，則只加清水與綿白糖或冰糖即可。

美味人參湯

湯清色白，雞肉鮮嫩，人參酥爛，湯鮮略帶甜味，既是美味菜餚，又是滋補上品。

◎**簡 介**：

人參是我國東北的特產，素有「大補神草」之稱。早在公元前，我們的祖先就已發現人參的藥用價值。在我國歷史上第一部藥學典籍——《神農本草經》中，就有如下記載：「人參，味甘，微寒，主補五臟，安精神，定魂魄，止驚悸，除邪氣，明目開心益智，久服輕身延年」。據考查有關文獻資料，我國長白山區人參的出現，可追溯到南北朝時期，距今已有1600多年的歷史。唐宋以後，人參就成為東北少數民族向中原地區政權的貢品，從遼代開始，東北人參逐漸馳名中原，在《契丹國志》、《大金國志》等史書中，都有「地饒山林，田宜麻穀，土產人參」的記載。

幾千年來，人參一直被列為重要的藥物與食療補品。從東漢以來，「桂枝人參湯」、「白虎人參湯」等，被廣泛用於治療疾病。近代人們都將它作為滋補身體的最佳補品食用。但東北地區也用人參製菜，如「人參燉雞」、「三鮮人參湯」、「人參燉山雞」等。

◎材 料：

人參25克，雞脯肉100克，熟火腿片50克，雞蛋1個，精鹽1.5克，味精2.5克，紹酒、乾太白粉各10克，鮮湯1000克，蔥薑水、白糖各少許。

◎製 法：

①將人參洗淨，切成薄片，放入湯碗裡，加入少許鮮湯，蓋上蓋，上籠蒸至熟透取出。雞脯肉切坡刀片，用蛋清、精鹽、乾太白粉拌和上漿。火腿切成薄片。

②鍋上火，倒入鮮湯燒開，放入上漿的雞片劃散，撈出瀝水。原鍋內倒入蒸人參的湯汁，放火腿片、精鹽、紹酒、白糖、蔥薑水燒開，撇去浮沫，放雞片、味精、人參片，用慢火稍煨後，起鍋倒入湯碗裡即成。

◎**掌握關鍵：**

人參加湯上籠蒸時必須加蓋，保持原汁。待湯燒沸後，再倒入蒸好的參湯，即可出鍋。切勿久煮，否則參味減退。

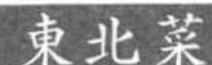

中・國・名・菜・精・華

雲南省地處我國西南邊陲，以富饒美麗聞名於世。境內橫斷山脈縱貫，形成高山深谷、湍溪急流，地勢險峻，山中盆地眾多，高原湖泊如鏡。環境氣候極爲複雜，兼具寒、溫、熱帶的特點，有「一山分四季，十里不同天」的民諺。特殊的地理位置和自然環境，有利於多種植物和動物的生長。全省發現的高等植物就占全國近三萬種的一半以上，低等植物更是琳琅滿目，野生食用菌就有200多種，被譽爲「植物王國」。動物種類十分豐富，各種鳥類、獸類均占全國鳥、獸類的一半以上，淡水魚類有300餘種，占全國魚類總數的44%，故又有「動物王國」之稱。

雲南是一個多民族的省，居住著漢、回、彝、白、苗等23個民族。省內除出產豐富的一般物產外，還出產腿肥骨細肉嫩、譽滿中外的宣威火腿，還有核桃、松子及名貴藥材三七、蟲草等。當地各族人民運用本省的豐富資源，經過長期烹調實踐，並注意吸收外地的經驗，逐步形成了具有濃厚地方風味的各種菜餚品類。

雲南菜主要是以昆明菜爲代表。它集中了全省各民族烹調技術的精華，較充分地發揮了滇菜用料廣泛、鮮美時新、品種多變的特長，善於製作蒸、燉、滷、炒類的菜餚，其主要名菜有「過橋米線」、「汽鍋雞」、「燒雲腿」、「清蒸雞㙡」等上百種。

汽鍋雞

雞肉酥爛，湯汁鮮美，味道香醇，營養成分散失少。

◎簡 介：

「汽鍋雞」是雲南特有的名菜，歷史悠久，素負盛名。此菜起源於雲南楊林、建水。開初當地人用名貴藥材冬蟲夏草煨子雞，叫「楊林雞」，煨製雞用的陶製火鍋叫「楊林鍋」。到了清末，當地一個名叫向逢春的製陶工人，在「楊林鍋」的基礎上，又創製了烹飪用汽鍋。用這種汽鍋烹雞，成熟快，能保持原汁原味，故人們便以「汽鍋雞」取代「楊林雞」，數十年來一直馳名中外。近幾年，雲南地區利用汽鍋烹製的雞餚越來越多，主要的有「蟲草汽鍋雞」、「人參汽鍋雞」、「田七汽鍋雞」等十幾種，它們既是美味佳餚又是食療上品。

◎材 料：

嫩光雞1隻（約重1000克），火腿125克，冬菇6個，冬筍片100克，薑25克，紹酒15克，精鹽2.5克。

◎製 法：

①光雞洗淨，切成小塊。冬菇先放入水中浸發，去蒂，一切兩爿。冬筍片洗淨。

②汽鍋洗淨，放入雞塊，鋪上火腿片、冬筍片、冬菇片、薑片，加紹酒、鹽，蓋好鍋蓋，將汽鍋置於蒸鍋上，蒸兩三小時即成。如用於食療，可分別加進一定數量的蟲草、人參或田七蒸製。

◎掌握關鍵：

雞必須洗淨污血，剁成塊後入開水鍋中略焯，洗去血水，再入鍋蒸，才能使湯清味鮮。

過橋米線

湯燙味美，肉片鮮嫩，口味清香，別具風味。

◎簡　介：

凡是到雲南昆明的人，都十分喜歡品嘗馳名中外的雲南風味「過橋米線」。它用料考究，製作精細，鮮美可口，細嫩香醇，頗受人們歡迎。

「過橋米線」始於清朝。相傳清光緒年間，滇南蒙自縣的南湖之中有一個小島，島上綠樹成蔭，環境幽靜，有一位名叫張浩的秀才為了趕考住在這裡攻讀。他的妻子每天從家裡送飯給他吃。秀才很喜歡吃米線，其妻常為他做米線吃，但因離家較遠，而且還要過一長橋才能到達小島，飯菜送到時已經涼了。一天中午，她煮了一隻雞和米線一起入罐再燉，湯面浮了一層很厚的油，準備送給丈夫吃。她剛要出門時，突然昏倒在地，待到醒來，日已偏西，她用手摸湯罐還是熱烘烘的，連忙送去給丈夫吃，雞湯和米線仍然是熱的，丈夫吃了很滿意。究其原因是因為雞湯被厚厚的一層雞油覆蓋著，保住了熱氣，其妻從中得到啓發，後來又把豬肉片、生魚片等放入湯中汆熟後，和米線一起入罐保溫。這樣秀才就能常常吃到熱米線了。

「過橋米線」由此得名。後來，建水縣李馬田鎖龍橋外有一米線館，收集和總結了當地群眾食用米線的各種烹調方法，採用湯汆米線法，很受群眾歡迎。人們常常相約過鎖龍橋吃米線，這樣「過橋米線」就更加廣泛流傳開來。如今，它已成為聞名中外的菜品。吃雲南「過橋米線」如用量較大，是以雞鴨成批煮湯製作。下面以二人的一般食用量介紹其製法(除了雞肉、豬肉、魚肉外，還可依個人喜好用豬肝、豬腰、火腿肉片…等）。

◎**材 料：**

光肥母雞半隻（約750克），光老鴨半隻（約750克），豬筒子骨3根，豬脊肉、嫩雞脯肉、烏魚（黑魚）肉或水發魷魚各50克，豆腐皮1張，韭菜25克，蔥頭10克，味精1克，芝麻油5克，豬油或雞鴨油50克，芝麻辣椒油25克，精鹽1.5克，優質稻米400克，胡椒粉、芫荽、蔥花各少許。

◎**製 法：**

①將雞鴨去內臟洗淨，同洗淨的豬骨一起入開水鍋中略焯，去除血污，然後入鍋，加水2000克，燜燒3小時左右，至湯呈乳白色時，撈出雞鴨（雞鴨不宜煮得過爛，另作別用），取湯待用。

②將生雞脯肉、豬脊肉分別切成薄至透明的片放在盤中。烏魚（或魷魚）肉切成薄片，用沸水稍煮後取出裝盤。豆腐皮用冷水浸軟切成絲，在沸水中燙2分鐘後，漂在冷水中待用。韭菜洗淨，用沸水燙熟，取出改刀待用。蔥頭、芫荽用水洗淨，切成0.5公分長的小段，分別盛在小盤中。

③稻米經浸泡、磨成細粉、蒸熟，壓成粉絲。再用沸水燙二、三分鐘成形，最後用冷水漂洗米線。每碗用150克。

④食用時，用高深的大碗，放入20克雞鴨肉，並將鍋中滾湯舀入碗內，加鹽、味精、胡椒粉、芝麻油、豬油或雞鴨油、芝麻辣椒油，使碗內保持較高的溫度。湯菜上桌後，先將雞肉、豬肉、魚片生片依次放入碗內，用筷子輕輕攪動即可燙熟，再將韭菜放入湯中，加蔥花、芫荽，接著把米線陸續放入湯中，也可邊燙邊吃。各種肉片和韭菜可蘸著作料吃。

◎掌握關鍵：

用純濃老母雞湯烹製。各種肉食生片要切得薄而勻，使一燙即熟。

燒雲腿

色澤淡黃，皮酥肉嫩，肥而不膩，入口即化，鮮香濃郁。

◎簡 介：

「燒雲腿」是雲南最著名的菜餚之一。雲腿以雲南宣威所產最為著名，又叫「宣威火腿」。它是用當地皮薄肉厚的豬腿醃製，形狀美觀，風味獨特，味道鮮美，鹹淡適宜，久放不壞；陳年老雲腿味道更佳，是宴席上的佳品。用雲腿製菜已有近百年的歷史，它既可單獨成菜，也可與其它原料相配，吃法較多，滋味鮮美可口。

◎材 料：

雲腿尖1500克，雞蛋6個，富強粉75克，蠶豆水粉250

克，食鹼少許。

◎**製　法：**

①雲腿刮洗乾淨，用溫鹼水洗去污物和哈喇味，再用清水洗兩遍，放入湯鍋中加水煮1小時，至熟而不烊，撈起撕去皮子。

②雞蛋磕入碗內打散，先放入富強粉調勻，再放入蠶豆水粉攪成稠蛋清糊。

③火盆內燃栗炭火。雲腿穿在鐵叉上，肥肉面向火，烤熱時用毛刷蘸蛋清糊刷在雲腿上面，待火苗將蛋清糊烤黃後，再刷第二遍蛋清糊烤黃，接著再刷第三遍蛋清糊，待烤黃後即用刀將雲腿連同蛋糊片為2.5公分厚的片。然後再將雲腿如前述方法刷三遍蛋清糊，每遍都要在刷後烤黃，然後片下，如此反覆，至雲腿和蛋糊用盡為止。將片下的雲腿片改刀為4公分長、3公分寬的長方條，碼在盤中即成。

◎**掌握關鍵：**

雲腿必須洗淨污物和異味再烹製。烘烤時要掌握好火候，不能烤焦。用量可根據人數多少增減。

火夾清蒸雞㙡

湯汁清爽光亮，雞㙡鮮嫩，鮮香入味。

◎**簡　介**：

「火夾清蒸雞㙡」是雲南的一道名菜，雲南雞㙡是一種珍稀的菌類，「生食作羹美不可言」，如與雞肉共烹，其味更為鮮美。至於它為什麼稱「雞㙡」，古書上說法眾多。唐代《五雜俎》中寫道：「滇中有雞㙡，蓋菌蕈類也，以形似得名」。明代《本草綱目》中說得比較明白：「南人謂為雞㙡，皆言其味似之也」，「雞㙡出雲南，生沙地間丁蕈也。高腳傘頭，土人採烘寄遠，以充方物。點茶、烹肉皆宜」。雞㙡味道鮮美，營養豐富，雲南各地均以其製菜食用為貴。「火夾清蒸雞㙡」是以雲腿與雞㙡一起烹製而定名的。雞㙡與肉烹製味道就很鮮美了，與火腿一起清蒸，其味更佳。

◎**材　料**：

鮮雞㙡1250克，中筒雲腿200克，精鹽5克，味精、胡椒粉各0.5克，雞湯400克，芝麻油2.5克。

◎**製　法**：

①選粗壯的雞㙡摘下帽，削去根部泥土，洗淨，切成7公分長、3公分寬、0.5公分厚的長方塊。中筒雲腿也切成與雞㙡大小相似的長方片。

②取兩片雞㙡，中間夾入一片雲腿片，邊夾邊理成磚頭形狀，直至夾完為止。取扣碗一個，用雞㙡帽墊底，將雞㙡片和火腿片整齊地碼入碗內，注入雞湯50克，加精鹽2克，上籠用旺火蒸熟，取出翻扣在湯碗內。

③炒鍋置火，注入雞湯350克，放精鹽3克、味精、胡椒粉，嘗好味，澆入湯碗內，淋上芝麻油即成。

◎**掌握關鍵：**

雞塅必須反覆用清水洗淨。雲腿用熱水洗去污物和異味。重用雞湯以旺火蒸透，這樣才入味。

寶珠梨炒雞丁

潔白光亮，肉質鮮嫩，珠梨甜脆，香鮮爽口，酒飯皆宜。

◎**簡　介：**

「寶珠梨炒雞丁」是雲南的一款特色名菜。寶珠梨是雲南的一種特產果品，它的栽培已有數百年的歷史，相傳為雲南著名的寶珠和尚引種培育而成，故名。這種梨皮色青翠，汁多味甜，果肉雪白細嫩，食之無渣。雲南用其與雞丁共烹，味道甜脆鮮美，成為雲南最受顧客歡迎的特色名菜之一。

◎**材　料：**

雞肉250克，呈貢寶珠梨150克，雲腿、老蛋各25克，雞蛋1個，薑15克，蔥25克，精鹽4克，蠶豆水粉20克，雞湯50克，味精0.5克，熟豬油1000克（約耗90克）。

◎**製　法：**

①雞肉先在膛面剞十字花刀，刀深為肉厚的2/3，然後切

成1公分見方的丁。雲腿、老蛋、寶珠梨（去皮、核），分別切成0.8公分見方的丁。薑切片。蔥切成2公分長的段。

②雞肉丁放碗內，加精鹽、雞蛋清、蠶豆水粉，捏勻上漿。

③炒鍋置旺火上燒熱，舀入熟豬油一勺涮鍋，再倒入熟豬油，燒至三成熱，放入雞肉丁、寶珠梨丁，用手勺前後推動，以免黏鍋，滑至顏色翻白起鍋，倒入漏勺瀝油。

④炒鍋內留油20克，上火燒熱，下薑片、蔥段熗鍋，放入雲腿丁、老蛋丁炒熟，再放入雞肉丁、寶珠梨丁和精鹽煸炒，加雞湯，取小碗一個盛清水少許，將蠶豆水粉調稀，徐徐下入鍋中勾濃芡，放味精，顛鍋，淋入熟豬油40克，翻炒幾下即成。

◎掌握關鍵：

用鮮嫩的雞脯肉烹製。重用火功，雞肉以溫油炒熟，梨肉略炒即可，吃火時間不宜過長，以保持嫩度。

國家圖書館出版品預行編目(CIP)資料

中國名菜事典 / 周三金編著. -- 2版. --
臺北市：笛藤, 2018.05
面； 公分
ISBN 978-957-710-725-1(平裝)
1.食譜 2.中國
427.11 107006389

2018年5月23日　2版第1刷　定價380元

編　　著	周三金
監　　製	鍾東明
編輯協力	鄭雅綺
封面設計	王舒玗
總 編 輯	賴巧淩
發 行 所	笛藤出版圖書有限公司
發 行 人	林建仲
地　　址	台北市中山區長安東路二段171號3樓3室
電　　話	(02) 2777-3682
傳　　真	(02) 2777-3672
總 經 銷	聯合發行股份有限公司
地　　址	新北市新店區寶橋路235巷6弄6號2樓
電　　話	(02)2917-8022 . (02)2917-8042
製 版 廠	造極彩色印刷製版股份有限公司
地　　址	新北市中和區中山路2段340巷36號
電　　話	(02)2240-0333 . (02)2248-3904
郵撥帳戶	八方出版股份有限公司
郵撥帳號	19809050